普通高等教育"十三五"规划教材

计算机辅助制造

主　编　王红军

副主编　钟建琳　陈　晓

参　编　许建新　左云波　刘忠和　刘国庆

主　审　王先逵

机械工业出版社

"计算机辅助制造"是机械设计制造及其自动化、车辆工程、机械电子工程等工科专业的一门专业课程。计算机辅助制造课程内容涉及的知识面宽、知识点多、综合性强,与工程实际结合紧密。本书包括计算机辅助制造的发展与趋势、计算机辅助制造的共性技术、成组技术及其零件分类编码、计算机辅助工艺设计、计算机辅助数控编程、计算机辅助质量系统、CAD/CAM集成的数据交换标准、工业4.0与智能制造等内容。

　　本书可作为普通高等学校机械工程类各专业"计算机辅助制造"课程的本科教材,也可供高职高专院校机械类专业师生和从事机械工程的技术人员参考。

图书在版编目(CIP)数据

计算机辅助制造/王红军主编. —北京:机械工业出版社,2018.7
普通高等教育"十三五"规划教材
ISBN 978-7-111-59096-5

Ⅰ.①计… Ⅱ.①王… Ⅲ.①计算机辅助制造-高等学校-教材
Ⅳ.①TP391.73

中国版本图书馆 CIP 数据核字(2018)第 022180 号

机械工业出版社(北京市百万庄大街 22 号 邮政编码 100037)
策划编辑:刘小慧 责任编辑:刘小慧 安桂芳 商红云
责任校对:肖 琳 封面设计:张 静
责任印制:张 博
三河市宏达印刷有限公司印刷
2018 年 4 月第 1 版第 1 次印刷
184mm×260mm · 14.75 印张 · 353 千字
标准书号:ISBN 978-7-111-59096-5
定价:36.00 元

前　言

制造业是社会财富的主要来源之一，是国家经济的主导产业，是人民生活水平不断提高和改善的根本保障。制造业正朝着广义的"大制造业"的方向发展，其所涉及的概念和领域正发生着巨大的转变和整合。制造业构成的三大基本要素是"物质、能量和信息"。前两个要素为传统制造业早期的发展起到了不可磨灭的作用，并得到了充分的开发和利用；随着互联网+信息革命的到来，信息在制造业中的作用也日渐突出，信息同其他要素的良好集成成为制造业企业新的核心竞争力。

随着科学技术的发展，计算机技术在机械工业领域得到广泛应用。在人才培养方面，机械工程领域的相关专业均开设计算机辅助制造课程。本课程对于培养学生计算机辅助制造方面的基本能力，提高学生分析和解决工程实际问题的能力起着重要作用，并为后续专业课学习及毕业设计打下良好基础。

本书重点体现创新型、应用型人才的培养，理论与实际相结合，强调工程性和应用性。通过本课程的学习，学生能够掌握 CAPP 的基本概念、CAPP 系统的开发技术和计算机辅助制造 CAXA 编程软件，实现从建模到加工的切削用量选择、刀具的选择、加工轨迹的仿真和后置处理，培养学生解决工程实际问题的能力。本书注重引入最新的制造过程信息化技术成果，增加工业 4.0 与智能制造的相关内容，使学生了解计算机辅助制造的最新技术前沿。

本书由王红军任主编，并负责全书的筹划与统稿，由钟建琳、陈晓任副主编。全书由清华大学王先逵教授主审。本书的具体分工是：王红军编写第 1 章，陈晓编写第 2、3、8 章，王红军、许建新编写第 4 章，钟建琳编写第 5、6 章，王红军、左云波编写第 7 章。参加本书编写工作、搜集资料、整理素材的还有刘忠和、刘国庆等。

本书在编写过程中得到王先逵教授的热情指导和支持，他提出了许多宝贵的意见和建议；此外还得到北京信息科技大学机电工程学院机械工程系老师的大力支持，在此一并表示衷心感谢。

本书的出版得到了北京市教学名师项目（PXM2014_014224_000080）的资助，同时也得到了 2013 年北京信息科技大学教材建设项目的支持，在此向北京市教委和北京信息科技大学表示衷心感谢。

本书在编写过程中参考了许多学者的资料和文献，编者已尽可能在参考文献中列出，谨向这些专家致以诚挚的谢意。

本书是在编者总结多年教学研究与科学研究、教学改革和教学实践的基础上编写而成的。由于编者水平和学识有限，时间仓促，书中难免存在不足和错误之处，敬请各位读者批评指正！

编　者

目 录

第1章

绪论

1.1　制造系统以及计算机辅助制造

1.1.1　制造系统的基本概念

关于制造系统的概念，目前还没有确切的定义，它随着制造业的发展和人们认识的不断变化而变化。根据国际生产工程学会（CIRP）给出的定义：制造系统是制造业中形成的生产组织形式，在机电产业中，制造系统具有设计、生产、发运和销售的一体化功能。

也可以说，制造系统是人、机器和装备以及物料流和信息流的一个组合体。制造系统可从三个方面来定义：制造系统是一个包括人员、生产设施、物料加工设备和其他附属装置等各种硬件的统一整体；制造系统可定义为生产要素的转变过程，特别是将原材料以最大生产率变成产品；制造系统可定义为生产的运行过程，包括计划、实施和控制。

综合上述的几种定义，可将制造系统定义如下：制造系统是制造过程及其所涉及的硬件、软件和人员所组成的一个将制造资源转变为产品或半成品的输入/输出系统，它涉及产品生命周期（包括市场分析、产品设计、工艺规划、加工过程、装配、运输、产品销售、售后服务及回收处理等）的全过程或部分环节。其中，硬件包括厂房、生产设备、工具、刀具、计算机及网络等；软件包括制造理论、制造技术（制造工艺和制造方法等）、管理方法、制造信息及其有关的软件系统等。制造资源包括狭义制造资源和广义制造资源：狭义制造资源主要指物能资源，包括原材料、坯件、半成品、能源等；广义制造资源还包括硬件、软件、人员等。

制造业是指对制造资源（物料、能源、设备、工具、资金、技术、信息和人力等），按照市场要求，通过制造过程，转化为可供人们使用和利用的大型工具、工业品与生活消费产品的行业。

制造业直接体现了一个国家的生产力水平，是区别发展中国家和发达国家的重要因素，制造业在世界发达国家的国民经济中占有重要份额。

制造业包括产品制造、设计、原料采购、仓储运输、订单处理、批发经营、零售。在主要从事产品制造的企业（单位）中，为产品销售而进行的机械与设备的组装与安装活动。制造业是国民经济强有力的支柱。制造业生产率的提高将为整个经济社会积累财富和创造就业机会。制造业是社会发展的强大经济基础，没有坚实的制造业基础，服务业和金融业都将崩溃。

制造系统作为一个整体，由几个相互作用和相互依赖的部分组成，包括物质流（存储、加工、检验等物质流动）、信息流（加工任务、加工要求以及确定的车间计划、调度、管理等信息流程）和能量流（制造系统中能量的消耗及其流程）。

先进制造业是在传统制造业基础上，吸收信息网络、先进材料和工艺以及现代管理等最新成果，广泛应用于产品研发设计、生产制造、营销管理、售后服务全过程的新型现代产业。其具有技术先进、知识密集、附加值大、成长性好、带动性强等特征，既是国家综合国力和核心竞争力的重要体现，也是国家未来国民经济发展的主导力量。

制造模式是一种为响应社会和市场需求变化而产生的革命性集成化生产模式，并且由于一种新的制造系统的创建使其成为可能。制造模式主要分为四种：手工生产；大量生产；大规模定制；全球化驱动的个性化生产和区域化生产。

（1）手工生产模式　技术工人使用通用设备精准地制造客户所需要的产品，一次只生产一件。完全满足客户要求的产品。

从古代工艺品的加工，到1850年手工生产汽车，这种生产模式在生产规模和复杂性上达到极限。该种生产模式特征如下：

1）品种多，产量低，根据订单生产。

2）采用拉动式生产，即订单—设计—制造—销售。

3）对工人的技术水平要求高。

4）采用通用装备生产。

（2）大量生产模式　20世纪开始采用大量生产，1913年亨利·福特的汽车装配流水生产线，标志着大批量生产的起点。大量生产降低了成本，降低了产品价格，在20世纪50年代达到巅峰时期。该种制造模式的特征如下：

1）产品品种有限，产量很大，基于互换性技术实现了规模经济，实现低价格，并以此吸引客户。

2）采用专用设备和流水线生产。

3）对劳动力水平要求低。

（3）大规模定制模式　随着产品的成熟，人们生活水平的提高，个性化需求日益增加，需要更多的产品种类。为了响应这种需求，制造商提供更多的产品选项。大规模定制的目标是以较低的成本来生产更多的产品。计算机使柔性自动化成为可能，同时柔性自动化又使大规模定制成为可能。

大规模定制意味着以大批量生产的低成本生产各式各样的变型产品。

（4）全球化制造模式　制造全球化的到来大大加剧了全世界的竞争，下一代制造模式呈现两个趋势：个性化生产趋势和区域化生产趋势。

个性化生产要求交货时间短，适合国内生产，在20世纪末期达到成熟，以接近大量生产的成本，从给定的模块中选取组件，及时地按照订单生产定制产品，完全满足客户的需求。区域化生产满足区域性的产品需求。

随着时代变迁的制造模式转变见表1-1。

表1-1　随着时代变迁的制造模式转变

模式	手工生产	大量生产	大规模定制	个性化生产
开始时间	约1850年	约1913年	约1980年	约2000年
制造业竞争焦点	降低生产成本	降低生产成本	全面满足在交货期、质量、价格和服务上的要求	以知识为基础的新产品
社会需求	独一无二的产品	低成本的产品	品种多、质量好的产品	快速交货的产品

（续）

模式	手工生产	大量生产	大规模定制	个性化生产
技术	电	可互换性零件	计算机,计算机辅助设计和制造（CAD/CAM）、准时生产（JIT）、物料需求计划（MRPⅡ）、计算机集成制造系统（CIMS）	信息技术和互联网、计算机辅助设计/计算机辅助工艺设计/计算机辅助制造/产品数据管理/并行工程/敏捷制造（CAD/CAPP/CAM/PDM/CE/AM）
制造系统	电动机床	装配流水线专用机床,标准化	柔性制造系统（计算机、数控机床、机器人）	可重构制造、虚拟制造、网络化制造、现代集成制造系统
特点	—	—	信息集成	企业集成,制造业信息化、网络化、智能化

第一次工业革命实现了机器对人力的替代,从此开始现代工业的机器时代,人类开始围绕机器工作。

第二次工业革命的核心是能源革命。第二次工业革命是通过石油和电力为核心的能源革命,大大提高了劳动生产率,实现了大规模生产。生产装备和生产组织都发生了革命性的变化。

第三次工业革命的核心是计算机的利用。第三次工业革命通过计算机的利用,实现信息的快速传播与交换,实现了工业生产的信息化,从而把工业生产从大规模生产提升到大规模定制生产。精益生产成为主要生产方式。这是延续到现在的信息化时代,代表性产物是计算机、联网、ERP 等管理信息系统的利用。

第四次工业革命将是智慧的革命。第四次工业革命通过信息物理的全面融合,实现人、物、信息的全面统一。智慧生产和智慧工业成为主要的工业生产方式,个性化定制需求得到极大满足。这一切的发生依赖于新一代信息技术革命的爆发,云计算、大数据、物联网、移动互联、3D 打印、工业机器人等新技术促成了工业的智慧革命。生产工具、生产方式、生产组织、生产要素都发生了革命性的变化。互联网与工业融合是制造业科技革命的突出特征,图 1-1 所示为制造业与计算机发展的历史轨迹。

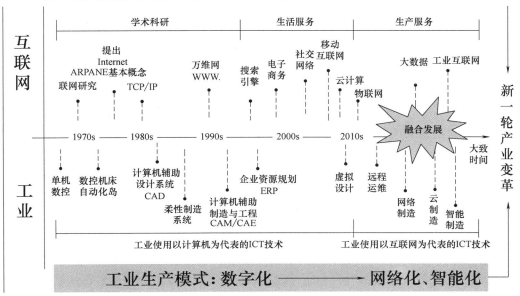

图 1-1　制造业与计算机发展的历史轨迹

制造业必须适应新的经济环境的快速变化。企业的响应速度是企业竞争力的关键。如何提高企业的竞争力，使制造业能够不断适应和响应快速变化的世界？计算机的出现改变了传统的产品制造方式，并对制造业的生产模式和人才知识结构等产生了重大的影响。

计算机辅助制造是一门多学科综合性技术，是当今先进的生产力，是提高制造水平的关键。

1.1.2　计算机辅助制造的定义

计算机辅助制造（Computer Aided Manufacturing，CAM）是指应用计算机进行产品制造的所有工作的总称，分为广义的计算机辅助制造和狭义的计算机辅助制造两个概念。

广义的计算机辅助制造的概念，CAM 包括计算机辅助设计（Computer Aided Design，CAD）、计算机辅助工艺过程设计（Computer Aided Processing Planning，CAPP）和计算机辅助加工（Computer Aided Machining）等三个方面的内容。

广义的 CAM 是指利用计算机辅助完成从毛坯到产品的全部制造过程中的所有直接制造和间接制造过程，包括工艺准备、生产作业计划、物流过程的运行控制、生产控制、质量控制等主要方面。其中，工艺准备包括计算机辅助工艺过程设计、计算机辅助工装设计与制造、计算机辅助 NC 程序设计、工时定额和材料定额的编制等内容；生产作业计划通常分为厂、车间和班组三级作业计划形式，包括生产作业准备、制定期量标准、生产能力的核算与平衡、订货与库存、设备状况与维修计划、产品制造技术文件等内容；物流过程的运行控制包括加工、装配、检验、输送、储存等物流的管理，根据生产作业计划的生产进度信息控制物料的流动；生产控制贯穿于生产系统运动的始终，主要内容是对制造系统硬件的控制、生产进度控制、库存控制、质量控制、成本控制等；质量控制是指通过生产现场检测数据，当发现偏离或即将偏离预定质量指标时，向工序作业级发出指令予以校正。

狭义的计算机辅助制造的概念，CAM 是指应用计算机来进行产品制造的统称，也就是说利用计算机辅助完成从原材料到产品的全部制造过程，在制造过程中的某些环节应用计算机，包括直接制造过程和间接制造过程，主要内容包括计算机辅助工艺过程设计和计算机辅助加工两大部分。

计算机辅助加工主要指机械加工，而且是数控加工（Numerical Control Machining）。输入信息是零件的工艺路线和工序内容，输出信息是刀具加工时的运动轨迹和数控程序。也应用于 3D 打印、激光立体成型等技术中。

1.1.3　计算机辅助制造技术的内容

计算机辅助制造技术是计算机科学、电子信息技术与现代设计制造技术相结合的产物，被国际公认为 20 世纪 90 年代的十大重要技术成就之一。CAM 技术的发展与应用，对制造业的生产模式和人才知识结构等产生了重大影响，它不仅改变了制造业对产品设计、制造的传统模式，而且有利于提高企业的创新能力、技术水平和市场竞争能力，也是企业进一步向现代集成制造、网络化制造、虚拟制造等先进生产模式发展的重要技术基础。许多国家将CAM 技术作为制造业的战略发展目标。

市场竞争是制造业永恒的话题。21 世纪制造业竞争的特点，将是以知识为基础的新产品竞争，因此，将信息技术、自动化技术、现代管理技术与制造技术相结合的现代制造业信息化技术，起着越来越重要的作用。用数字化设计制造、虚拟制造等高新技术实现制造业信息化，是提高制造企业创新能力和市场竞争能力的一条有效途径。

　　制造业信息化是将信息技术、自动化技术、现代管理技术与制造技术相结合，可以有效改善制造企业的经营、管理、产品开发和生产等各个环节，提高劳动生产率、产品质量和企业的创新能力（包括产品设计方法和设计工具的创新、企业管理模式的创新、制造技术的创新以及企业间协作关系的创新等），实现产品设计制造和企业管理的信息化、生产过程控制的智能化、制造装备的数控化以及咨询服务的网络化，从而全面提升制造业的竞争力。制造业信息化的内涵如图 1-2 所示，它主要包括产品设计信息化、企业管理信息化、加工制造信息化与自动化、信息集成化、制造网络化及资源共享和优化等内容。

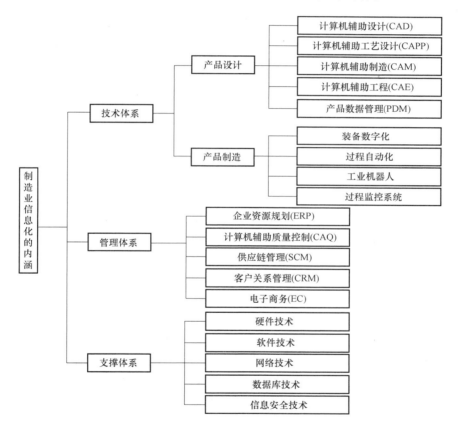

图 1-2　制造业信息化的内涵

　　制造业信息化的基本特点是制造业信息流的数字化，其重要特征如下：

　　1）制造模型数字化。计算机技术在工程设计中的应用导致了工程图样向产品定义数据化的方向发展。工程设计由人工绘图到计算机绘图，"无纸"设计到 3D 数字化模型。

　　2）制造过程数控化。随着计算机在制造过程中的应用，实现数字控制。在产品设计制造过程的各个阶段引入计算机技术，产生了计算机辅助设计（CAD）、计算机辅助工程（CAE）、计算机辅助工艺设计（CAPP）和计算机辅助制造（CAM）等单元技术。CAD、CAE、CAPP、CAQ（计算机辅助质量控制）以及 CAD/CAM 集成技术是支持企业进行产品开发的关键技术，也是实施制造业信息化工程的基础。

产品制造是从工艺设计开始，经加工、检测、装配直至进入市场的整个过程。在这个过程中，工艺设计是基础，它包括了工序规划、刀具、夹具、材料计划以及采用数控机床时的加工编程等，然后进行加工、检验与装配。

目前大多 CAM 与计算机辅助设计 CAD 已经实现了集成，其工作过程如图 1-3 所示。

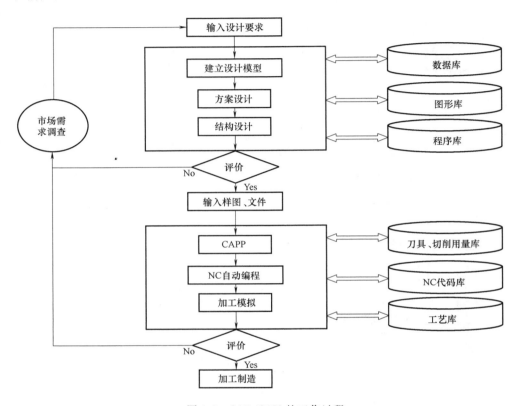

图 1-3　CAD/CAM 的工作过程

CAD/CAM 的工作过程包括以下几个步骤：

1）通过市场需求调查以及用户对产品性能的要求，向 CAD 输入设计要求，利用几何建模功能，构造出产品的几何模型，计算机将此模型转换为内部的数据信息，存储在系统的数据库中。

2）调用系统程序库中的各种应用程序，对产品模型进行详细设计计算及结构方案优化分析，以确定产品的总体设计方案及零部件的结构和主要参数，同时，调用系统中的图形库，将设计的初步结果以图形的方式输出在显示器上。

3）根据屏幕显示的结果，对设计的初步结果做出判断，如果不满意，可以通过人机交互的方式进行修改，直至满意为止，修改后的数据仍存储在系统的数据库中。

4）系统从数据库中提取产品的设计制造信息，在分析其几何形状特点及有关技术要求后，对产品进行工艺规程设计，设计的结果存入系统的数据库中，同时在屏幕上显示输出。

5）用户可以对工艺规程设计的结果进行分析、判断，并允许以人机交互的方式进行修改。最终的结果可以是生产中需要的工艺卡片或以数据接口文件的形式存入数据库中，以供后续模块读取。

6）利用外部设备输出工艺卡片，使其成为车间生产加工的指导性文件，或者计算机辅助制造系统从数据库中读取工艺规程文件，生成 NC 加工指令，在有关设备上开始加工制造。

7）有些 CAM 系统在生成了产品加工的工艺规程之后，对其进行仿真、模拟，验证其是否合理、可行。同时，还可以进行刀具、夹具、工件之间的干涉、碰撞检验。

8）在数控机床上或加工中心中制造出相关产品。

从上述过程可以看出，从初始的设计要求、产品设计的中间结果，到最终的加工指令，都是信息不断产生、修改、交换、存取的过程，系统可以保证用户随时观察、修改阶段数据，实施编辑处理，直到获得最佳结果，因此，CAD/CAM 系统具备支持协同工作过程的功能。其主要功能如下：

（1）几何造型　在产品设计构思阶段，系统能够描述基本几何文体及实体间的关系；能够提供基本要素，以便为用户提供所设计产品的几何形状、大小，进行零件的结构设计以及零部件的装配；系统还应能够动态地显示三维图形，解决三维几何建模中复杂的空间布局问题。另外，还能进行消隐、彩色浓淡处理等。利用几何建模的功能，用户不仅能构造各种产品的几何模型，还能够随时观察、修改模型或检验零部件装配的结果。几何建模技术是 CAD/CAM 系统的核心，它为产品的设计、制造提供基本数据，同时也为其他模块提供原始的信息。

（2）计算分析　系统构造了产品的形状模型之后，能够根据产品几何形状，计算出相应的体积、表面积、质量、重心位量、转动惯量等几何特性和物理特性，为系统进行工程分析和数值计算提供必要的基本参数。CAD/CAM 系统中的结构分析需要进行应力、温度、位移等的计算和图形处理中变换矩阵的运算以及要素之间的交、并、差计算等，此外，在工艺规程设计中还有工艺参数的计算。因此，要求系统对各类计算分析的算法要正确、全面，有较高的计算精度。

（3）工程绘图　产品设计的结果往往以机械图的形式表达，系统中的某些中间结果也是通过图形表达的。一方面应具备从几何造型的三维图形直接向二维图形转换的功能；另一方面还应有处理二维图形的能力，包括基本尺寸的生成、尺寸标注、图形的编辑（比例变换、平移、图形复制、图形删除等）以及显示控制、附加技术条件等功能，保证生成既满足生产实际要求、又符合国家标准的机械图。

（4）结构分析　系统中结构分析常用的方法是有限元法，这是一种数值近似解方法，用来解决复杂结构形状零件的静态、动态特性，以及强度、振动、热变形、磁场、温度场强度和应力分布状态等的计算分析。在进行静态、动态特性分析计算之前，系统根据产品的结构特点，划分网格，标出单元号、节点号，并将划分的结果显示在屏幕上。进行分析计算之后，系统将计算结果以图形、文件的形式输出，如应力分布图、温度场分布图、位移变形曲线等，使用户方便、直观地看到分析的结果。

（5）优化设计　系统应具有优化求解的功能，也就是在某些约束条件的限制下，使产品或工程设计中的预定指标达到最优。优化包括总体方案的优化、产品零件结构的优化、工艺参数的优化等。优化设计是现代设计方法学中的一个重要的组成部分。

（6）工艺规程设计　工艺设计是为产品的加工制造提供指导性的文件。CAPP 系统应当根据建模后生成的产品信息及制造要求，自动决策出加工该产品所采用的加工方法、加工步骤、加工设备及加工参数。设计结果一方面能被生产实际所用，生成工艺卡片文件；另一方面能直接输出一些信息，为 NC 自动编程系统所接收、识别，直接转换为刀位文件。

（7）数控功能　在分析零件图和制订出零件的数控加工方案之后，制成穿孔纸带输入计算机，其基本步骤通常包括：

1）手工或计算机辅助编程，生成源程序。

2）前处理。将源程序翻译成可执行的计算机指令，经计算求出刀位文件。

3）后处理。将刀位文件转换成零件的数控加工程序，最后输出数控加工纸带。

（8）模拟仿真　在系统内部建立一个工程设计的实际系统模型，如机构、机械手、机器人等。通过运行仿真软件，代替、模拟真实系统的运行，用以预测产品的性能、产品的制造过程和产品的可制造性。例如，利用数控加工仿真系统，从软件上实现零件试制的加工模拟，避免了现场调试带来的人力、物力的投入以及加工设备损坏等风险，减少了制造费用，缩短了产品设计周期。模拟仿真通常有加工轨迹仿真、机械运动学模拟、机器人仿真、工件及刀具与机床的碰撞、干涉检验等。

（9）工程数据库　由于系统中数据量大、种类繁多，既有几何图形数据，又有属性语义数据；既有产品定义数据，又有生产控制数据；既有静态标准数据，又有动态过程数据，结构极其复杂。系统应能提供有效的管理手段，支持工程设计与制造全过程的信息流动与交换。

当前，我国正处在完成制造企业信息化阶段，制造企业信息化是指企业利用信息技术（包括计算机技术、通信技术和自动化技术等）改善企业的经营、管理、生产的各环节，提高劳动生产率，提高产品质量，降低消耗，提高企业的创新能力。越来越多的企业开始意识到，信息化已成为企业快速成长、提高竞争力的制胜之道。对于制造企业，从市场预测、产品设计、加工制造、生产管理到售后服务的全部生产经营活动应该集成在一个整体的系统中，整个系统是通过信息流有机地集成在一起的，该信息流由面向制造的信息流和面向生产管理的信息流两大部分组成，如图 1-4 所示。面向制造的信息流是借助于 CAD/CAM 集成系统实现从产品设计到制造全过程的信息流自动化。因此，CAD/CAM 集成化的呼声越来越高，这就要求 CAPP 在设计与制造之间起到桥梁和纽带作用，向上要能与计算机辅助设计（CAD）相接，直接获取 CAD 的几何信息、工艺信息，代替原有的人机交互的零件信息输

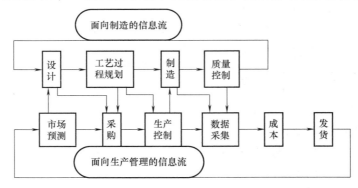

图 1-4　制造过程的信息流

入；向下要能与计算机辅助制造（CAM）相连，输出 CAM 所需的各种信息。由此可见，CAPP 在实现生产自动化中具有非常重要的地位。

1.2　计算机辅助制造技术的发展与趋势

计算机辅助制造技术从 20 世纪 50 年代到现在经历了发生、发展和成熟几个时期。

1.2.1　计算机辅助制造技术的形成

1. 技术准备期

1950 年，美国麻省理工学院采用阴极射线管（CRT）研制成功图形显示终端，实现了图形的动态显示，从此结束了计算机只能处理字符数据的历史。同时，也标志了一门新兴学科即计算机图形学的诞生。20 世纪 50 年代后期出现了光笔，从而开始了交互式绘图。20 世纪 60 年代初，开发了屏幕菜单单击、功能键操作、光笔定位、图形动态修改等交互绘图技术。

1952 年首次研制成功数控机床，该机床只需要改变数控程序即可完成不同零件的加工。1955 年由麻省理工学院开发的自动编程工具程序系统，利用 APT 语言通过对刀具轨迹的描述来实现计算机自动数控加工。

苏联学者于 20 世纪 50 年代对成组技术进行了系统的研究，形成专门的学科。联邦德国的 OPITZ 教授提出了零件分类编码系统和英国的成组生产单元，进一步推动了成组技术的发展，成为计算机辅助制造的基础理论。

该阶段还没有形成完整的计算机辅助设计与制造过程的功能，只在相关软硬件方面提供了实现计算机辅助设计与制造的基础。

2. 基础形成期

1963 年，麻省理工学院的 I. E. Sutherland 在美国举办的计算机联合大会上宣读题为"人机对话图形通信系统"的博士论文，首次提出了计算机图形学等术语。由他推出的二维 SKETCHPAD 系统允许设计者坐在图形显示器前操作光笔和键盘进行图形操作。这一研究成果具有划时代的意义，促进了计算机辅助技术的发展。此后，相继出现了一大批计算机辅助设计商品软件，但是由于显示器价格昂贵，计算机辅助设计系统一直难以推广应用。直到 20 世纪 60 年代末期，显示技术产生了突破，显示器成本大幅下降，这促进了计算机辅助设计产业的形成。20 世纪 70 年代的计算机辅助设计技术还是以二维绘图和三维线框图形系统为主。此时的计算机辅助设计严格来讲还只是计算机辅助绘图，还没有涉及产品信息建模、计算机辅助工程分析等产品设计时设计人员最需要的帮助。

数控机床与计算机辅助数控程序编制的出现，成为计算机辅助加工的开端。1967 年，英国莫林公司首先建造了一条由计算机集中控制的自动化制造系统，称为"莫林-24"（意即 24h 连续加工）。它包括 6 台加工中心和 1 条由计算机控制的自动输送线，并用计算机编制 NC 程序、作业计划和统计报表。

1969 年，挪威发表了第一个计算机辅助工艺规程生成系统 AUTOPROS。它是根据成组技术原理，利用零件的相似性去检索和修改标准工艺过程的形式而形成相应零件的工艺规程。AUTOPROS 系统的出现，引起世界各国的普遍重视。1976 年，美国的 CAM-I 公司也研制出自己的计算机辅助工艺规程生成系统。这是一种可在计算机上运行的结构简单的小型程序系统，其工作原理也是基于成组技术。

计算机辅助设计与制造技术在该阶段得到了迅猛发展，利用计算机辅助人们从事产品整个制造过程中的各个具体工作的设想已基本形成，各种理论和方法得到了初步研究。但所做的研究成果还没有得到广泛的应用。

3. 技术成熟期

20世纪80年代，CAD技术的主要特征是实体造型理论和几何建模方法。由于设计制造对系统提出了各种各样的要求，新理论、新算法不断涌现。实体建模的边界表示法和构造实体几何法在软件开发上得到广泛应用。SDRC公司推出的I—DEAS是基于实体造型技术的CAD/CAM软件，可实现三维造型、自由曲面设计和有限元分析等工程应用。实体造型技术能够表达零件的全部形体信息，有助于CAD、CAE、CAM的集成，被认为是新一代CAD系统在技术上的突破性进展。

与此同时，计算机硬件及输出设备也有了较大发展，其工作站及计算机得到广泛应用，形成了许多工程工作站和网络环境下的高性能的CAD/CAM集成系统，代表性的系统有UG、CAXA等，在计算机上运行的系统有AutoCAD等。软件技术如数据库技术、有限元分析、优化设计等也得到了迅速发展。这些商品化软件的出现，促进了CAD/CAM技术的进一步推广及应用，使其从大中型企业向小型企业发展。

一些与制造过程相关的计算机辅助技术，如计算机辅助工艺设计（CAPP）、计算机辅助工程（CAE）和计算机辅助质量控制（CAQ）软件开始投入使用。作为单项技术，只能带来局部效益。自进入20世纪80年代以后，人们在上述计算机辅助技术的基础上，致力于计算机集成制造系统的研究，这是一种总体高效益、高柔性的智能化制造系统。

1.2.2 计算机辅助制造技术的发展趋势

20世纪90年代以来，CAD技术基础理论主要是以PTC公司的PRO/E为代表的参数化造型理论和以SDRC公司的I—DEAS为代表的变量化造型理论，形成了基于特征的实体建模技术，为建立产品信息模型奠定了基础。

CAD/CAM技术不再是停留在过去单一模式、单一功能、单一领域的水平上，而是向着标准化、集成化、智能化的方向发展。为了实现系统的集成，实现资源共享和产品生产与组织管理的高度自动化，提高产品的竞争能力，一些工业先进国家和国际标准化组织都在从事标准接口的开发工作。与此同时，面向对象技术、并行工程思想、分布式环境技术及人工智能技术的研究都有利于CAD/CAM技术向高水平发展。

20世纪90年代后期，CAD/CAM系统的集成化、网络化、智能化以及企业应用的深入发展，促使企业从发展战略的高度来思考企业级的信息化系统建设和构建数字化企业的技术问题，促进企业迈进了实施现代集成制造、制造业信息化工程的新阶段。

我国在"九五"期间组织实施了CAD/CIMS应用工程，极大地促进了CAD/CAE/CAM技术在制造业中的推广应用，从而取得了一系列显著的成效。进入21世纪后，我国在"十五"期间实施了制造业信息化工程，在"十一五"期间仍在持续大力推进制造业信息化，以企业为主体，开展设计、制造、管理的集成应用示范工作，实施制造业信息化工程，提升企业的集成应用水平。

借助 CAD/CAM 先进的信息化生产力，是企业应用新知识、新技术、新工艺，采用新的生产方式和生产经营管理模式，提高产品质量，实现技术创新的基础，这已为国内外众多制造业信息化进程的实践所证实。

目前人们已经进入了信息时代，互联网技术迅速发展，颠覆了传统的生产方式。现代制造系统和先进制造技术为知识产业提供了先进的生产模式、管理体系、技术和装备。CAM 技术伴随着制造业信息化的进程，将得到快速的发展和广泛的应用。面向未来，计算机辅助制造的发展趋势如下：

1. CAD/CAM 集成化

复杂产品开发是机械、电子、控制等多学科交叉和协作的系统工程，实现多学科设计综合和优化、建立多学科协同设计与仿真平台是 CAD/CAM 技术发展的重要方向。机电产品的开发设计不仅用到机械学科的理论与知识（力学、材料、工艺等），而且用到电磁学、光学、控制理论等；不仅要考虑技术因素，还必须考虑经济、成本、环境、卫生及社会等方面的因素。多学科、多功能综合的产品开发技术，强调多学科协作，通过集成相关领域的多种设计与仿真工具，进行多目标、全性能的优化设计，以追求机电产品动、静态热特性、效率、精度、使用寿命、可靠性、制造成本与制造周期的最佳组合，实现产品开发的多目标全性能优化设计。

虚拟产品是一种数字产品模型，它具有所代表产品应具有的各种性能和特征。这种虚拟产品在它投入生产以前已存在，它具有明显的可视性，可同时进行协同设计分析，与供应商、合作者交换信息，客户可进行评估并做出反应，把产品开发者、供应商和客户之间的固定链接变得更加明确，具有流动性，一旦受理新的开发业务和新的要求，就可以做出快速有效的反应。

CAD/CAM 系统是一种在计算机网络环境下实现异地、异构系统的集成技术，虚拟设计、虚拟制造、虚拟企业在这一集成环境层次上有广泛的应用前景，能满足敏捷制造企业、动态联盟企业建模的需要。

2. 面向产品全生命周期的数字化

为了最大限度地发挥信息化系统的整体优势和综合效益，制造业信息化的最终目标应面向产品全生命周期的数字化，满足从市场分析、设计、制造、销售、服务到回收整个生命周期内各个环节的功能需求。面向产品全生命周期的数字化是单元技术、集成技术应用的最高形式，它需要 web 协同技术、数据库技术、软件标准化技术等现代信息技术的支撑，同时体现网络化制造、并行工程、虚拟制造等现代制造理论。

3. 网络化

网络化 CAD/CAM 技术定义为：在网络环境下分布在不同地理位置上的不同 CAD、CAM 系统间（通过 CAPP 系统）无缝地传递各种数据，并以过程为纽带，从整体协同的角度完成从产品设计、工艺规划、NC 编程到辅助制造等方面工作的一种集成技术。

网络化 CAD/CAM 系统的模式分基本模式和扩展模式两种类型。基本模式包括基于直接网络集成接口的模式、网络数据库模式、C/S（Client/Server）结构模式、B/S（Browser/Server）结构模式四种；扩展模式根据所采用的网络基础信息架构的不同分为基于 Agent 的模式、基于移动 Agent 的模式、基于 CORBA 的模式、基于 Web Services 的模式、基于 SOA 的模式等。

基于直接网络集成接口模式的网络化 CAD/CAM 系统是将分立的 CAX 子系统通过附加数据交换接口组合在一起，其中，不同 CAX 子系统分布在不同的地点，并通过网络互联。各子系统完成自身的工作，当需要数据交换时，通过接口直接与相关的子系统进行基于数据上、下载的通信。应指出的是，该模式在接口方面既可设计成一对一的专用型接口，也可利用数据交换标准如 STEP 开发统一接口。

当 CAX 子系统属于一体化的 CAD/CAM 系统的不同模块时，模块间的数据交换则变得简单。实际上，现有商用 CAD/CAM 系统在网络化支持方面的工作是沿此方向进行的。

基于网络数据库模式的网络化 CAD/CAM 系统为另一种传统的网络化 CAD/CAM 系统实现模式。与第一种模式类似，分立的 CAX 子系统也是通过附加数据交换接口组合在一起的，但数据交换时采用数据库作为中间件，而不是系统对系统的直接交换。此外，支持 CAD/CAM 全过程的产品与过程数据可进行统一建模，并通过数据库进行管理。显然，此模式的数据统一性优于第一种模式。

基于 C/S 结构模式的网络化 CAD/CAM 系统是指将分立的 CAX 子系统或一体化的 CAD/CAM 系统的不同 CAX 模块的程序，分为服务器端和客户机端程序两部分，且系统的运行通过客户机端程序完成。

4. 虚拟现实

虚拟现实 VR（Virtual Reality）技术可支持 CAD/CAM 系统运行的全过程，包括三维产品模型的展示与评价、基于虚拟制造系统的虚拟制造过程仿真等。对于第一方面的应用，可用来检验所设计产品的可装配性，包括装配路径的检验以及装配中零部件的干涉检验等；对于第二方面的应用，虚拟现实制造系统（VR Manu-facturing system）是完成对虚拟产品进行制造与评价的核心技术。虚拟现实技术被用于直接在人造的三维空间内模拟三维制造过程，依靠 VR 的输入输出设备并通过人与计算机的交互及计算机的自动处理，使人全程或局部地"沉浸"在虚拟场景中，并把虚拟产品制造出来，进而通过该虚拟模型来完成相关的评价工作口。

虚拟产品模型的生成过程，相关的操作环境如车间布局、加工机床模型、装配工具等也需要用图生成。为了评价该虚拟模型，必须具备远程协同工作、远程通信等功能。一般包括下列基本要素：①高速图形计算计算机；②三维虚拟场景图及显示装置，如头盔显示器 HMD（Head Mounted Display）、基于投影墙虚拟空间等；③三维位置跟踪与定位输入装置（从操作者坐标系映射到计算机内部坐标系）；④力、触觉感受装置；⑤立体声场景伴音系统。

5. 与 STEP-NC 融合

数控编程的终极目标是产生数控代码。当前，产品信息模型驱动的不同编程模式主要用于产生按 ISO 6983（DIN 66025）标准定义的数控代码。即便采用不同的编程模式，CAM 系统中用于产生数控代码的模块，包括产品信息模型输入、特征识别、刀位与刀具偏置计算、后处理等。为解决后续的加工控制、调度与管理问题，开发了基于 STEP 标准的应用协议 AP238、含有高层语义信息的数控后置处理文件格式 STEP-NC（CAM 与 CNC 间的接口），其文件中的代码在量级上大致相当于传统数控文件中的 G、M 代码。

AP238 文件可由 CAD/CAM 系统自动产生，当 AP238 文件输入到 CNC 机床后，由 STEP-NC 控制器根据该文件直接驱动机床进行加工操作。

6. 智能化、标准化

智能化和标准化是将来 CAD/CAM 系统的重要发展方向。人工智能和专家系统、基于知识的 CAD/CAM 系统将为推动 CAD/CAM 的发展起到重要作用。标准化技术是解决 CAD/CAM 系统支持异构跨平台的关键。面向专业应用的标准零部件库、标准化设计方法、数字化设计制造的资源数据库等已成为系统的重要支撑环境。

总之，随着网络技术、计算机软硬件技术和可视化技术的发展，CAD/CAM 的应用将从单纯的设计制造领域演化为对产品全生命周期的设计与管理，这一技术也必将被更多的工程技术人员所使用。

思考题与习题

1. 简述计算机辅助制造的基本概念。
2. 简要分析计算机辅助制造技术的主要内容。
3. 举例说明计算机辅助制造的重要作用。
4. 论述计算机辅助制造的发展趋势。
5. STEP-NC 的发展趋势的应用前景。
6. 请列出常用的 CAM 软件系统，并分析其功能和特点。

第 2 章
计算机辅助制造的共性技术

2.1 移动终端

1. 概念

随着移动信息化的应用不断创新信息的输入与输出模式，突破了传统意义以计算机终端为基础的信息化终端，移动信息化终端提供了经济的、普及的新补充。移动信息化终端提供了集成化的新工具。相对局域网、互联网信息界面，移动信息化终端提供了短信、彩信、WAP、APP 等新界面，通过这些新补充、新工具和新界面，使信息化在制造业中实现无所不能的应用。

移动终端或者称为移动通信终端是指可以在移动中使用的计算机设备，广义的讲包括手机、笔记本、平板电脑、POS 机甚至包括车载电脑。但是大部分情况下是指手机或者具有多种应用功能的智能手机以及平板电脑。随着网络和技术朝着越来越宽带化的方向发展，移动通信产业将走向真正的移动信息时代。智能化引发了移动终端基因突变，从根本上改变了终端作为移动网络末梢的传统定位。移动智能终端几乎一瞬之间转变为互联网业务的关键入口和主要创新平台，新型媒体、电子商务和信息服务平台，互联网资源、移动网络资源与环境交互资源的最重要枢纽。

2. 制造业中的应用

随着信息技术的发展，以智能手机、平板电脑为代表的移动终端不断的智能化，使得智能移动终端逐渐演变成数据中心、多媒体中心和网络中心。在智能制造未来的发展蓝图中，制造企业的全球化、异地化协作需要更为灵活的信息存储、交互、共享和处理机制，数字化的设计和制造工作从单一 PC 平台转变为服务器云端和智能移动终端的多平台是大势所趋。

在通用电气公司的诞生地纽约州东部斯克内克塔迪市，一家氯化镍电池工厂悄然取代了原本的涡轮机工厂。在工厂里，一万多个传感器遍布四周，与内部高速网络相连。为了方便传感器的识别，流水线上的电池都贴着序列号和条码。传感器实时检测着电池制造核心的温度、电池组件的耗能情况、生产车间的气压等，并将检测数据实时传输到工作站的数据中心。在流水生产线外，管理人员通过查看连接着工厂 WiFi 的移动终端，即可监督电池的生产。2014 年，通用电气在奥尔巴尼市新建的 Durathon 钠盐电池制造厂安装了超过一万个传感器，用来测量温度、湿度、气压以及机床操作数据等。工人能够通过平板电脑遥控监测生产过程，通过手指的敲击来调整生产条件、预防故障。

费斯托与其他企业（Varta、C4C 工程有限责任公司、戴姆勒集团、EnOcean）及研究机构（HSG-IMIT、德国汉堡大学、德国布伦瑞克工业大学）合作启动 ESIMA 项目，ESIMA 的全称是"通过自给功能传感器以及与移动式用户互动的生产流程资源使用效率优化"。该项目通过无线传感器，机器的能耗信息更易于收集，获得的数据将通过移动终端设备在生产区域中显示出来。移动终端设备，如平板电脑等将用于显示能耗参数及其趋势，届时工人便可直接判断机器的能耗情况并采取措施。

3. 手机客户端

App 是英文 Application 的简称，是指智能手机的第三方应用程序，统称"移动应用"，也称"手机客户端"。目前，美国有超过 110 万的智能手机应用程序，半数百人以上的企业都有自己的移动应用程序，99% 以上的世界 500 强企业都做了自己品牌的应用。制造企业通过创建和部署自己的定制化行业的"数字、移动、快速"应用程序（App），以连接整个供应链，从原料管理、机器设备、生产制造、库存管理到产品状态以及客户应用。通过移动设备和无线，有效管理信息流，可以从客户产品反馈中得出更多的信息，把所有制造企业结合在一起；可以创造一些数学上的模型，使企业能够更快地做出决定；也能够使企业以更快的速度进行业务运行，远远超出过去的速度。通过数字形式，可以将不同地方的生产制造结合在一起，大量的数据可以通过一种无线的智能方式进行自由移动。一个移动的、连接整个供应链的 App，是制造+服务+智能的具体体现，是制造业价值链的延伸。

西门子推出工业支持中心 App，以方便工业用户通过移动智能终端随时查阅技术文档。三特维克推出可以同时用于 iPhone 和 Android 系统的智能手机 App 应用程序。包括加工参数计算机 App、切削参数推荐 App、刀片型号对比 App、多材质车削刀片选型 App 以及钻削和攻螺纹计算器 App。

三一重工在全球有 10 万台设备接入了后台的网络中心，通过大数据处理进行实时远程监控预警，通过 App 监测设备的运行状况。实施该系统以后企业利润大幅度提升，三年间的新增利润超过 20 亿元，且成本降低了 60%。

上海某家 GE 供应商就是使用 App 进行项目管理。每种产品都有自己唯一识别的二维码，员工对自己工序的材料、部件和产品的二维码进行扫描和跟踪。

随着智能移动设备的计算能力和存储能力越来越强大，智能移动终端的用户量激增，云端应用模式日益成熟，而移动 App 的开发和推广也形成了固定的产业模式，为此转移奠定了基础。未来在制造企业中使用移动终端和移动 App 辅助设计、制造和管理，将成为整个工业领域的新常态。

2.2　虚拟现实技术

虚拟现实技术由于具备实时性、交互性、沉浸性等特点，与 CAD、CAE、CAM 等制造业产品研发的各个阶段均有所结合，是推动工程研发智能化、智慧化的重要途径与展现方式之一。通过应用虚拟现实技术，基于仿真、协同、可视化等技术构建有效的虚拟环境，可降低研制费用、缩短设计周期、减少反复工程，以及充分发挥设计师的想象力和创新能力。中华人民共和国国务院 2006 年 2 月 9 日发布的《国家中长期科学和技术发展规划纲要（2006—2020 年）》中提到大力发展虚拟现实这一前沿技术，重点研究心理学、控制学、计算机图形学、数据库设计、实时分布系统、电子学和多媒体技术等多学科融合的技术，研究医学、娱乐、艺术与教育、军事及工业制造管理等多个相关领域的虚拟现实技术和系统。

1. 概念

虚拟现实 VR 是利用计算机模拟产生一个三维空间的虚拟世界，提供使用者关于视觉、听觉、触觉等感官的模拟，可以直接观察、操作、触摸、检测周围环境及事物的内在变化，并能与之发生"交互"作用，使人和计算机很好地"融为一体"，感觉自己精神上沉浸或者置身于模拟环境中，给人一种"身临其境"的感觉。虚拟现实的三大主要特征是：

◆沉浸：用户融入虚拟世界的程度。

◆交互作用：用户与虚拟世界间信息的双向流动。

◆想象力：用户受到环境刺激后所发挥的想象空间。

虚拟现实是一项综合集成技术，涉及计算机图形学、人机交互技术、传感技术、人工智能、计算机仿真、立体显示、计算机网络、并行处理与高性能计算等技术和领域，它用计算机生成逼真三维视觉、听觉、触觉等感觉，使人作为参与者通过适当的装置，自然地对虚拟世界进行体验和交互作用。使用者进行位置移动时，计算机可以立即进行复杂的运算，将精确的 3D 世界影像传回，产生临场感。

2. 硬件环境

理想的情况下，虚拟环境可通过自然的方式输入信息，而模拟世界根据该输入进行实时场景输出。目前采用的计算机键盘、鼠标等交互设备无法满足此要求，于是出现了多种虚拟现实输入输出设备以实现多个感觉通道的交互，如三维位量跟踪器或传感衣可测量身体运动，数据手套可实现手势识别或手抓取操作，头盔显示器可实现视觉反馈，三维声音可由 3D 声音生成器计算，还可使用摄像机、压力传感器、视觉跟踪器、惯性仪、语音识别系统等。借助各种输入装置，用户进入虚拟环境并与虚拟对象进行人机交互。常见设备介绍如下：

（1）头盔显示器　头盔显示器（HMD）通常固定在用户的头部，通常支持两个显示源及一组光学器件，由两个 LCD 和 CRT 显示器分别向两只眼睛显示图像。这两个显示屏中的图像由计算机分别驱动，屏上的两幅圆存在着细小差别，类似于"双眼视差"，大脑将融合这两个图像获得深度感知，通过头盔上的实体眼睛获得三维实感，因此头盔显示器具有较好的沉浸感。

（2）操纵和控制设备　主要用于与虚拟环境的互动操作。为了与三维虚拟世界交互，必须跟踪和确定真实世界对象的位置，即头、眼、手、体位的跟踪定位。此时参与者需要穿戴具有定位和跟踪传感器功能的数据手套以及数据服装。此外，也可采用如二维、三维、六维的鼠标、跟踪球、控制杆等定位跟踪装置与三维虚拟世界进行交互。

（3）立体声音响和三维空间定域装置　借助立体声音响可以加强人们对虚拟世界的真实体验。声音定域装置采集自然或合成声音信号，并使用特殊处理技术在 360° 球体上将这些信号空间化，使参与者即使头部在运动时也可感觉到声音保持在原处不变。

（4）触觉/力反馈装置　触觉反馈装置使参与者除了接收虚拟世界物体的视觉和听觉信号外，同时还能接收其触觉刺激，如纹理、质地感；力反馈装置则可提供虚拟物体对人体的反作用力，或虚拟物体之间的吸引力和排斥力等各种力的信号。

3. 虚拟工程

虚拟工程的目的是融合物理和虚拟（计算机生成、可访问）的现实，人类感官通过时间和空间的错觉实现感知和通信，以及采用新的工程方法进行实时逼真（有逻辑、易于理解、直观）的人机交互。虚拟工程的使用让人们可以切实、直接地体验那些未来的、实际尚不存在的物体。鉴于工程解决方案与大型复杂问题及信息量间的紧密联系，虚拟工程带着其"降低复杂性"的初衷，尽可能将问题的复杂性降到最低。

在人与机器的互动中，包含人的身体姿态、手势和语言等行为，需要把整个身体都投入到虚拟现实环境的互动中，同时运用五种感官来接受信息，用语言、动作和无意识的肢体语言来对信息做出反应。

虚拟工程技术在产品开发和生产中的优势早已得到大家的认可，其中包括：

- 集成了不同工程学科的仿真模型。
- 可对用户难以明确定性的产品特征进行建模与验证。
- 能高效检测用户的喜好与要求。
- 进行预测性模拟，以及评估仅由未来技术才可实现的产品理念。

4. 虚拟仿真交互设计

虚拟仿真交互设计是用虚拟技术为用户提供了多种输入方式，使用户利用手势、语言等方式随时更改自己的形态建模，并且通过三维空间设计让用户可以直观地观察产品设计情况，从而达到用户满意的效果。虚拟现实技术运用 VR-CAD 系统将虚拟现实技术与 CAD 环境结合起来，在产品概念设计的过程中，使用户可以清晰地表达出自己的设计思路，让人们对这一系统产生直观性的交互感受。

沉浸式环境能够让虚拟产品以真实尺寸真实再现，以便于客户发挥想象力并自然地提交他们的情感反馈，如图 2-1 和图 2-2 所示。

图 2-1　虚拟建模中用户视角　　　　　　　图 2-2　虚拟现实在汽车设计的应用

5. 虚拟加工仿真

虚拟加工环境是实际的加工系统在不消耗能源和资源的计算机虚拟环境中完全映射，且必须与实际加工系统具有功能和行为上的一致性。虚拟加工的硬件环境一般分为三个层次，即车间层、机床层和毛坯层。车间层只是为了增加环境的真实感，起到烘托和陪衬作用；机床层包括机床（加工中心）、机床刀具和夹具，是虚拟加工环境的关键部分；毛坯层与加工过程仿真模块密切相关。

虚拟加工仿真法是应用虚拟现实技术实现加工过程的仿真技术。虚拟加工仿真法与刀位轨迹仿真法不同，虚拟加工仿真法不仅能够利用多媒体技术实现虚拟加工，解决刀具与工件之间的相对运动仿真，而且能实现对整个工艺系统的仿真。虚拟加工软件一般直接读取数控加工程序，模仿数控系统逐段翻译，并模拟执行，利用三维图形显示技术，模拟整个工艺系统的状态，可以在一定程度上模拟加工过程中的声音等，并且提供更加逼真的加工仿真效果。

6. 虚拟仿真装配

虚拟仿真装配技术在产品的全生命周期中都发挥着重要的作用，以往为了验证设计的产品是否符合要求，需要为设计数据制造 1∶1 的物理样机进行验证，在物理样机中反复推敲设计方案，在发现问题后，物理样机需要重新建立，因为制造试验件需要一定时间，在制造实物的试验件的过程中，设计周期被拖延，而这种反复的修改过程会大大增加研制时间，研制周期将被不断延后。在产品研制过程中，研制周期是产品研制重要的一个维度，一旦研制周期延期太长，将削弱产品上市后的竞争力。采用虚拟现实技术则可以在设计以及制造阶段有效地对产品数据进行虚拟装配验证，以避免重复制造物理样机，节省时间及研发费用，抢先完成产品并占领市场。

"虚拟仿真装配"作为产品数字化分析及设计中的一个重要环节，在虚拟现实技术领域中得到了广泛的研究及应用。狭义的虚拟仿真装配是指将产品零部件在虚拟环境中装配完成产品的过程。而在虚拟现实的环境中广义的虚拟仿真装配则更多地集中在产品的设计中，将其他的问题通过某些办法变得更加便捷，以达到对工程设计人员的有效支持。虚拟仿真装配同时包含着广义与狭义的虚拟仿真装配的研究思路，同时包含着自下而上与自上而下的研究思路。

PTC 公司开发了一款交互操作虚拟产品数字样机的软件 DIVISION MockUp。该软件可以精确地仿真装配以及后续过程，其配合使用 3D 外围设备（如操作手柄、数据头盔、数据手套等）来操作虚拟仿真系统，构建完整的虚拟现实环境，进行虚拟产品操作等过程。

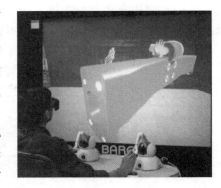

图 2-3　虚拟装配

配合使用主动或被动式立体眼镜及头盔显示器来实现真正的产品 3D 视角显示，如图 2-3 所示。

2.3　计算机辅助制造的数据库系统

产品的开发制造过程实质上是一个数据采集、传递和加工处理的过程，其制造形成的产品可以看作是数据的物质表现。因此，如何实现产品数据的收集、存储、处理和共享是计算机辅助工程的共性技术和基础技术。

工程设计制造中包含了各种数据处理的过程。一项产品设计的开始，通常需要处理用户对产品性能的需求数据、相关零部件的设计数据、设计标准和规范数据等。产品设计过程中要产生对产品结构、形状、材料、工艺和测试条件等描述的信息。产品设计数据将用于指导产品制造的备料、加工、测试、维护以及更新换代等一系列活动。同样，工艺设计、工装设计、数控程序编制等产生产品工艺、工装、数控程序等制造信息。

在计算机辅助制造工程中，数据处理和数据管理主要由计算机辅助完成，数据以电子编码方式在计算机内保存，以工程人员能够理解的方式使用。计算机应用系统的价值不仅体现在处理功能方面，存储在计算机系统内已有的应用数据资源也是重要的指标。数据库系统是处理信息最有效的模式，其能够高效地完成数据管理，包括对数据进行分类、组织、编码、存储、检索和维护，具有较小的冗余度、较高的数据独立性和易扩展性，并可为各种用户共享。

2.3.1　数据库的概念

数据库是指长期存储在计算机内有组织的、统一管理的相关数据的集合。数据库中的数据按照一定的数据模型组织和存储，其作为通用化的综合性的数据集合，可以提供各种用户共享，且具有最小的冗余度和较高的数据与程序的独立性，能有效地、及时地处理数据，并提供安全性及可靠性。

2.3.2　数据库的系统结构

数据库系统的三级模式结构是指数据库系统由外模式、模式、内模式三级构成，如图2-4 所示。用户级对应外模式，概念级对应模式，物理级对应内模式，使不同级别的用户对数据库形成不同的视图。

（1）模式　模式又称为概念模式或逻辑模式，对应于概念级。它是由数据库设计者综合所有用户的数据，按照统一的观点构造的全局逻辑结构，是对数据库中全部数据的逻辑结构和特征的总体描述，是所有用户的公共数据视图。

（2）外模式　外模式又称为子模式或用户模式，对应于用户级。它是某个或某几个用户所看到的数据库的局部数据视图，是与某个应用有关的数据的逻辑表示。

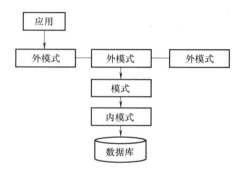

图 2-4　数据库系统模式结构

外模式是从模式中导出的一个子集，包含模式中允许特定用户使用的那部分数据。

（3）内模式　内模式又称为存储模式，对应于物理级。它是数据库中全体数据的内部表示或底层描述，是数据库最低一级的逻辑描述，它描述了数据在存储介质上的存储方式和物理结构，对应实际存储在外存储介质上的数据库。

2.3.3　数据库的设计与访问技术

1. 数据库的设计

数据库设计是指数据库开发人员在特定的 DBMS、系统软件、操作系统和硬件环境的前提下，根据用户的需求，通过分析构造最优的数据模型，然后据此建立数据库及其应用系统的过程。设计追求的目标是要设计一个结构合理的数据库，使之能够有效地存储数据，最大限度地满足应用系统的各类用户对数据处理的要求。

依照软件生命周期方法学，数据库设计可分为以下六个阶段：需求分析、概念设计、逻辑设计、物理设计、数据库的实现、数据库的运行和维护。下面对各阶段进行简要说明。

（1）需求分析阶段　进行数据库设计首先必须准确了解和分析用户需求。需求分析是整个设计过程的基础。在本阶段，系统开发人员通过访问调查，获取用户对应用系统的数据需求和处理需求，然后分析整理成完整的需求说明。

（2）概念设计阶段　概念设计是整个数据库设计的关键，它通过对需求说明中收集的需求信息进行分析和整理，形成一个独立于具体 DBMS 的反映用户观点的概念模型。概念数据模型通常用图形表示，如 E-R 模型。设计人员仅从用户角度看待数据及处理需求，也就是说概念设计的成果除了要准确表达用户的需求外，其表现形式还必须易于被用户理解、易于与用户交流。

（3）逻辑设计阶段　逻辑设计是将概念模型转换成具体 DBMS 所支持的逻辑数据模型，并对其进行优化。转换的逻辑结构是否与概念模型一致，从功能和性能上是否能满足用户要求，都需要对它们进行模式评价。

在逻辑数据模型的基础上，本阶段进一步要考虑的还有用户如何使用数据，即从用户使用数据的角度设计外部模型。外部模型是逻辑模型的一个逻辑子集，其有助于帮助用户以一种更简化的方式专注于自己的核心事务。

（4）物理设计阶段　该阶段是为逻辑模型选取存储结构和存取方法。

（5）数据库的实现阶段　数据库的实现阶段包括建立实际的数据库结构、装入数据、完成编码、进行测试，然后投入运行。

（6）数据库的运行和维护阶段　数据库一旦投入运行后，随即进入维护阶段。在数据库使用过程中，需要不断完善系统性能、改进系统功能、进行数据库的再组织和重构造，以延长数据库的使用时间。

2. 常见数据库访问技术

不同的程序设计语言会有各自不同的数据库访问技术，程序语言通过这些技术，执行 SQL 语句，进行数据库管理。目前主要的数据库访问技术有 ODBC、DAO、OLE DB（对象链接嵌入数据库）、ADO（ActiveX 数据对象）、JDBC 等。下面将对常见一些数据库访问技术进行简要介绍：

（1）ODBC　ODBC（Open Database Connectivity，开放数据库互连）是一种通用的数据库访问接口，它提供了一系列不依赖数据库类型的 API。数据库系统若具有 ODBC 驱动程序，则可利用 ODBC 技术访问和操作数据库。一个完整的 ODBC 包括以下几个部分：

➢ 应用程序：包括 ODBC 管理器和驱动程序管理器。ODBC 管理器位于客户端的操作系统之中，用于管理系统内安装的 ODBC 驱动和数据源。驱动程序管理器存在于 ODBC32. DLL 文件中，用于管理 ODBC 驱动程序。

➢ ODBC API：存在于 ODBC 驱动程序文件中，提供 ODBC 和数据库之间的访问接口。

➢ 数据源：存储数据库地址和相关信息，ODBC 通过该信息对数据库进行访问。

使用 ODBC API 操作数据库的一般步骤如下：

1）创建环境句柄和连接句柄，并连接数据源。

2）创建执行 SQL 语句句柄。

3）准备并执行 SQL 语句。

4）获取并处理结果集。

5）提交事务。

6）断开数据源连接并释放相关句柄。

（2）DAO　DAO 是建立在 Microsoft Jet（Microsoft Access 的数据库引擎）基础之上的。

使用 Access 的应用程序可以用 DAO 直接访问数据库，由于 DAO 是严格按照 Access 建模的，因此，使用 DAO 是最快速、最有效的连接 Access 数据库的方法。DAO 也可以连接到非 Access 数据库，如 SQL Server 和 Oracle，此时 DAO 调用 ODBC，但是由于 DAO 是专门设计用来与 Jet 引擎对话的，因此需要 Jet 引擎解释 DAO 和 ODBC 之间的调用，这导致了较低的连接速度和额外的开销。

为了克服这样的限制，Microsoft 创建了 RDO，它可以直接访问 ODBC API，而无须通过 Jet 引擎。RDO 为 ODBC 提供了一个 COM 的封装。其目的是简化 ODBC 的开发和在 Visual Basic 和 VBA 程序中使用 ODBC。不久之后，Microsoft 推出了 ODBC Direct，它是 DAO 的扩展，在后台使用 RDO。

（3）OLE DB　多年以来，ODBC 已成为访问 C/S 体系结构关系数据库的标准。但是，随着越来越多的数据以非关系型格式存储，需要一种新的架构来提供这种应用和数据源之间的无缝连接，基于 COM 的 OLE DB 应运而生。

OLE DB 建立于 ODBC 之上，并将此技术扩展为提供更高级数据访问接口的组件结构，它对企业中及 Internet 上的 SQL、非 SQL 和非结构化数据源提供一致的访问。也就是说，OLE DB 是一个针对 SQL 数据源和非 SQL 数据源（如邮件和目录）进行操作的 API。

（4）ADO　类似于 ODBC，OLE DB 也属于低层接口，这为 OLE DB 的使用带来了障碍。鉴于此，Microsoft 推出了另一个数据访问对象模型 ADO。ADO 采用基于 DAO 和 RDO 的对象，并提供比 DAO 和 RDO 更简单的对象模型。

ADO 主要为连接的数据访问而设计，这意味着不论是浏览或更新数据都必须是实时的，这种连接的访问模式占用服务器端的重要资源。

（5）JDBC　JDBC 是一种用于执行 SQL 语句的 Java API，可以为多种关系数据库提供统一的访问接口。JDBC 由一组用 Java 语言编写的类与接口组成，通过调用这些类和接口所提供的方法，用户能以一致的方式连接多种不同的数据库系统（如 Access、SQL Server 2000、Oracle、Sybase 等）。JDBC 是进行数据库连接的抽象层，JDBC 支持和 ANSI sqL-2 标准相容的数据库。

2.3.4　常用数据库系统管理软件（DBMS）简介

在数据库系统阶段，为了科学地组织和存储数据，以便高效地获取和维护数据，出现了统一管理数据的专门软件系统——数据库管理系统。数据库管理系统是帮助用户建立、使用和管理数据库的计算机软件系统，是位于用户和操作系统之间的数据库管理软件，也是数据库系统的核心。

数据库管理系统发展至今，已有众多不同的数据库管理系统软件。根据应用领域的不同，可分为两大类：一类是大型网络数据库管理系统，常用的有 SQL Server、Oracle、DB2、Sybase、Informix 等；另一类是小型桌面数据库管理系统，常用的有 Visual Foxpro、MS-Access、Dbase 等。

1. SQL Server

SQL Server 是美国微软公司开发的关系数据库管理系统，也是目前主流的数据库产品之一。图 2-5 所示为 SQL Server 2005/2008 的核心结构。

在图 2-5 所示结构中，数据库引擎是存储、管理和保护数据的核心，也是传统意义上的

数据库管理系统。除此以外:

➢ 分析服务可以用来进行在线数据分析、数据挖掘,为管理决策提供服务。

➢ 报表服务可以从多种数据源获取数据,并生成报表。

➢ 集成服务可以提供不同平台的数据集成解决方案。

➢ 复制服务用于提供分布式数据管理。

➢ Microsoft visual studio. NET 是微软公司提供的集成开发环境,可以用于数据库应用系统的开发。

➢ SQL Server 2005/2008 还支持第三方软件商提供的数据库应用软件和数据库开发工具。

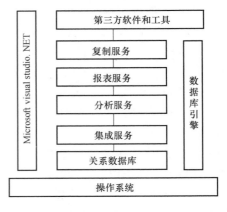

图 2-5　SQL Server 2005/2008 的核心结构

为了适应不同层次和不同规模的应用,SQL Server 2005/2008 提供了企业版、标准版、工作组版和学习版或简易版等多个版本供用户选用。

2. Oracle

从 1979 年发布第一款商品化 DBMS 以来,Oracle 在数据库领域一直处于领先地位,成为关系型数据库的典型代表。目前,Oracle 产品覆盖了大、中、小型机等几十种机型,Oracle 数据库是世界上使用最广泛的关系数据系统之一,成为这一领域的领导者与标准制定者。

Oracle 数据库在物理上由 DATA FILES、REDO LOG FILES 和 CONTROL FILES 三部分组成,它们在逻辑上形成一个有机的整体。DATA FILES 用于实际存储数据库中的数据(包括数据字典数据和用户数据)和所有的数据库对象;REDO LOG FILES 用于记录事务处理信息的日志文件;CONTROL FILES 存储整个数据库的结构信息,它控制整个数据库的运行。

数据库在启动时需要创建 ORACLEINSTANCE(指数据库使用的内存结构),包括 SGA 和 BACKGROUND PROCESSES 两部分。根据 PARAMETER FILE 中的配置参数,可以将数据库设置在归档方式(ARCHIVE LOG MODE)下运行,这样每当出现 LOG SWITCH 操作时,BACKGROUND PROCESSES 中的 ARCH 进程会将刚写满的 REDO LOG FILES 备份转移,形成归档日志文件(ARCHIVE LOG FILES,即联机日志文件的脱机复制)。由于受物理文件大小的限制,联机日志文件只能记录有限时间段的事物处理信息,而联机日志文件和归档日志文件的联合可以连续完整地记录数据库在运行过程中的事务处理信息。图 2-6 所示为 Oracle 数据库体系结构中各部分的内在联系。

3. MySQL

MySQL 是一个小型、快速、高效的数据库。MySQL 最早开始于 1979 年,最初是 Michael Monty Widenius 为瑞典的 tex 公司创建的 unireg 数据库工具。由于 unireg 没有 sql 接口,后来的 msql 也没有出色的表现,于是 Widenus 决定创建一个新的、符合自己特殊要求的数据库系统,这就是 MySQL 的最初版本。通过专职人员和全世界开发者社区的主动支持,MySQL 不断改善、不断壮大,现已成为最流行的开源数据库管理系统。

MySQL 是具有客户机/服务器体系结构的分布式数据库管理系统,它由一个服务器守护程序 mysqld 和许多不同的客户程序库组成。MySQL 始终围绕性能、可靠性和容易使用三个

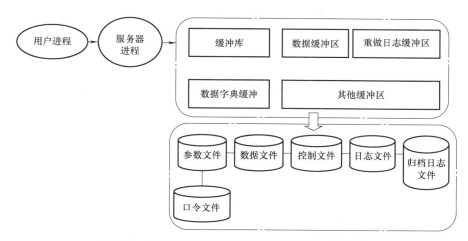

图 2-6　Oracle 数据库体系结构中各部分的内在联系

原则而设计，其速度甚至被其批评者所称道。MySQL 应用十分广泛，它为 Internet 网站、搜索引擎、数据仓库、执行关键任务的软件应用和系统提供动力，同时得到了像索尼、惠普、NASA 等公司和组织的积极使用，现已发展到 MySQL6.0 版本。

　　MySQL 建立在一个层次体系结构上，由查询引擎、存储管理器、缓冲管理器、事物管理器、恢复管理器五部分和辅助部件组成，它们之间相互配合，读取、分析数据和执行查询，并且可以高速缓存和返回查询结果。而查询引擎由语法分析器、查询优化器和执行部件组成，如图 2-7 所示。

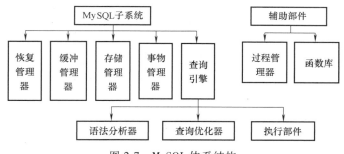

图 2-7　MySQL 体系结构

　　MySQL 是一种低成本的数据库解决方案，它是一种基于 sql 的客户/服务器模式的关系数据库管理系统，用户只需付出极低的成本和代价就能享用，因为它是一个"开放源代码"项目，在绝大多数场合都能免费使用，在"开放源代码"界中享有很高的知名度，并逐渐成为网络上最流行的开源数据库管理系统。MySQL 的技术支持是它的一大特色，其主页上有大量的 MySQL 资源，不仅有详尽的参考手册、任何人都能订阅的邮件列表和团结互助的 MySQL 社团，也有高效率的专家和开发人员回复相关问题。

　　4. Access

　　Access 是微软公司推出的 Office 办公系列软件的主要组件之一，是一个基于关系数据模型且功能强大的数据库管理系统，在许多企事业单位的日常数据管理中得到广泛的应用。作为一个数据库管理系统，Access 通过各种数据库对象来管理信息。Access 有七种数据库对象，分别是表、查询、窗体、报表、页、宏、模块。在一个数据库系统中，除对象"页"之外，其他对象都存放在数据库文件中。

2.4　计算机辅助制造中数据库系统设计

在计算机辅助制造工程中，数据处理和数据管理主要由计算机辅助完成，数据以电子编码方式在计算机内保存，以工程人员能够理解的方式使用。因此，数据库的设计在 CAM 系统开发的各个阶段均占有举足轻重的地位。

2.4.1　系统数据库组成

1. 计算机辅助设计系统数据库组成

计算机辅助设计系统经过几十年的探索，已经发展到特征造型和参数化、变量化设计阶段。

在 CAD 这样的大型系统中，数据库设计必须严格、规范，才能尽可能减少各个应用程序之间的冲突，保证数据库的安全存取。所设计的数据库应当具备一定的规范性，尽量减少冗余。设计系统数据库作为 CAD 的重要组成部分，应当对 CAD 起到支撑作用，为各 CAD 应用模块提供公共数据接口。具体地说，设计系统数据库应当具备以下作用：为 CAD 软件开发人员提供数据库操作环境，提供公用数据，提供数据库建立与管理模式，提供数据库操作工具；为工程设计人员即 CAD 的最终用户提供 CAD 所需要的各种数据，提供 CAD 数据库存储、修改、扩充的规范。CAD 数据库组成示意图如图 2-8 所示。

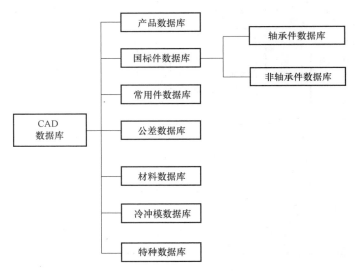

图 2-8　CAD 数据库组成示意图

2. 计算机辅助工艺系统数据库组成

工艺设计需要产品的大量原始数据，如产品物料清单、产品图样等，同时工艺设计过程中涉及企业的大量数据，如企业文献、国家标准和企业标准、工艺手册以至车间、材料、设备等。工艺数据是指对机械产品（零件）进行工艺设计过程中所使用的和所产生的数据。

这里，数据不仅指数字量，还包括文字说明和图片等方面的信息。工艺设计涉及的工艺数据多种多样，有反映产品属性的数据，有反映工艺技术条件和装备的数据，有反映加工的工艺路线、过程和步骤的数据，也有反映工艺简图的图形数据。工艺数据一方面主要是支持工艺设计过程中所需的相关信息，其包括机械加工工艺手册中的数据和已规范化的工艺规程等数据，计算机辅助工艺系统中工艺数据常由加工材料数据、加工工艺数据、机床数据、刀具数据、工夹具数据、成组分类的特征数据、标准工艺规程数据等组成；另一方面，工艺数据还包括在工艺设计过程中产生的相关信息，其由大量的工艺设计中间过程的数据、零件图形数据、工序图形数据、最终工艺规程、NC 代码等组成。

工艺数据库组成示意图如图 2-9 所示。工艺数据库主要包括工艺文件数据库、工艺知识数据库、用户管理数据库、产品基础数据库，这些数据库为计算机辅助工艺系统提供了可靠的数据。

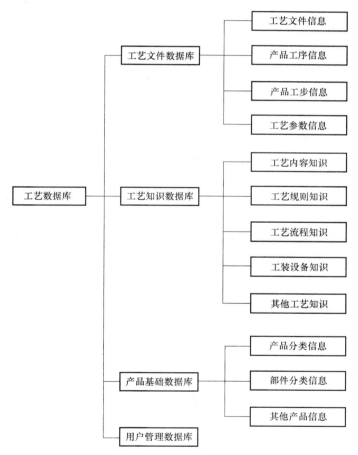

图 2-9　工艺数据库组成示意图

3. 计算机辅助加工系统数据库组成

加工数据库组成示意图如图 2-10 所示。加工数据库包含了零件材料信息、刀具材料信息、刀具和刀柄信息、加工方法信息和机床信息。进行零件加工时，可从数据库中获得所需刀具和刀柄、切削速度、主轴转速、每层切削深度、切削步距等加工参数。

2.4.2 系统数据库概念结构设计

数据库概念结构设计是整个数据库设计的关键，它通过对用户需求进行综合、归纳与抽象，形成一个独立于具体 DBMS 的概念模型。设计人员通常要建立一个概念性的数据模型，将用户的数据需求清楚、准确、全面地描述出来。

概念数据模型不仅能够充分反映现实世界，如实体和实体集之间的联系等，易于非计算机人员理解，而且易于向关系、网状和层次等各种数据模型转换。数据库概念结构设计的目的是分析数据间内在语义关联，并将其抽象表示为数据的概念模式。概念结构设计普遍使用的工具是实体-关系（Entity-Relationship，E-R）图，该图是用来描述现实世界的概念模型。

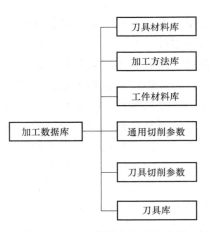

图 2-10 加工数据库组成示意图

实体联系模型（Entity-Relationship-Model）是由 Peter Chen 于 1976 年在题为"实体联系模型：将来的数据视图"论文中提出的，简称为 E-R 模型。E-R 模型的主要元素是实体集、属性、联系集，其表示方法如下：

1）实体用方框表示，方框内注明实体的命名。实体名常用大写字母开头的有具体意义的英文名词表示。然而，为了便于用户与软件开发人员的交流，在需求分析阶段建议用中文表示，在设计阶段再根据需要转换成英文形式。下面所述的属性和联系中的属性名与联系名也采用这种表示方式。

2）属性用椭圆形框表示，框内写上属性名，并用无向连线与其实体集相连，加下划线的属性为标识符。

3）联系用菱形框表示，框内写上联系名，并用线段将其与相关的实体连接起来，并在连线上标明联系的类型，即 $l:l$、$l:n$、$m:n$。

1. 设计系统数据库

图 2-11 所示为计算机辅助设计系统的数据库概念结构设计中，用来描述产品设计相关各实体之间相互关系的产品设计信息基本 E-R 图。设计数据库内容繁多，难以叙述整个数据库的概念设计过程。仅以产品数据库为例说明 CAD 数据库的概念设计，产品数据库设计过程中的一个局部视图如图 2-11 所示。

2. 工艺系统数据库

图 2-12 所示为计算机辅助工艺系统的数据库概念结构设计中，用来描述产品工艺相关各实体之间相互关系的产品工艺基本 E-R 图。每种产品由多个零部件组成，每个特定的零部件具有唯一对应的加工工艺，每一份加工工艺由若干条加工工序组成，每条加工工序又由若干条加工工步组成，而加工工步与工艺参数之间是多对多的关系，多条加工工步中包含着多条加工

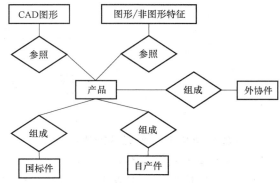

图 2-11 产品数据库 E-R 图（局部）

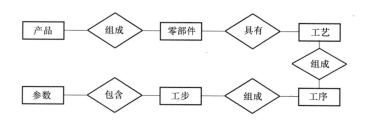

图 2-12　工艺系统 E-R 模型图

工艺参数。

3. 加工系统数据库

加工数据库系统用到刀具实体集、加工方式实体集以及工件实体集等七个实体集。数据库中工件实体集属性组可包含外形参数、材料特性以及工件类型等，刀具实体集属性组可包含几何参数、刀柄形式、刀片信息等；而实体集之间的关联如机床与加工方式、刀具与加工方式、切削用量与加工方式、工件与加工方式、切削用量与工件、切削用量与刀具、机床和刀具以及加工方式与机床等它们之间都是多对多的联系。图 2-13 所示为计算机辅助工艺系统的数据库概念结构设计中，用来描述产品工艺相关的机床、刀具、工件、切削用量各实体之间相互关系的产品工艺基本 E-R 图。

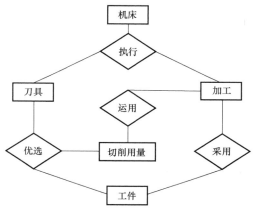

图 2-13　加工系统 E-R 模型图

2.4.3　系统数据库逻辑结构设计

逻辑结构设计的任务是将概念结构设计阶段设计好的基本 E-R 图转换为与选用 DBMS 产品所支持的数据模型相符合的逻辑结构。在此基础上，进一步根据数据库的完整性和一致性约束以及应用系统在功能、性能和可扩展性等方面的要求进行调整优化，从而得到满足用户需求的逻辑数据模型。

逻辑设计首先确定好每个输入输出参变量的类型及其长度值，形成关系模型的库表结构，并且通过主外键把每个子库中表关联起来。根据前面各系统数据库的 E-R 图，可以得到一系列信息表，如零部件信息表（见表 2-1）、工艺特征零件工序表（见表 2-2）、刀具信息表（见表 2-3）。

表 2-1　零部件信息表

字　段	类　型	非　空	备　注
ID	INT(4)	Y	主键
Name	VARCHAR(50)	N	零部件名称
Material	VARCHAR(50)	N	零部件材料
Ssbj	INT(4)	N	所属部件
Sscp	INT(4)	N	外键:所属产品

表 2-2　工艺特征零件工序表

字　段	类　型	非　空	备　注
ID	VARCHAR(30)	Y	主键
Number	INT	Y	工序号
Name	VARCHAR(50)	Y	工序名称
Detail	VARCHAR(600)	Y	工序内容
Feed	FLOAT	N	进给量(mm/r)
Cutting Depth	VARCHAR(30)	N	切削深度(mm)
rpm	FLOAT	N	主轴转速(r/min)
Device	VARCHAR(50)	N	设备
Fixture	VARCHAR(30)	N	夹具
Tool	VARCHAR(50)	N	刀具
Measure	VARCHAR(30)	N	量具

表 2-3　刀具信息表

字　段	类　型	非　空	备　注
ID	VARCHAR(30)	Y	主键
Category	VARCHAR(30)	Y	外键:所属类别
Number	VARCHAR(30)	Y	刀具编号
Material	VARCHAR(30)	N	刀具材质

2.5　计算机辅助制造的系统开发工具

2.5.1　Visual C++6.0 应用程序开发工具

Visual C++ 6.0 是微软公司开发的基于 Windows 系统的可视化集成开发环境,该环境集程序的代码编辑、编译、链接和调试等功能于一体,并提供了多种常用的辅助开发工具,在提高程序开发效率的同时,还给编程人员带来了完整且方便的开发环境。

在 Windows 下编程,通常要靠调用 Windows API 加以实现。Visual C++ 6.0 将大量的 Windows API 进行封装,通过 MFC 类库的方式提供给程序开发人员,程序开发人员通过 MFC 类库可以方便地对程序进行各种操作,从而大大简化了程序开发人员的编程工作,提高了程序开发人员的工作效率。

在 Visual C++ 6.0 中,既可以使用 MFC 类库完成大多数的工作,也可以直接调用 Windows API 函数完成一些更深层次的开发。此外,Visual C++ 6.0 还提供了丰富的向导窗口,程序员在编写各种项目工程时,可以通过相应的工程向导窗口来实现,利用向导窗口可以轻松地帮助程序员生成工程框架。

此外,Visual C++ 6.0 还具有以下特点:

(1) 强制内联关键字　通过把被调函数直接展开得到调用函数内部的方法,内联函数避免了函数调用的消耗,可以加快应用程序的运行速度,但是也相对增加了可执行代码的长度。

（2）ADO 数据绑定　可以将数据源绑定到 ADO 控件上，方便对数据源的操作。

（3）新的调试性　Visual C++6.0 提供了强大的调试环境，而且可以根据程序开发人员的需要定制个性化的开发环境。

2.5.2　JAVA 应用程序开发工具

JAVA 语言是当今流行的网络编程语言，它使 WWW 从最初的单纯提供静态信息发展到现在的提供各式各样的动态服务，产生了巨大变化。JAVA 不仅能够编写小应用程序实现嵌入网页的声音和动画功能，而且能够应用于独立的大中型应用程序，其强大的网络功能把整个 Internet 作为统一的运行平台，极大地拓展了传统单机或 Client/Server 模式应用程序的外延和内涵。自 1995 年正式问世以来，JAVA 已经逐步从一种单纯的计算机高级编程语言发展成为一种重要的 Internet 平台，并进而引发、带动了 JAVA 产业的发展壮大，成为当今计算机业界不可忽视的力量和重要的发展潮流与方向。

JAVA 是一种面向对象的编程语言，它独特的运行机制使得它具有良好的二进制级的可移植性，利用 JAVA 语言，开发人员可以编写与具体平台无关、普遍使用的应用程序，大大降低了开发、维护和管理的成本。

2.5.3　MicroSoft. NET Framework

MicroSoft. NET 平台的侧重点从连接到互联网的单一网站或设备上，转移到计算机、设备和服务群组上，使其通力合作，提供更加广泛和更加丰富的解决方案。用户将能够控制信息的传送方式、时间和内容。计算机、设备和服务将能够相辅相成，从而提供丰富的服务，而不是像孤岛那样，由用户提供唯一的集成。企业可以提供一种方式，允许用户将它们的产品和服务无缝地嵌入自己的电子构架中。

MicroSoft. NET 将开创互联网的新局面，基于 HTML 的显示信息将通过可编程的基于 XML 的信息得到增强。XML 是经"万维网联盟"定义的受到广泛支持的行业标准，Web 浏览器标准也是由该组织创建的。微软公司为它投入了大量精力，但它并不是 MicroSoft 的专有技术。XML 提供了一种从数据的演示视图分离出实际数据的方式。这是新一代互联网的关键，提供了开启信息的方式，以便对信息进行组织、编程和编辑；可以更有效地将数据分布到不同的数字设备；允许各站点进行合作，提供一组可以相互作用的"Web 服务"。

2.5.4　Python 应用程序开发工具

Python 语言和其他很多语言一样，是在一种特定的环境下成长发展起来的，其创始人为 Guido van Rossum。对于编程来说，程序语言不是关键性的因素，但对工作效率却有不可低估的影响。经过测试证明一些 Script 语言（如 Python、Perl 等）和传统的语言（如 C、C++）相比，开发速度有 5 倍以上的差距。

抽象地讲，Python 是一门解释性的、面向对象的、动态语义特征的高层语言。它的高层次的内建数据结构，以及动态类型和动态绑定，这一切使得它非常适合于快速应用开发，也适合于作为胶水语言连接已有的部件。Python 的简单而易于阅读的语法强调了可读性，因此降低了程序维护的费用。对于一名掌握 C 或 Shell 语言的程序员而言，花 3~5h 就能基本了解 Python 语言的基本特性。Python 的解释器和标准扩展库的源码和二进制格式在各个主要平台上都可以免费得到，而且可以免费开发。

- 面向对象。Python 是一种公共域的面向对象的动态语言。它支持多继承，甚至支持异常的处理。
- 模块和包。Python 支持模块和包，并鼓励程序模块化和代码重用。
- 语言扩展。可以用 C、C++或 AVA 为 Python 编写新的语言模块，如函数。或者与 Python 直接编译在一起，或者采用动态库装入方式实现。

2.5.5　数据库与 Python

Python 能够直接通过数据库接口，也可以通过 ORM 来访问关系数据库。关于数据库原理、并发能力、视图、原子性、数据完整性、数据可恢复性、左连接、触发器、查询优化、事务支持及存储过程等主题，可以参考数据库主题资源。本节介绍在 Python 框架下如何将数据保存到数据库，如何将数据从数据库中取出。从 Python 中访问数据库需要接口程序，接口程序是一个 Python 模块，它提供数据库客户端库的接口供用户访问。所有 Python 接口程序都在一定程度上遵守 Python DB-API 规范。

DB-API 是一个规范。它定义了一系列必需的对象和数据库存取方式，以便为各种各样的底层数据库系统和多种多样的数据库接口程序提供一致的访问接口。

1. 数据库连接

DB-API 的入口是此 API 依赖于特定数据库引擎的唯一部分。根据约定，所有支持 DB-API 的模块都以它们所支持的数据库加上 db 扩展来命名。这样，MySQL 的实现称为 mysqldb。每个模块都包含一个 connect（）方法，它返回一个 DB-API 连接对象。该方法返回与模块名相同的对象：

Import mysqldb；

Conn = mysqldb. connect（host = 'carthage'，user = 'test'，passwd = 'test'，db = 'test'）；

这个例子使用用户名/口令为 test/test，连接机器 carthage 上的 MySQL 数据库 test。所有参数作为关键字/值传递给 connect（）。连接对象的 API 非常简单，主要用它获得对游标对象的访问并管理事务。完成之后可以关闭连接：

Conn. close（）；

连接对象没有必须定义的数据属性，表 2-4 列举了常用 connection 对象方法。

表 2-4　常用 connection 对象方法

对象属性	描　　述
Cursor( )	使用这个连接创建并返回一个游标或类游标的对象
Commit( )	提交当前事务
Rollback( )	取消当前事务
Close( )	关闭数据库连接
Errorhandler(exn, cur, errels, errval)	作为已给游标的句柄

2. 游标对象

当连接建立之后，就可以与数据库进行交互。一个游标允许用户执行数据库命令和得到查询结果。一个 Python DB-API 游标对象总是扮演游标的角色，无论数据库是否真正支持游标。创建游标对象之后，就可以执行查询或其他命令（或者多个查询和多个命令），也可以从结果集中取出一条或多条记录。表 2-5 列举了游标对象的常用属性和方法。

表 2-5　游标对象的常用属性和方法

对象属性	描　　述
Excute(op[,args])	执行一个数据库查询或命令
Excutemany(op ,args)	为给定的每一个参数准备并执行一个数据库查询/命令
Fetchone( )	得到结果集的下一行
Fetchmany([size = cursor ,arraysize])	得到结果集的下几行
Fetchall( )	返回结果集中剩下的所有行

3. 使用数据库接口程序举例

以 MySQL 数据库为例，使用 MySQL 接口程序 mysqldb，实现创建数据库、创建表、使用表。以下代码演示了如何创建一个表。

Import mysqldb;

Conn = mysqldb. connect(host = ' carthage ' ,user = ' test ' ,passwd = ' test ' ,db = ' test ');

Cur = conn. cursor( );

Cur. execute(' CREATE TABLE users(login VARCHAR(8) , uid INT) ');

以下代码演示了将数据插入数据库,然后再将数据读出。

Cur. execute(" INSERT INTO cVALUES(' john , 7000 ') ");

Cur. execute(" SELECT * FROM users WHERE login LIKE ' j% ' ");

以下代码演示了如何更新表,包括更新或删除数据。

Cur. execute(" UPDATE users SET uid = 7010 WHERE uid = 7000 ");

Cur. execute(" DELETE FROM users WHERE login = " john " ");

Cur. execute(" DROP TABLE users ");

数据库读取操作完成后,关闭游标对象与连接。

Cur. close( );

Conn. commit( );

Conn. close( );

思考题与习题

1. 简述虚拟现实的概念。

2. 简述虚拟现实在制造业中的应用。

3. 数据库系统三级模式结构描述了什么问题？试详细解释。

4. 简述数据库的设计过程。

5. 需求分析阶段的任务是什么？

6. 概念设计的目的是什么？

7. 常见的数据库访问技术有哪些？各自的特点是什么？

8. 常用的数据库系统管理软件有哪些?

9. 简述计算机辅助设计系统数据库组成。

10. 简述计算机辅助工艺系统数据库组成。

11. 简述计算机辅助加工系统数据库组成。

12. 计算机辅助制造软件的开发工具有哪些?

13. 举例说明数据库接口程序。

第 3 章
成组技术及其零件分类编码

3.1 成组技术的基本原理

3.1.1 概述

　　成组技术是在多品种、小批量的生产实践中逐渐形成的。据统计，在小批量生产中，如果把工件在生产现场停留的总时间看作 100%，那么工件真正在机床上的时间仅占 5%，工件运输和等待所消耗的时间占 95%。而这 5% 的时间中，实际进行切削或磨削的时间又仅占 30%，其余 70% 的时间消耗在工件装卸、定位、测量和换刀等辅助操作中。也就是说，工件在生产现场停留的总时间中，真正进行加工的时间只占 1.5%，辅助时间占 3.5%，而绝大多数时间（95%）都消耗在运输和等待上，如图 3-1 所示。此外，在成本方面，美国生产 50 件以下机械产品的成本，要比大批量生产同样产品的成本高 10~30 倍；日本机械工业中，多品种、中小批量生产企业的产值为大批、大量生产企业的 2 倍，而雇员人数却是大批、大量生产企业的 4 倍。多品种、小批量产品制造商的生产成本高的现状似乎难以逾越。然而随着科学技术的进步，人民生活水平的提高，生产越来越向中小批量、多

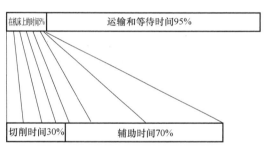

图 3-1　小批量生产中工件在生产现场时间消耗的分配

品种方向发展。据统计，美国 95% 的产品批量小于或等于 50 件。

　　为了改善多品种、小批量生产的组织管理，以获得如同大批量那样高的经济效果，引入了成组技术实现产品加工过程的优化。成组技术是一个关于制造的哲学概念，是将许多各不相同但又具有相似信息的事物，按照一定的准则分类成组，使若干事物能够采用同一解决方法，以达到节省人力、时间和费用的目的。根据 S. B. Mitrofanov 对成组技术的定义，成组技术一是在工艺上工件的类型化，一是加工工序的分类及要加工零件的相似集合。

　　成组技术将相似的零件进行识别和分组，并在零件设计和制造过程中，充分利用它们的相似性。相似的零件放在一个零件族或零件组内，每个零件族具有相似的设计和加工特点，从而将生产设备分成加工组或加工单元来提高它们的加工效率。成组技术的实质在于综合利用现代科技理论和技术手段，充分发现、标识和利用生产过程中的相似性，改变传统的多品种生产模式，实现生产的全过程优化。

1. 成组技术的发展史

　　成组技术的基本概念由来已久。早在 20 世纪初，美国的泰勒（F. W. Taylor）就已经在

生产中使用了分类编码系统，从而提高了劳动生产率。

1920 年，美国的琼斯·兰姆森（Jones·Lamson）机床公司提出了"零件生产族"等一系列名词，在生产中进一步发展了成组技术的概念。

1938 年，克尔（J. C. Kerr）提出了划分机床组的思想，主张每台机床固定加工对象的类型，并按加工顺序排列，实现流水作业。

1949 年，瑞典的阿恩·考灵（Arn Korling）研究了成组生产及其对生产率的影响。此外，联邦德国、法国、意大利等国家也在这段时间，先后提出或应用过成组技术的概念。20世纪 50 年代中期，苏联的米特洛凡诺夫（С. П. МНТРОФАНОВ）再次系统地提出了成组技术的概念和方法，并受到了世界各国越来越普遍的重视。

2. 成组技术的基本原理

成组技术是挖掘和利用生产活动中的相似性的技术，因此成组技术的基本原理就是相似性。成组技术充分利用和认识生产活动中有关事物客观存在着的相似性，通过分类成组，以便最大限度地获取生产活动中的批量效益，在产品设计、工艺设计、加工制造及生产管理等方面都具有广阔的应用前景。

3. 实施成组技术的应用和效果

成组技术以事物的相似性为基础，凡是有相似性存在的场合，都可以应用成组技术的原理。目前，成组技术在生产活动的各个方面，包括产品设计、制造工艺以及生产管理等，都得到了应用，并取得显著成效。据资料报道，实施成组技术后，所获得的有代表性的成果见表 3-1。

表 3-1　成组技术的应用效果

项　目	效　果	项　目	效　果
减少零件设计工作量	52%	减少在制品储备	62%
通过标准化,减少图样数量	10%	提高工序生产率	30%~40%
减少新的生产图样	30%	降低废品率	40%~50%
减少工装设计工作量	50%~70%	节省所需生产面积	20%
工装制造工作量减少为原来的	1/8~1/10	节省企业管理时间	60%
减少调整时间	69%	减少逾期交货	82%
缩短生产周期	70%	减少生产流动资金	80%
减少原材料储备	40%		

3.1.2　零件的相似性

一个产品可按相同零件、相似零件、不同零件等观点进行分类。其中，"相同零件"是指尺寸完全一致、材料相同的零件。"相似零件"是指在零件的形状、大小及加工工艺方面相似的零件。"不同零件"是指相同零件或相似零件以外的所有零件。

一种零件往往具有许多特征，但主要包括结构的、材料的和工艺的三个方面。这三方面的特征决定着零件之间在结构、材料和工艺上的相似性。零件的结构相似性包括形状相似、尺寸相似和精度相似。形状相似的内容又包括零件的基本形状相似，零件上所具有的形状要素（如外圆、孔、平面、螺纹、键槽、齿形等）及其在零件上的布置形式相似；尺寸相似是指零件之间相对应的尺寸（尤其是最大外廓尺寸）相近；精度相似则是指零件的对应表面之间精度要求（主要是高精度要求）的相似。零件的材料相似性包括零件的材料种类、毛坯形式及所需进行的热处理相似。零件的工艺相似性的内容则包括加工零件各表面所用加工方法和设备相同、零件加工工艺路线相似、各工序所用的夹具相同或相似，以及检验所用的测具相同或相似。

　　零件的结构、材料相似性与工艺相似性之间密切相关。结构相似性和材料相似性决定着工艺相似性。例如，零件的基本形状、形状要素、精度要求和材料，常常决定应采用的加工方法和机床类型；零件的最大外廓尺寸则决定着采用的机床规格等。因此，通常把零件结构和材料的相似性称为基本相似性，而把工艺相似性称为二次相似性。零件的相似性如图 3-2 所示。

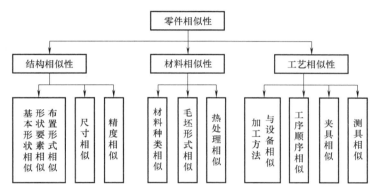

图 3-2　零件的相似性

3.1.3　零件分组常用方法

1. 零件分类成组的概念
　　零件分类是根据零件间的差异性而将一群零件划分成级，或者根据零件间的相似性而把各个零件归并成级。根据差异性或相似性的各种不同类型，可以对信息按各种不同方式进行分类。例如，可以按照零件的外形、加工方法、价值、用它们装配而成的产品类型等，而对零件进行分类；或者可以按照许多不同的属性来分类。

2. 零件分类成组的方法
　　（1）目测法　目测法是由人直接观测零件图或实际零件以及零件的制造过程，并依靠人的经验和判断，对零件进行分类编组。此方法较为简单，在生产零件品种不多的情况下，可取得成功。但当零件种数比较多时，由于受人的观测和判断能力的限制，往往难以获得满意的结果。据国外资料报道，当零件种数大于 200 时，要取得完全成功是比较困难的。

　　（2）生产流程分析法　生产流程分析法由英国的伯贝奇（J. L. Burbidge）教授首先提出，并在成组工艺的实践中获得了成功的应用。它是通过分析全部被加工零件的工艺路线，识别出客观存在的零件工艺相似性，从而划分出零件族。这种方法仅适用于成组工艺，其具体的分类成组方法有关键机床法、顺序分枝法、聚类分析法。生产流程分析法只涉及零件的制造方法，而不考虑零件设计特征的相似性。

　　用关键机床法划分零件族，通常按以下步骤进行：

1）整理和修订资料。

2）求出基本组。

3）将基本组合并成零件族和机床组。

4）检查机床负荷。

例如，在实际生产中需加工 20 种零件，零件号为 1~20，使用的机床有车床、立式铣床、卧式铣床、刨床、钻床、外圆磨床、平面磨床和镗床。根据每种零件的工艺路线卡，可列出表 3-2 所示的工艺路线表。表中"√"表示该零件要在该机床上加工。

从表 3-2 中几乎无法明确零件工艺路线相似性。但是通过生成流程分析，将表 3-2 转成表 3-3 的形式以后，可以明显地看出零件号为 1、2、20、7、11、14、9、5 的八种零件工艺路线相似；零件号为 4、18、12、8、17、15、19 的七种零件工艺路线也相似；其余五种零件工艺路线相似。于是可将工艺路线相似的零件归并成零件族。由此，上述 20 种零件可划分成三个零件族。

表 3-2　工艺路线表（一）

机床＼零件号	1	2	3	4	5	6	7	8	9	10	11	12	13	14	15	16	17	18	19	20
车床	√	√		√	√		√	√	√		√	√		√	√		√	√	√	√
立式铣床	√	√					√				√			√						√
卧式铣床				√				√				√			√		√	√		
刨床			√			√				√			√			√				
钻床	√	√	√	√	√	√	√	√	√	√	√	√	√	√	√	√	√	√	√	√
外圆磨床	√	√		√					√			√					√	√		√
平面磨床			√			√							√			√				
镗床			√							√			√			√				

表 3-3　工艺路线表（二）

机床＼零件号	1	2	20	7	11	14	9	5	4	18	12	8	17	15	19	3	13	6	16	10
车床	√	√	√	√	√	√	√	√												
立式铣床	√	√	√	√	√	√														
钻床	√	√	√	√	√	√	√	√												
外圆磨床	√	√	√				√													
车床									√	√	√	√	√	√	√					
卧式铣床									√	√	√	√	√	√						
钻床									√	√	√	√	√	√	√					
外圆磨床									√	√	√		√							
刨床																√	√	√	√	√
钻床																√	√	√	√	√
平面磨床																√	√	√	√	
镗床																√	√		√	√

在尚未采用零件分类编码系统进行零件编码的工厂中，实施成组工艺时，可以采用生产流程分析法划分零件族。对于已采用零件分类编码系统进行零件编码的企业，为了工艺的目

的，在使用分类编码法划分零件族的同时，如果与生产流程分析法相结合，能使零件族的划分更加合理。

（3）分类编码法　该方法是利用零件的分类编码系统对零件编码后，根据零件的代码，按照一定的准则划分零件族。因为零件的代码表示零件的特征信息，所以代码相似的零件具有某些特征的相似性。按照一定的相似性准则，可以将代码相似的零件归并成族。

3.1.4　成组技术的应用

成组技术不仅用于零件加工、装配等制造工艺方面，而且应用于产品零件设计、工艺设计、工厂设计、市场预测、生产管理等各个领域，成为企业生产全过程的综合性技术。

1．成组工艺

已经证明，即使每个零件的加工方法是单独编制的，但是在其具体处理上必然有着足够的相似性，因此有可能在调整时间方面得到大量节约。如果对编制工艺的方法加以改革，以利用和促进这些相似性，那么还可以得到更多的节约。任何一个生产族中的零件，将按所使用的机床而划分成许多工艺装备族；每一个工艺装备族中的零件，都能用相同的调整方法进行生产。通过建立这类工艺装备族，即便安排新的作业，它们也能利用现有工装进行生产，这样也就是有可能同时减少调整费用和工装方面的投资。

实施成组工艺设计时，一般有下列几项工作：

1）确定产品纲领和生产纲领。

2）根据分类编码系统对零件进行编码和分组。

3）成组工艺过程设计（包括工艺路线设计和工序设计）。

4）选择和设计成组工艺装备以及它们的调整方案。

5）选择和设计成组加工设备。

6）组织成组生产单元（包括形成成组单机、成组单元以及成组流水线，平衡机床负荷及确定布置形式等工作）。

2．成组技术在零件设计中的应用

在设计方面，根据零件在几何特征上的相似性对零件进行成组分类，可以最大限度地再用已有的设计成果。在为新产品进行产品图样设计时，可根据图3-3 所示的方法，首先把拟设计的零件结构形状和尺寸大小的构思，转化为相应的分类编码，然后按照这些代码去查找相同代码的零件族图组。从图 3-3 中，可以结合新产品结构设计的需要，看是否有同样的零件图样可以重复使用，或是是否有类似的零件图样，可以进行局部修改后加以利用。如果完全无法借鉴现有零件设计方案，则再进行重新设计。

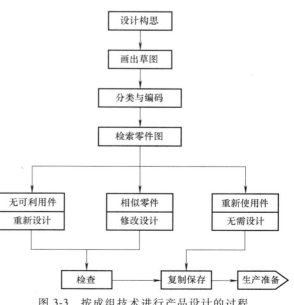

图 3-3　按成组技术进行产品设计的过程

据统计，按照基于成组技术的零件分类编码系统进行新产品设计，约有 75% 以上的新产品零件图可以重复利用原有产品的设计，仅有 25% 左右的新产品零件需要重新设计。这不仅可以减少设计人员的重复劳动，也可以减少工艺准备工作和降低制造费用。另外，还可以对各类零件制定相应的设计规范和标准，规范设计工作，加快设计效率和提高设计质量。

成组技术在设计工作中的作用，大致可分为下列三方面：

1）根据零件分类编码系统，检索设计部门中现有零件的设计图样，使现存图样能得到最大限度的重复使用，或只经少量修改即可使用。

2）根据零件重复使用次数的多少，进行同类零件的结构和尺寸的标准化和规格化。

3）提供有助于设计人员使用的标准设计资料。

3. 成组生产单元的组织

成组技术的第一个主要特征就是成组平面布置。在大多数工厂中，有可能把全部自制零件划分为族，把全部机床或设备划分为组。按此划分方法，每个族中的所有零件可以只在一个组中全部加工完毕。成组平面布置即每个机床组及其操作人员占有车间内一块特定面积。

车间平面布置的主要形式有三种：流水线平面布置、成组平面布置和机群制平面布置，如图 3-4 所示。流水线平面布置用于生产过程简单的企业，需连续装配或是大批量生产中；

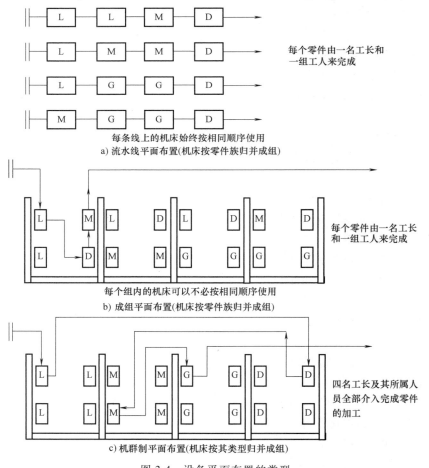

图 3-4　设备平面布置的类型

L—车床　M—铣床　G—磨床　D—钻床

机群制平面布置是把所有相同类型的机床，都一同布置在同一工段内；而成组平面布置则是用在机械制造工业中。

3.2　零件分类编码系统

随着信息技术在制造业的进一步应用，信息分类编码技术在制造业的信息化发展中占有越来越重要的地位，它是制造企业各部门共享产品零件信息的重要手段。零件分类编码系统是成组技术原理的重要组成部分，是实施成组技术的重要手段，因此在实施成组技术的过程中，建立相应的零件分类编码系统，成为一项首要的准备工作。

3.2.1　零件分类编码的概念

零件分类编码系统就是用数字、字母或符号对零件各有关特征进行描述和标识的一套特定的规则和依据。零件分类编码的过程，实际上也就是对零件各有关特性，按照分类编码系统的规则，逐一进行分类并用相应字符标识的过程。

3.2.2　零件分类编码系统的结构

1. 系统总体结构

成组技术按零件的几何、工艺和生产管理特征把零件分成不同的类型，并且对各种类型进行编码，按照成组技术为零件类型编制的代码称为零件分类编码。

常见零件分类编码的位数在 4~80 之间，常用的为 9~21 位。码位越多，可描述的内容就越多，描述的内容就越细致，代码的结构就越复杂，但代码过长不利于编制和记忆。零件分类编码一般采用十进制，即每一个码位的取值在 0~9 之间。根据零件分类编码的码位整体安排，可分为整体式、主辅码组合式和子系统组合式三种，如图 3-5 所示。

图 3-5　零件分类编码整体结构分类示意图

（1）整体式　各个码位之间没有明显的功能划分，形成一个整体。采用这种结构，码位通常很少，便于记忆。

（2）主辅码组合式　成组码由主码和辅码组成，主码在前，辅码在后。主码一般用于表示零件的设计特征，如零件的几何形状、功能等；而辅码一般用于表示零件的工艺特征，其内容和位数也可根据用户的不同需求而改变。主辅码组合式编码系统具有较好的灵活性，能适应不同的需要，通常用于码位较多的编码系统，应用范围广泛。

（3）子系统组合式　码位分为若干个独立的段，形成若干个独立的代码子系统。此方式用于码位特别多的编码系统，比较少见。

2. 系统码位信息结构

分类环节是指事物在分类过程中所经历的每个层次或步骤。由于分类总是要经过许多层次或步骤才能达到一定的目的或要求,因此整个分类系统被划分成许多环节。在一般表格式的分类系统中,分类环节可以进一步分为横向环节和纵向环节。零件分类编码系统也由横向分类环节和纵向分类环节两部分组成,其中码位为横向分类环节,码值为纵向分类环节。根据横向分类环节之间的关系,常把零件分类编码系统的码位信息结构分成链式结构、树式结构和混合式结构,如图3-6所示。

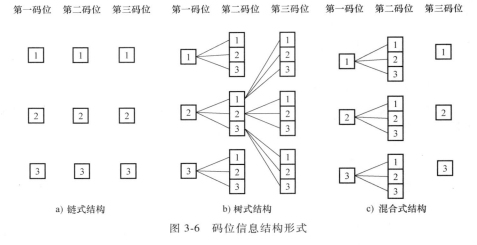

图 3-6　码位信息结构形式

(1)链式结构　横向分类环节之间的关系是链式的。即每一个码位固定地对应一种特征,一个码位的分类环节不受其上一位码位取值的影响。

(2)树式结构　横向分类环节之间的关系是树式的。若第Ⅰ位的纵向分类环节有 10 个,由于这一位的每一个纵向分类环节又有 10 个下一位纵向分类环节,所以第Ⅱ位就有10×10 个分类环节。依次类推,第Ⅲ位有 10×10×10 个分类环节。

也就是说,一个码位的取值和取值的含义受其上一码位取值的影响,第一层分 10 种情况,到了第二层最多可以分为 100 种情况,依次类推,第三层最多有 1000 种情况,第四层最多有 10000 种情况等。例如,两个成组码的第三位都是 5,但由于其前面的两位不一样,这两个 5 的含义可能不一样。

(3)混合式结构　混合式结构是树式结构和链式结构的混合,即有些分类环节的位间关系是链式的,有些是树式的。

3. 系统信息容量

每个分类编码系统都有一定的信息容量。编码系统信息容量就是一个分类编码系统所容纳的或标识零件特征信息单位的总数量。它是评定分类编码系统功能的重要参数,信息容量越大,对零件特征就能描述得越详细。系统信息容量的大小取决于系统内码位数量、项数和结构。

设分类编码系统的码位数量为 N,每个码位内的项数为 M,则

1)链式结构的信息容量为

$$R_L = M \cdot N$$

图 3-6a 所示链式结构的信息容量为

$$R_L = 3 \times 3 = 9$$

2）树式结构的信息容量为

$$R_S = \sum_{n=1}^{N} M^n$$

图 3-6b 所示树式结构的信息容量为

$$R_S = \sum_{n=1}^{3} 3^n = 3 + 3^2 + 3^3 = 39$$

3）设混合式结构中，树式结构的码位数为 N_S、链式结构的码位数为 N_L，而且树式结构的码位在前，则混合式结构中信息容量为

$$R_H = \sum_{n=1}^{N_S} M^n + M \cdot N_L$$

图 3-6c 所示混合式结构的信息容量为（其中 $N_S = 2$，$N_L = 1$）

$$R_H = \sum_{n=1}^{2} 3^n + 3 \cdot 1 = 3 + 3^2 + 3 = 15$$

3.2.3 零件分类编码系统

各国采用成组技术的零件分类编码系统有 100 多种。因产生的年代、当时机械制造方式和编码的目的不同，造成编码结构和代码长度不一，应用的范围也不一样。表 3-4 列出了一些国家常用的机械加工零件分类编码系统。

表 3-4　常用的机械加工零件分类编码系统

名　称	特点及应用情况	码　位	国　别	备　注
JLBM-1	用于机械行业的产品设计、生产与管理，是 OPITZ 系统和 KK-3 系统的结合	主码占 9 位，辅码占 6 位	中国	1984 年
JLBM-1	用于机床零件	主码占 5 位，辅码占 4 位	中国	1982 年
OPITZ	广泛应用于机械制造行业的产品研制与生产管理	主码占 5 位，辅码占 4 位，在主辅码后附加加工补充码	联邦德国	20 世纪 60 年代初
VUOSO	主要用在成组加工和零件的检索与统计	4 位码	捷克斯洛伐克	20 世纪 50 年代初
KK-3	用于机械制造行业的产品研制与管理	13 位码	日本	—
OTP	用于中小型机械制造企业的产品设计与生产	11 位码	法国	1977 年
BRISCH	用于企业的产品设计、制造与生产管理	4~6 位码，在主码后带有辅码	英国	20 世纪 50 年代
米特洛凡诺夫	用于成组加工和设计检索	回转体 45 位码，非回转体 80 位码	俄罗斯	—
PGM	用于成组加工与产品设计	10 位码	瑞典	—

1. VUOSO 编码系统

VUOSO 零件分类编码系统是成组技术中出现最早的零件分类编码系统。它是捷克斯洛伐克金属切削机床研究所制订的。目前许多现有的零件分类编码系统，大体上都是由 Vuoso 系统演变来的。VUOSO 编码系统是一个十进制、4 位代码的系统。

VUOSO 系统的第一位称为"类"，它用于区分轴、齿轮及箱体等；等级指纵横比等；族指其斜度、键等辅助形状分类；材料指依材料性质、热处理状况等分类。前面三位数字称为形状编号，最后一位数字称为材料编号。

VUOSO 系统的主要特点如下：

1）该系统结构简单，使用方便，容易记忆。

2）在选用分类标志上，采用了多层次的综合分类标志，因而能减少分类环节，使得系统的结构更紧凑。

3）对于回转体类零件采用 D 与 D/L 作为尺寸标志，既反映了这类零件尺寸大小的概念，又刻画出了这类零件的基本形状，也反映了零件的工艺特点。因此，它能够用一个分类标志提供尽可能多的结构和工艺信息。

4）对于大型零件考虑重量作为分类标志具有重要意义。大型零件如床身、箱体、机座等零件，加工过程中要考虑运输问题，所以采用重量标志有利于确定起重运输设备。对大型铸件有利于考虑浇注条件。

2. OPITZ 编码系统

OPITZ 零件分类编码系统是联邦德国 Aachen 工业大学机床与生产工程实验室在 H. Opitz 教授领导下研制成的，该系统建立于 20 世纪 60 年代初，是成组技术早期较为完整的分类编码系统。

该分类方法初始是为了进行零件统计而提出的，后来也用作设计检索和实施成组工艺。它的基本代码，兼顾了设计和生产的要求，有 5 位数字；也可添加一组 4 位数字的辅助代码。此外，它的编码还可以通过添加一种副码，使其进一步扩大，以表明工序类别和程序，借以促进生产方法的合理化。

本系统由 9 个码位组成，前 5 位称为形状代码，分别表示零件等级、主要形状、回转体加工、面加工及次要加工；后 4 位称为辅助代码，分别表示零件的尺寸、材质、原材料形状及加工精度。每个码位内有 10 个特征码（0~9），分别表示十种零件特征。

OPITZ 系统是有较多功能的分类编码系统，该系统的特点在于：

1）用途较多。它用较少的码位描述了零件形状、尺寸、材料、毛坯和精度等多种特征，能适应设计、工艺等方面的使用需要。

2）形状代码较完善。从形状代码中不仅可以识别出零件的类型和基本形状，而且从代码数值的大小和排列顺序可看出零件的复杂程度和主要加工方法及顺序。

3）系统结构简单。系统总体结构是主辅码分段式，码位间以链式为主的混合式结构形式，因而结构简单，且码位不多。

3. KK-3 编码系统

KK-3 零件分类编码系统是由日本通产省机械技术研究所提出草案，后经日本机械振兴协会成组技术研究会下属的零件分类编码系统分会多次讨论修改，通过有关企业的实际使用和修订，于 1976 年颁布。KK-3 系统是日本 KK 零件分类编码系统的第三个版本。

KK-1 是 1970 年颁布的十进制 13 位代码的混合结构系统，1973 年颁布的 KK-2 是十进制 15 位代码的混合结构系统，KK-3 则是十进制 21 位代码的混合结构系统。KK-3 系统可以分为回转体类零件分类系统和非回转体类零件分类系统。这两个系统的基本结构分别见表 3-5 和表 3-6。

KK-3 系统与其他常见的零件分类编码系统一样，也将零件分为两大类，即回转体类和非回转体类。前面 7 个横向分类环节的分类标志，两类零件相似。但是，从第八个分类标志开始，两类零件就不同了。KK-3 系统采用了多环节的方式，因此它容纳的标志数量多，对零件的结构工艺特性描述更细。KK-3 系统采用了 13 个横向分类环节来表示零件的各部形状与加工。

KK-3 系统与其他大多数分类编码系统显著不同的是，采用零件的功能和名称作为分类标志。一般来说，以零件功能和名称作为分类标志，设计部门检索使用特别方便。历来，由于零件的名称不统一，同名的零件可能存在着截然不同的结构形状，而不同名称的零件可能有相同或相似的结构形状。因此，在采用 KK-3 系统分类零件时，为防止利用零件名称做标志进行分类而引起分类结果的混乱，在采取功能名称作为分类之前，应该对企业中的所有零件的名称进行统一和标准化。

表 3-5 KK-3 回转体类零件分类系统的基本结构

码位	1	2	3	4	5	6	7	8	9	10	11	12	13	14	15	16	17	18	19	20	21	22
	名称		材料		主要尺寸			各部形状与加工														
								外表面						内表面				辅助孔			
分类项目	粗分类	细分类	粗分类	细分类	L（长度）	D（直径）	外廓形状与尺寸比	外廓形状	同心螺纹	功能槽	异形部分	成形平面	周期性表面	内廓表面	内曲面	内平面与内周期面	端面	规则排列	特殊孔	非切削加工		精度

表 3-6 KK-3 非回转体类零件分类系统的基本结构

码位	1	2	3	4	5	6	7	8	9	10	11	12	13	14	15	16	17	18	19	20	21
	名称		材料		主要尺寸			各部形状与加工													
								弯曲形状		外表面			内表面				辅助孔			
分类项目	粗分类	细分类	粗分类	细分类	A（长度）	B（宽度）	外廓形状与尺寸比	弯曲方向	弯曲角度	外平面	外曲面	主成形表面	周期面与辅助成形面	方向与阶梯	螺纹与成形面	主孔以外的内表面	方向	形状	特殊孔	非切削加工	精度

4. JLBM-1 编码系统

该编码系统是我国机械工业部门为在机械加工中推行成组技术而开发的一种零件编码系统，它经过前后 4 次修订，于 1984 年正式颁布作为我国机械工业部的技术指导资料。实际上，JLBM-1 系统是 OPITZ 系统和 KK-3 系统的结合。该系统克服了 OPITZ 系统分类标志不齐全和 KK-3 系统分类环节过多的缺点。

JLBM-1 系统是一个十进制 15 位代码的混合结构分类编码系统。在 JLBM-1 系统中，为了弥补 OPITZ 系统的不足，把 OPITZ 系统的形状加工码改为零件功能名称码，并且扩充了 OPITZ 系统的形状加工码，把热处理标志从 OPITZ 系统中的材料热处理中独立出来，主要尺寸码也由原来的一个环节改为两个环节。由于 JLBM-1 系统采用了零件功能名称码，因此可以说它吸取了 KK-3 系统的特点。图 3-7 所示为 JLBM-1 零件分类编码系统结构示意图。JLBM-1 系统的主要缺点在于把设计检索的环节分散布置。JLBM-1 系统虽然增加了横向分类环节，但是，由于除了第一、第二环节关联之外，其余都是独立环节。因此，虽然它比 OPITZ 系统净增 6 个横向分类环节，但是，其纵向分类环节的数量增加有限。所以，JLBM-1 系统仍然存在分类标志不全的缺点。就像 KK-3 系统一样，在贯彻 JLBM-1 系统之前，需要先对零件名称进行统一化、规范化和标准化。

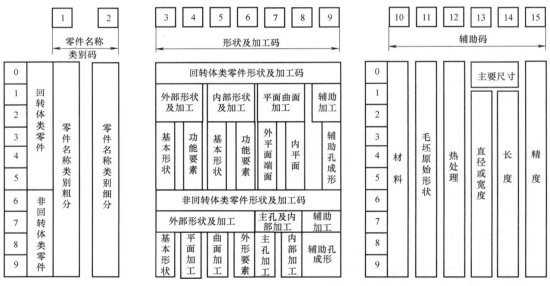

图 3-7　JLBM-1 零件分类编码系统结构示意图

3.3　零件分类编码的方法

成组技术的先决条件之一是实施零件分组。常用的零件分组有三种：目测法、生产流程分析法以及分类编码法。

3.3.1　零件编码分类法

1. 特征码位法

按编码分类时，若把编码完全相同的零件归属为一个零件族，就要求同组零件有更多的特征属性相似，这样会使零件族数过多，而每组零件种类却很少，可能出现的组数最大值 $G_{max} = 10^N$（N 为码位）。图 3-8 所示为特征码位法的零件分类。特征码位取 1、2、6、7，其规定的代码相应地取 0、4、3、0，凡零件的相应代码与其相同的均归属为同一零件族。

2. 码域法

采用相似性特征矩阵，在矩阵内规定每一码位的码域。若零件编码的每一码位代码都包括在相应的码域内，则称该零件与此特征矩阵相匹配，符合相似性标准，归属为一个零件族。如图 3-9 所示的三种零件，编码各不相同，可能出现的零件编码数 $F_{max} = Z_i$（Z_i 为第 i 码位的相似性码域值），即可包括 2560 种编码，提高了零件族的零件数。

工　件	编　码
	<u>041003072</u>
	<u>041003075</u>
	<u>041703072</u>

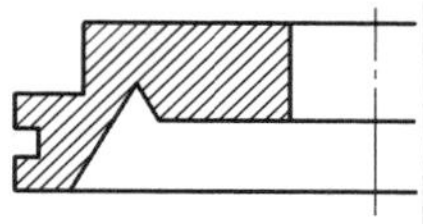

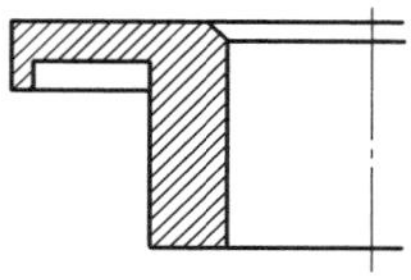

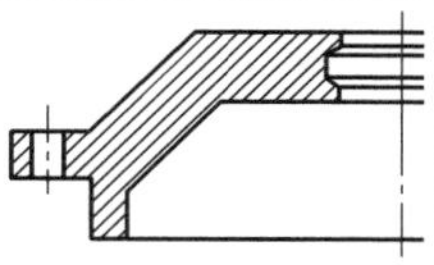

图 3-8　特征码位法的零件分类

工　件	编　码
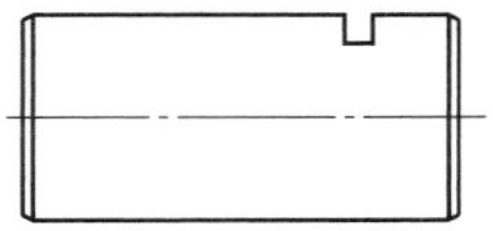	100300500
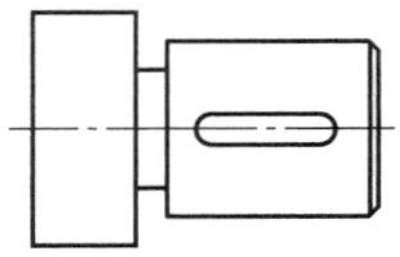	110301300
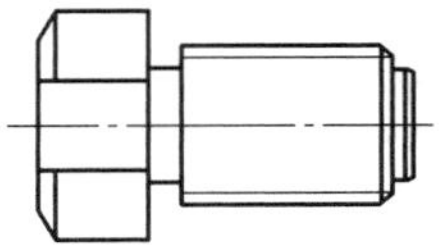	220201200

a) 零件简图及编码

码　值	码　位								
	1	2	3	4	5	6	7	8	9
0		1	1	1	1	1		1	1
1	1	1		1		1		1	1
2	1	1		1		1	1		
3		1		1		1	1		
4							1		
5							1		
6							1		
7									
8									
9									

b) 零件族特征矩阵

图 3-9　码域法

3. 特征位码域法

特征位码域法是上述两种方法的综合，既抓住零件分类的主要特征方面，又适当放宽其相似性要求，允许有更多的零件种数进入零件族。

3.3.2　分类编码法划分零件族的步骤

1. 选择或研制零件的分类编码系统

零件分类编码可以在宏观上描述零件而不涉及这个零件的细节，零件分类编码系统是进行零件分类的重要工具。采用分类编码法划分零件族时，首先考虑的问题是如何着手建立一套适用于本企业的分类编码系统。通常有两条途径：一是从现有的系统中选择；二是重新研制新的系统。

选用一种合适的现有零件分类编码系统远比重新制定一种新系统少花费大量的人力、物力和时间，因此企业应尽量选用已有的系统。选择分类编码系统时，首先要考虑实施成组技术的目的和范围以及成组技术与计算机技术相结合等问题，因为它将直接影响对分类编码系统复杂程度的选择。现有的各种系统中，有以描述零件设计特征为主，适用于设计的系统；有以描述零件工艺特征为主，适用于工艺的系统；也有既描述零件设计特征，又描述零件工艺特征，设计和工艺均适用的系统。

由于成组技术的发展已涉及从产品设计到制造和管理的各个部门。一个企业内部，若为满足不同需求使用多个零件分类编码系统，则易造成信息冗余和混乱，因此通常采用统一的编码系统。

由于每种分类编码系统都具有一定的适用性，当所选择的分类编码系统不能完全适用于本企业时，往往是根据本企业的特点对系统进行某些局部修改或扩充，以适合本企业使用。

此外，由于计算机技术迅速发展，成组技术中越来越广泛地使用计算机。目前，已研制出用计算机进行零件编码的分类编码系统，这种系统由于依靠计算机进行信息处理，因此有可能包含有关设计、工艺和管理等多方面的信息，是多功能且较复杂的分类编码系统。

2. 零件编码

在选定（或重新制定）了零件分类编码系统以后，可以对本企业的零件进行编码。零件编码有人工编码和计算机编码两种方式。

（1）人工编码　即由人根据零件分类编码系统的编码法则，对照零件图，编出零件的代码。这种方法编码的速度较低，它与编码系统本身的结构、零件图的复杂程度和编码人员的技术水平有关。人工编码的出错率较高，因为在编码过程中受到人的主观判断因素影响较大。

（2）计算机编码　计算机编码需要一套计算机编码的程序。例如，MICLASS 分类编码系统，配有人-机对话型的零件编码程序。编码时，编码人员只需逐一回答计算机所提出的一系列逻辑问题，计算机便能自动地编出零件的代码。计算机所提问题的数目，随着零件复杂程度的不同而不同。

3. 根据零件代码划分零件族

零件编码后，就可以利用零件代码，按照一定的准则，将零件分类成组。零件分组可以手工分组，也可以计算机辅助分组。手工分组，工作量大，效率低，易出错；计算机辅助分组，能大大减轻人的劳动强度，提高分组效率和准确性。许多零件分类编码系统配有计算机辅助分组软件，用户只要输入待分组零件的代码及零件族的特征信息，就可得到零件分组结果。

3.3.3 智能零件编码分类方法

智能零件分类的算法有遗传算法、神经网络、图论、模糊聚类算法等。零件分类系统可采用模块化的设计思想，将算法分解成用户界面、数据处理及输入、智能算法、数据处理及输出等功能模块，图 3-10 所示为各模块间的数据流向。

数据处理及输入模块接收各种形式数据输入，如用户通过手工交互输入，或通过规定格式的文本输入。模块能够把输入的数据处理转换成智能算法模块需要的格式，智能模块则根据所输入的零件样本矩阵，生成输出结果矩阵，并由数据处理及输出模块将结果矩阵处理成用户需要的形式，通过用户界面或其他方式将结果传递给用户或作为其他后续处理的输入数据。

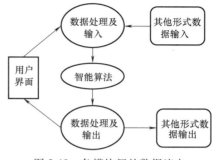

图 3-10　各模块间的数据流向

3.4　柔性编码系统和计算机自动柔性编码

3.4.1 柔性编码系统

VUOSO、OPITZ、KK-3、JLBM-1 等属于刚性分类编码系统，其缺点是：
- ➤ 最致命的缺点是不能完整、详尽地描述零件的结构特征和工艺特征。
- ➤ 存在高代码掩盖低代码的问题。
- ➤ 描述存在多义性。
- ➤ 不能满足生产系统中不同层次、不同方面的需要。

刚性分类编码系统也有其明显的优点：
- ➤ 系统结构较简单，便于记忆和分类。
- ➤ 便于检索和辨识。

刚性分类编码系统存在的缺点，用传统分类编码的概念和理论是无法解决的。所以，柔性编码系统的概念和理论也就应运而生了。柔性分类编码的概念是相对传统的刚性分类编码概念提出来的，它是指分类编码系统横向码位长度可以根据描述对象的复杂程度变化，即没有固定的码位设置和码位含义。

柔性编码系统既要克服刚性编码系统的缺点，又要继承刚性编码系统的优点，所以，零件的柔性编码结构模型为：

$$柔性编码 = 固定码 + 柔性码$$

固定码用于描述零件的综合信息，如类别、总体尺寸、材料等；与传统编码系统相似，柔性码主要描述零件各部分详细信息，如形面的尺寸、精度、几何公差等。固定码要充分体现传统成组技术编码简单明了、便于检索和识别的优点，因此宜选用或参考码位不太长的传统分类编码系统；柔性码要能充分地描述零件详细信息，又不引起信息冗余。

柔性编码的实现要以计算机辅助（自动）编码技术为手段，人工方法无法进行。柔性编码的功能如下：

1）柔性编码能够满足计算机制造系统集成系统各环节的要求。CIMS 各环节及其集成不仅需要概略的一般信息，而且在许多情况下还需要零件的详细信息，如计算机辅助工艺设计 CAPP 需要零件各加工部分和与加工关联的几何信息和工艺信息。

2）柔性编码与目标框架相结合，为 CAPP 及计算机辅助检测规划编制 CAIP（Computer Aided Inspection Planning）等系统提供了一个简便且全面的信息输入手段。因为传统编码包含的信息量不完备，用于作为 CAPP 等系统的信息输入手段有很大的局限性。柔性编码克服了传统编码的缺点，因此，零件分类编码描述与输入方法作为 CAPP 等系统较好的输入手段将得到更加广泛的应用。

3）柔性编码法是实施成组技术的有力工具，是 CIMS 各环节集成的纽带，它作为沟通 CIMS 各环节的共同语言，不仅在分离零件信息中起重要作用，而且为建立 CIMS 统一的公共数据库创造了有利条件。

目前，柔性编码系统尚在研究之中，没有形成标准。下面以南京航空航天大学研究的柔性、分层次结构的零件分类编码系统作为示例，它的柔性码是面向形状特征的、框架式结构的二级形状代码，其基本结构如图 3-11 所示。它的编码顺序为深度优先，主要素用两位整数表示，辅助要素用大写英文字母表示，具体特征用小写英文字母表示。二级形状代码采用框架结构，使编码形成一块整体知识。它侧重于从语义方面对形面的描述，没有描述形面的量值参数，而是在必要时由人工补充输入信息（如尺寸、公差等），所以，该柔性编码系统也存在包含信息不完备的问题。如果完全采用它的编码方法，一会造成信息含量不全的问题，二会造成有些信息重复描述的问题。

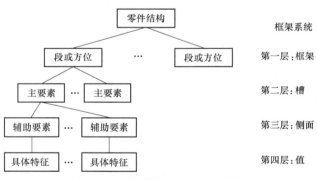

图 3-11 二级形状代码的基本结构

3.4.2 计算机自动柔性编码

计算机自动柔性编码系统的功能为：用计算机自动地从目标框架中提取编码信息，经规则转换后形成代码，存于代码库中。该系统对零件目标框架的搜索顺序为深度优先搜索，实现时可把固定码分类编码系统和柔性码的主要编码项采用 If…than…的形式表示，形成编码规则，用计算机高级语言把编码规则写成函数的形式，再把这些函数存储于一个文件中，系统运行时，可以调用这些函数形成代码，如要变更编码规则，只需修改编码规则文件，然后再编译即可，而不需改动程序的其他地方。这样做的优点是程序实现比较容易，又给用户提供了修改编码规则的灵活性。

计算机辅助编码一般分为以下四种形式：

（1）问答式　一种人机对话方式。计算机根据预先提供的程序软件在显示屏上提出问题，编码人员通过键盘回答"是"或"否"，直到计算机认为回答满意为止。然后计算机根据全部答复自动打印出编号的零件代码。这种方式的主要缺点是对话时间较长。

（2）选择式　一种人机对话方式。计算机在屏幕上用菜单方式显示出一组提示，要求操作人员从中挑选一项，并将选定的项目输入计算机。只要顺次逐个码位提问，即能编出零件代码。这种方式的对话时间较少，但编辑的准确率往往与操作人员对分析特征项定义的熟练程度有关。

（3）组合式　上述两种方式结合的人机对话方式。

（4）光电图像识别式　利用摄像机和计算机相结合的光电识别法对零件图进行扫描，摄像机将所得的几何图形信号输入计算机进行处理和编码。

3.5　零件的成组工艺设计与实施

3.5.1　成组工艺过程设计

对产品零件分类编组后，即应就所分加工组内的全部零件编制加工工艺过程。通常的方法有复合零件法和复合路线法两种。

1. 复合零件法

（1）复合零件的产生　复合零件是指结构上具有表征一组零件的全部基本要素的真实零件或假想零件，它也是一个零件族的结构工艺代表。当组内任何零件都不具备全部基本要求时，则选择一个基本要素最多的零件为基础，再把同组其他零件所特有的基本要素叠加上去，就得到一个假想的"复合零件"。

（2）成组工艺的制定　复合零件是设计成组工艺的基础。以复合零件作为对象制定的成组工艺，进行少量的变化，就能适用于组内任一零件的加工。对于复合零件，除了制定工艺路线外，还必须制定详细的工艺规程，包括工序、工步的内容，所需的机床、夹具、刀具、量具和切削用量等。复合零件也可作为新零件分组的标准，若新零件有某一基本要素是复合零件所不包含的，新零件则不能划归为该组。复合零件法是最简单、最有效的保证成组加工的零件分组方法，一般适合于简单的回转体零件。

2. 复合路线法

复合路线法又称为综合路线法。它是从分析零件族中全部工艺路线入手，从中选出一个工序较多、流程合理和有代表性的工艺路线，通过逐个比较组内其他零件的工艺路线，并把其中特有的工序合理地插入到代表性工艺路线中去，从而获得一个工序齐全、安全合理、适用于同组所有零件的成组工艺路线。

复合路线法适用于编制零件族内各零件已有现成的工艺路线和零件结构比较复杂的工艺过程。因为复杂零件族内的复合件形状将更加复杂，易造成零件绘图与读图困难。

对于既没有现成的工艺路线，又不易绘制复合件的零件族，可以选出组中结构复杂、加工面多、精度要求高的零件图，对照组内其他零件，综合分析，凭经验直接编制出成组工艺路线。

编制成组工艺路线时，应尽量使得工序集中，即每个零件族应尽量集中在一台或几台设备上完成其全部加工内容。这样有利于扩大批量，使用高效设备，提高劳动生产率。同时，应尽量实现零件族内全部零件从毛坯到成品的全过程成组加工。这样就可以减少在制品的积压，并缩短零件加工中的运输路线。

3.5.2 成组工艺的实施

成组工艺规程是实施成组工艺的现场指导文件。其与传统工艺卡片的区别在于它不是针对一种特定零件，而是针对工艺方法相似的一组零件编制的。一份成组工艺卡片对应着工艺相似、某些结构要素相似的一组零件范围。因此，一般说来，它既适用于现在已分组的零件，也适用于包含在此范围内的未来新产品中相似的新零件。

采用成组工艺规程，既可以有效地改善传统的工艺设计工作，把工艺人员从繁忙的重复性的劳动中解放出来，也可以减少工艺设计工作量，提高工艺设计质量，缩短编制周期。又由于成组工艺规程具有较广的适应性和长期使用价值，不像传统单件、小批生产那样"一次作废"，所以需进行较详细的设计，做到经济、合理、数据准确。

思考题与习题

1. 试述成组技术的理论基础和核心技术。
2. 什么是基本相似性和二次相似性？它们有何意义？
3. 试述成组技术的开发过程。
4. 试述成组工艺的生产组织形式。
5. 试述零件分类编码系统的结构组成，并说明各组成部分的作用。
6. 零件分类编码系统从总体结构上可分为哪几类？各有何特点及适用范围？
7. 什么是固定码和柔性码？柔性码有何意义？
8. 试述捷克斯洛伐克 VUOSO 零件分类编码系统的结构和特点。
9. 试述联邦德国 OPITZ 零件分类编码系统的结构和特点。
10. 试述日本 KK-3 零件分类编码系统的结构和特点。
11. 试述我国 JLBM-1 零件分类编码系统的结构和特点。
12. 试述特征码位法、码域法、特征位码域法的特点和应用范围。
13. 试述成组工艺过程中复合零件法的原理和思路。
14. 试述成组工艺过程中复合路线法的原理和思路。
15. 试述成组技术在产品设计中的应用。
16. 试述成组技术在生产管理中的应用。

第 4 章

计算机辅助工艺设计

工艺设计是机械制造过程的重要内容，是产品设计与生产之间的纽带，是经验性很强且随环境变化的决策过程。一般工艺设计的任务主要包括毛坯选择、工艺路线拟订、工序设计、工艺装备选择、工时定额确定、工艺文档生产等。工艺设计的概念模型如图 4-1 所示，工艺设计获得工艺计划、生产计划、工艺（操作）方法、制造资源和原材料以及毛坯等，工艺设计所生成的工艺文档是指导生产过程的重要文件及制订生产计划与调度的依据。

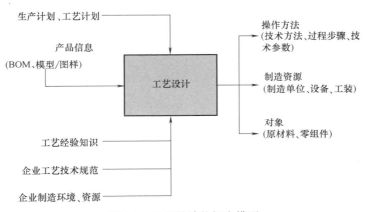

图 4-1 工艺设计的概念模型

工艺设计是技术准备工作中的重要基础工作，是制造工程的重要基础和源头，工艺对产品质量和制造成本具有极其重要的影响，工艺设计的质量和效率直接影响到企业制造资源的配置与优化、产品质量和成本以及生产周期。工艺信息是产品信息和工程技术信息的核心组成部分，是其他工程信息和管理信息产生的重要源头和依据。如图 4-2 所示，工艺管理包括工艺信息、工艺方案和工艺指令。工艺是工艺建模、数控编程、仿真的依据，根据工艺，可以获取制造物料清单（MBOM）、工艺路线、工艺规程、材料定额、工时定额、装配指令（AO）、制造指令（FO）等，分别是生产管理、生产准备、生产、检验、物资采购供应、成本管理、电子档案的依据，如图 4-2 所示。

当前，机械产品市场主要以多品种小批量生产为主导，传统的工艺设计方法不能适应制造业的发展和要求，主要表现为：

1）传统的工艺设计是人工编制的，劳动强度大，效率低，工作繁琐重复。

2）设计周期长，不能适应市场的变换需求。

3）工艺设计是经验性很强的工作，根据生产产品的种类、生产环境、资源条件、工人技术水平、企业类型以及用户的技术经济要求而定，相同的零件在不同的条件下，工艺可能

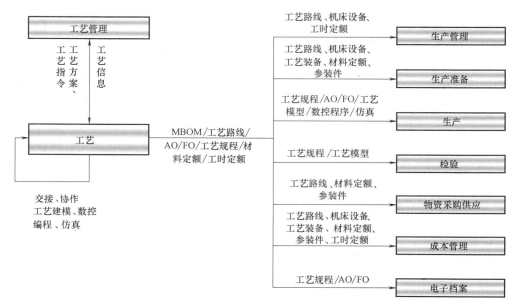

图 4-2 工艺在制造系统中的作用

完全不同。工艺质量依赖于工艺师水平。

4）工艺设计的标准化和最优化较差，知识的继承性很差。

随着制造业信息化的推广和应用、智能制造的实施，传统的工艺设计方法已经远远不能满足要求，计算机辅助工艺过程设计（CAPP）应运而生。CAPP 技术是利用计算机技术辅助工艺工程师完成从零件毛坯到成品的设计和制造过程，是将产品设计信息转换为制造信息的一种技术。CAPP 是通过计算机输入被加工零件的几何信息（形状、尺寸等）和工艺信息（材料、热处理、批量等），由计算机自动输出零件的工艺路线和工序内容的过程。

与传统的工艺设计方法相比，CAPP 具有以下优点：

1）彻底改变了手工编制工艺文件的方式和对人的依赖，大大提高了编制工效，缩短了生产周期，保证工艺文件的一致性和工艺规程的精确性，避免不必要的差错，为实现工艺过程优化、集成制造创造条件。

2）将工艺设计人员从繁琐和重复性的劳动中解放出来，可以从事新产品及新工艺开发、工艺装备的改进等创造性工作中。

3）节省工艺过程编制时间和编制费用，缩短工艺设计周期，降低生产成本，提高产品在市场上的竞争力。

4）有助于对工艺设计人员的宝贵经验进行集中、总结和继承。继承优质的工艺设计知识和经验，保证企业工艺设计的可继承性。提高工艺过程合理化的程度，从而实现计算机优化设计。

5）较少依赖于个人经验，有利于实现工艺过程的标准化，提高相似或相同零件工艺过程的一致性，减少所需的工装种类，提高企业的适应能力。

6）降低对工艺过程编制人员知识水平和经验水平的要求。

7）满足制造业信息化的需要，并为实现智能化制造创造必要的技术基础。

4.1　CAPP 的基本概念与发展

CAPP 是指在人和计算机组成的系统中，依据产品设计信息、设备约束和资源条件，利用计算机进行数值计算、逻辑判断和推理等的功能来制订零件加工的工艺路线、工序内容和管理信息等工艺文件，将企业产品设计数据转换为产品制造数据的一种技术，也是一种将产品设计信息与制造环境提供的所有可能的加工能力信息进行匹配与优化的过程。

4.1.1　CAPP 的发展历程

CAPP 诞生于 20 世纪 60 年代中后期，1969 年挪威发表了第一个 CAPP 系统 AUTOPROS，标志着 CAPP 的诞生，它是根据成组技术原理，利用零件的相似性去检索和修改标准工艺规程，以便形成相应零件的工艺规程。

在 CAPP 发展史上具有里程碑意义的是美国计算机辅助制造公司 CAM-I 于 1976 年开发的 CAM-I'S Automated Process Planning 系统，它是一种可在微机上运行的结构简单的小型程序系统，其工作原理也是基于成组技术原理。国内开始研究 CAPP 在 20 世纪 80 年代初，具有代表性的是同济大学的 TOJICAP 系统和西北工业大学的 CAOS 系统。

CAPP 系统的实现方法经历了派生式、创成式、半创成式以及采用人工智能（专家系统）的阶段。经过近四十年的历程，国内外对 CAPP 技术已进行了大量的探讨与研究，从深度上和广度上，在 CAPP 系统面向的研究对象、涉及的工艺类型、系统的设计方式、决策推理方式、系统的开发模式和应用等方面的研究都不断取得进展。

CAPP 的发展可分为三个发展阶段：基于自动化思想的修订/创成式 CAPP 系统、基于计算机辅助的实用化 CAPP 系统和面向企业信息化的制造工艺信息系统，如图 4-3 所示。

（1）基于自动化思想的修订/创成式 CAPP 系统　20 世纪 90 年代中期以前，人们在传统的修订式 CAPP 系统、创成式 CAPP 系统以及 CAPP 专家系统的开发研究中，都取得了一定成果。属于模型驱动的结构化设计阶段。

这类 CAPP 系统以工艺设计自动化为目标；系统开发周期长、费用高、难度大；工艺人员难以掌握系统的使用；系统功能和应用范围有限，缺乏适应生产环境变化的灵活性和适用性，难以推广应用。

（2）基于计算机辅助的实用化 CAPP 系统　20 世纪 90 年代以来，以实现工艺设计的计算机化为目标或强调 CAPP 应用中计算机的辅助作用的实用化 CAPP 系统成为新的主题，CAPP 研究者研究开发了基于文字、表格处理软件或二维 CAD 软件的工艺卡片填写系统和基于结构化数据的 CAPP 系统。属于所见即所得的交互设计阶段。

这类 CAPP 系统片面强调工艺设计的"所见即所得"，完全以文档为核心，忽视企业信息化中产品工艺数据的重要性，存在难以保证产品工艺数据准确性、一致性和进行工艺信息集成的致命问题。

（3）面向企业信息化的制造工艺信息系统　进入 21 世纪以来，随着企业信息化的深入和 CAPP 系统的实践应用，对 CAPP 的要求也进一步提高：要具有实用化，以企业全面集成应用为目标，能够综合考虑包括工艺决策自动化等问题在内的各种工艺技术问题，能够应用于企业不同层次、企业的不同工艺专业，并能在不同应用层次上实现全面信息集成。因此，

CAPP 发展到了面向企业信息化的制造工艺信息系统。属于基于 3D 的可视化设计以及基于数字化工艺生命周期管理的阶段。

这类 CAPP 系统是以产品工艺数据为中心，集工艺设计与信息管理为一体的交互式计算机应用系统，并逐步集成检索、修订、创成等多工艺决策混合技术及多项人工智能技术，实现人机混合智能和人、技术与管理的集成，逐步和部分实现工艺设计与管理的自动化，从设计和管理等多方面提高工艺人员的工作效率，并能在应用中不断积累工艺人员的经验，不断提高系统的智能和适应性，逐步满足产品制造全球化、网络化和虚拟企业分布式协同工作的需求。

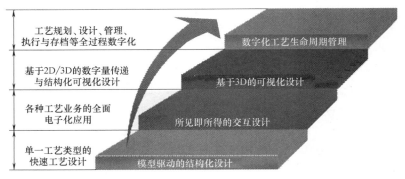

图 4-3　CAPP 发展阶段

4.1.2　CAPP 的发展趋势

目前世界已进入信息时代，制造业正面临着新的挑战，未来的制造是基于集成和智能的敏捷制造和"全球化制造"，未来的产品是基于信息和知识的产品，集成化、智能化、网络化、三维（3D）化将成为 CAPP 的发展方向。当前国际上 CAPP 的技术与应用呈现出在数字化、智能化和网络化技术的支持下实现基于三维的工艺设计、工艺仿真与优化、可视化装配等发展趋势。

（1）集成化　信息集成是 CAPP 永久关注的焦点，进一步发展和研究完善 CAPP 系统的集成性和开放性，将成为现代 CAPP 研究的一个重要目标。CAPP 不仅需要考虑与 CAD、CAM 的集成，还需要考虑与 PDM、ERP、MES、CAQ 等系统的集成，不仅将 CAPP 系统纳入到企业的设计自动化系统中，还需纳入到企业管理信息化系统中。CAPP 作为制造企业工艺信息化的基础平台，应在各个层次上满足企业对工艺信息的集成与共享需求。面向企业资源管理或车间管理的 CAPP 系统以及基于 PDM 平台的 CAPP 系统的研究与开发正是目前 CAPP 技术研究与应用的热点。

（2）智能化　智能化应该体现在工艺知识的应用上，如何有效地总结、沉淀企业的工艺设计知识和经验，建立丰富的工艺知识库，应用人工智能决策技术，提供各种有效的智能化在线辅助，实现基于知识的快速工艺设计将是 CAPP 发展的重要目标。可见，CAPP 系统的自动工艺决策的智能化方面的需求在今后一个很长的时期内，仍将是 CAPP 系统发展的一个重要方向。

（3）网络化　在制造企业内部，制造过程中制造数据包括工艺数据、生产计划数据、生产过程数据等，其中工艺数据是基础和源头。现阶段，在企业内部对制造过程数据管理及集成研究仍落后于企业的需求，是制约企业信息化、网络化、集成化建设的"瓶颈"之一。

另一方面，传统的 CAPP 系统是基于企业局部资源的，各部门人员在地域上相对集中，企业的组织结构也比较固定。而在网络制造环境下，由于不同地理位置、不同资源环境、不同组织结构的企业或公司组成动态联盟，显然，网络化 CAPP 不同于传统的 CAPP。因此，如何在 CAPP 系统中进一步结合 Internet/Web、ActiveX/ASP 和数据库等技术，实现基于网络的支持远程工艺设计和数据共享的 CAPP 系统，已经成为现在和今后 CAPP 研究和开发的重点。

（4）三维化　三维 CAD 技术的应用对工艺设计方式、工艺资源及制造数据管理模式等产生了重大影响，基于三维 CAD 的数控工艺设计、工装设计、工艺资源管理等成为企业工艺信息化新的应用需求。因此，研究与开发基于三维 CAD 的 CAPP 系统，使 CAD、CAPP 及 CAM 共享统一的三维产品模型，并充分利用 CAD/CAM 的设计与分析功能，将是 CAPP 发展的一个重要方向。

4.1.3　CAPP 的功能需求

CAPP 作为制造信息化的一个重要研究方向，是连接产品设计（CAD）与制造（CAM）的桥梁，以及连接产品设计与生产制造的重要纽带，是全面实现企业信息化的突破口，既是制造企业"甩图纸"的核心内容之一，也是"甩账表"的重要组成部分。数字化工艺设计系统为后续生产、质量、物资和经营管理系统提供易于集成使用的工艺信息，为生产计划、生产准备、物资采购供应、质量控制管理等提供基础数据。工艺信息系统在数字化制造系统中的作用如图 4-4 所示。

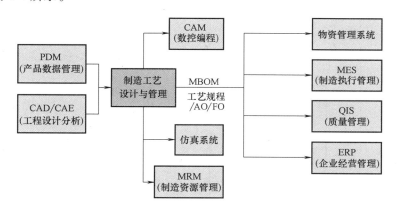

图 4-4　工艺信息系统在数字化制造系统中的作用

一般情况下，CAPP 可以完成如下功能：输入设计信息；选择工艺路线，决定工序内容及所使用的机床、刀具、夹具等；决定切削用量；估算工时与成本；输出工艺文件。

工艺设计确定制造过程及制造所需的制造资源、制造时间等，是完成产品设计信息向制造信息转换的关键性环节。在现代机械制造业中，产品工艺过程设计工作具有多层次性。

通常，企业的工艺设计工作可划分为两个层次：总体工艺设计和专业工艺设计。工艺设计流程如图 4-5 所示。

总体工艺设计主要包括以下内容：

（1）产品工艺方案制定　在产品方案设计阶段，针对新产品结构、材料和技术要求及工

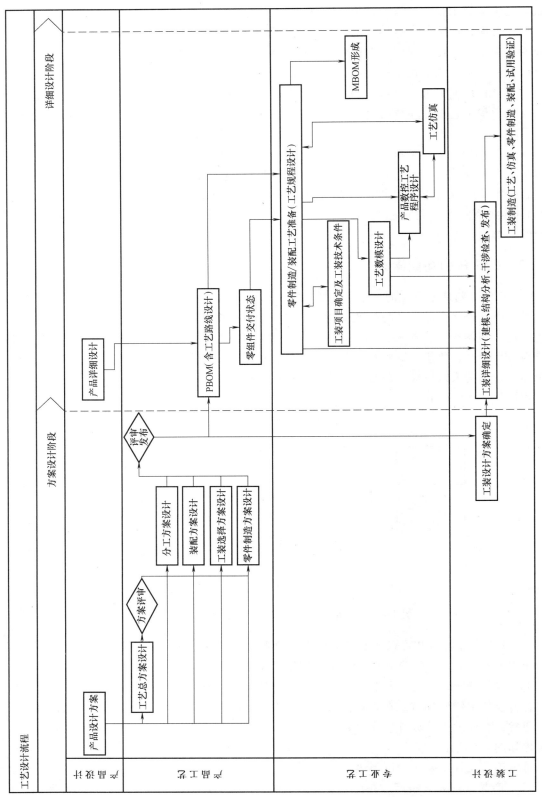

图 4-5 工艺设计流程

程研制要求，确定产品研制总体工艺方案，包括分工方案、工装选择方案、装配方案、零件制造方案，并确定相关技术路线和技术攻关研究。

（2）产品结构工艺性审查　产品结构工艺性审查的目的在于：早期发现产品设计中的工艺性问题，及时解决，防止或减少在生产中可能发生的重大技术问题；较早预见产品制造中的主要件、关键件所需的关键设备或特殊工艺装备，以便及早安排制造或外协。在并行工程环境下，产品结构工艺性审查是产品设计、工艺设计、生产计划等进行集成的重要环节。

（3）产品工艺零组件划分　从制造角度，划分可相对独立进行装配和制造的零部件。这是从产品工程物料清单 EBOM（Engineering Bill of Material）向产品工艺物料清单 PBOM（Process Bill of Material）、制造物料清单 MBOM（Manufacturing Bill of Material）进行转换的重要环节。

（4）产品工艺流程制定　在企业中，工艺流程又称为（车间）工艺路线、分工路线、分工计划等，它主要是从企业层确定产品零组件的制造过程。产品工艺流程的制订涉及企业各工作中心/车间制造资源的宏观平衡，是 MRP II/ERP 的基础数据之一。在敏捷制造模式下，产品工艺流程制定将是虚拟企业的主要工艺设计工作。

在一般产品制造中，所包括的专业工艺设计种类有：

（1）变形加工工艺设计　使原材料产生形态、形状或结构变化来制造零组件的工艺过程设计，如各类零件毛坯制造（铸、锻、下料等）、零件加工（机械加工、钣金冲压等）等。

（2）变态、变性加工工艺设计　通过改变原材料的性质来满足制造零组件需要的工艺过程设计，如热处理、表面处理等。

（3）连接和组装加工工艺设计　使工件与其他原材料或工件与工件、组件与组件结合而形成组件或产品的工艺过程设计，如焊接、装配等。

（4）其他环节的工艺设计　产品制造过程中其他环节工艺过程设计，如检测、试验等。

数控工艺技术准备业务过程如图 4-6 所示。

工艺过程设计是一项技术性和经验性很强的工作，长期以来，都是依靠工艺设计人员个人积累的经验完成的，这种设计方法与现代制造技术的发展要求不相适应。主要表现在：

1）工艺设计要花费相当多的时间，但其中实质性的技术工作可能只占总时间的 5%～10%，大部分时间用于重复性劳动和填写表格等事务性工作上。这不仅加大了工艺人员的劳动强度，容易出错，而且延长了产品的生产周期。

2）同一零件由不同工艺人员编制工艺时，往往得到不同的工艺文件；即使同一工艺人员，每次设计结果也可能不完全相同。这就是说，人工设计的工艺一致性差，难以保证工艺文件的质量和实现规范化、标准化。

3）繁琐而重复的密集型劳动会束缚工艺人员的设计思想，妨碍他们从事创造性工作，并且工艺人员的知识积累过程太慢，而服务时间相对过短，因而不利于工艺水平的迅速提高。

4）从企业的信息管理来看，工艺设计是生产信息的汇集处，因此，工艺信息的完整性、一致性具有十分重要的意义。传统的手工设计与管理模式，不仅工作效率低，而且很难保证工艺信息的准确性、一致性。

专业数字化工艺设计工作主要包括：

（1）零部件交付状态的确定　依据工艺分工路线，确定不同专业交付之间零组件应具

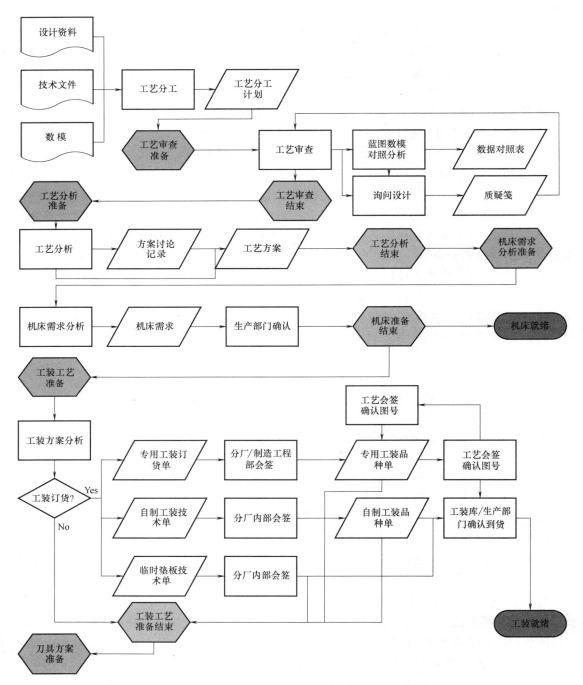

图 4-6　数控工艺技术准备业务过程

备的技术状态、所需原材料等。

（2）工装物料需求和申请　在各专业确定零部件工艺方案的基础上，确定零部件工艺对机床设备、工艺装备等需求，并依据现有机床设备、工艺装备的情况，提出需要购置、设计制造、维修、复制等的工艺装备和机床设备。

（3）工艺规程编制　按照企业技术规范要求，确定工艺过程，进行工序设计（包括机床设备、工艺装备的确定，夹紧定位方法、加工顺序、工艺参数、尺寸精度及技术要求的确定等），形成工艺指令。

（4）产品数控工艺程序设计　针对数控加工工序，进行计算、路径规划，并根据数控机床控制系统，生成数控代码。

（5）工艺仿真　利用工艺仿真系统进行工艺过程、数控加工过程的仿真分析，尽早发现工艺问题，避免错误的发生。针对复杂产品或新型材料的加工，还可进行试切试验，优化改进工艺。

（6）工艺装备准备　主要包括按照工艺要求对新的工艺装备进行采购或企业自行设计和制造、原有工艺装备检修或复制，满足产品及零部件的生产需要。

在制造业信息化工程环境下，CAPP 系统一般具有以下功能：

（1）基于产品结构　机械制造企业的生产活动都是围绕产品而展开的，产品的制造生产过程也就是产品属性的生成过程。工艺文件应在工艺设计计划指导下，围绕产品结构（基于装配关系的产品零部件明细表）展开。基于产品结构进行工艺设计，可以直观、方便、快捷地查找和管理工艺文件。

（2）工艺设计　这是工艺工作的核心，CAPP 应高效率、高质量地保证工艺设计的完成，通常包括选择加工方法、安排加工路线、检索标准工艺文件、编制工艺过程卡和工序卡、优化选择切削用量、确定工时定额和加工费用、绘制工序图及编制工艺文件等内容。

（3）资源的利用　在工艺设计的过程中，常常需要用到资源。所谓资源就是工艺设计所需要的工艺资源数据（如工厂设备、工装物料和人力等），工艺技术支撑数据（如工艺规范、国家/企业技术标准、用户反馈），工艺技术基础数据（如工艺样板、工艺档案），以及工艺设计过程中积累的工艺知识和经验资源。CAPP 系统应提供数据资源、知识资源和资源使用的方法。

（4）工艺管理　对工艺文件进行管理是保护、积累和重用企业工艺资源的重要内容，承担对有关工艺数据进行统计的任务，包括产品级的工艺路线设计、材料定额汇总等，对于工艺设计和成本核算起着指导性的作用。同时提供工艺设计定型产品的工艺分类归档以及归档后的有效利用。

（5）工艺流程管理　工艺设计要经过设计、审核、批准、会签的工作流程，CAPP 系统应能在网络环境下支持这种分布式的审批件处理。

（6）标准工艺　CAPP 系统应有标准或典型工艺的存储。在工艺设计中根据相似零件相似工艺的原理，可作为进行类似工艺设计的参考。

（7）制造工艺信息系统　产品在整个生命周期内的工艺设计通常涉及产品装配工艺、机械加工工艺、冲压工艺、焊接工艺、表面热处理工艺、毛坯制造工艺、返修处理工艺等，机械加工工艺中通常涉及回转体类零件、箱体类零件、支架类零件等各种零件类型。CAPP 应从以零件为对象转变为以整个产品为对象，实现产品工艺设计与管理的一体化，建立数字化工艺信息系统，实现 CAD/CAM、PDM、ERP 的集成和资源共享。

4.1.4　CAPP 系统的基本组成

CAPP 系统的构成与产品、生产规模和开发环境有关。图 4-7 所示为典型 CAPP 系统的组成，一般情况下，CAPP 系统的基本功能描述如下：

1）控制模块。控制模块的主要任务是协调各模块的运行，是人机交互的窗口，实现人机之间的信息交流，控制零件信息的获取方式。

2）零件信息输入模块。当零件信息不能从 CAD 系统直接获取时，用此模块实现零件信息的输入。

3）工艺过程设计模块。工艺过程设计模块进行加工工艺流程的决策，产生工艺过程卡，供加工及生产管理部门使用。

4）工序决策模块。工序决策模块的主要任务是生成工序卡，对工序间尺寸进行计算，生成工序图。

5）工步决策模块。工步决策模块对工步内容进行设计，确定切削用量，提供形成 NC 加工控制指令所需的刀位文件。

6）NC 加工指令生成模块。NC 加工指令生成模块依据工步决策模块所提供的刀位文件，调用 NC 指令代码系统，产生 NC 加工控制指令。

7）输出模块。输出模块可输出工艺流程卡、工序卡、工步卡、工序图及其他文档，输出也可从现有工艺文件库中调出各类工艺文件，利用编辑工具对现有工艺文件进行修改得到所需的工艺文件。

8）加工过程动态仿真。加工过程动态仿真对所产生的加工过程进行模拟，检查工艺的正确性。

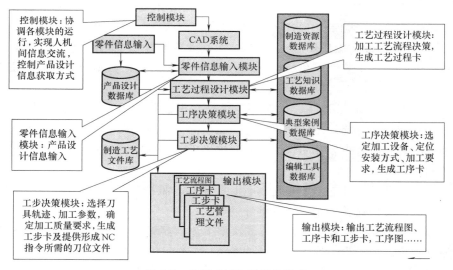

图 4-7　典型 CAPP 系统的组成

CAPP 系统的工作过程和步骤如图 4-8 所示。

1）产品零件信息输入模块。输入零件信息是 CAPP 的第一步，零件信息包括几何信息和工艺信息，对于零件信息描述的准确性、科学性和完整性将直接影响所设计的工艺过程的质量、可靠性和效率。

2）工艺决策模块。工艺决策是以零件信息为依据自动决策后生成零件工艺规程。

工艺路线和工序内容的拟定：定位和夹紧方案的选择、加工方法的选择、加工顺序的安排等。

加工设备和工艺装备的确定：根据所拟定的零件的工艺过程，从制造资源库中寻找各个工序所用的加工设备、夹具、刀具以及辅助工具等。

工艺参数计算：计算切削用量、加工余量、时间定额、工序尺寸及其公差等。

3）工艺资源数据库。工艺资源数据库是系统的支撑工具，它包含了工艺设计所需要的所有工艺数据（如加工方法、加工余量、切削用量、机床、刀具、夹具、量具辅具以及材料、工时、成本核算等信息）和规则（包括工艺决策逻辑、决策习惯、经验等众多内容，如加工方法选择规则、排序规则等）。

4）人机交互设计界面模块。人机交互设计界面是用户的工作平台，包括系统操作菜单、工艺设计界面、工艺数据与知识的输入和管理界面，以及工艺文件的显示、编辑与管理界面等。

5）工艺文件管理与输出模块。对各类工艺文件进行管理和维护，工艺文件格式化显示和打印输出。

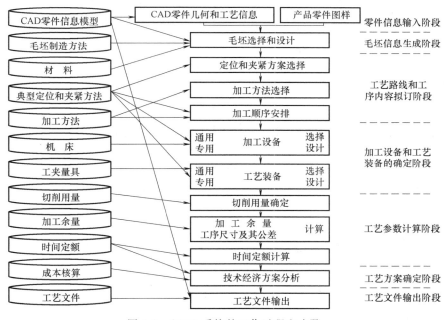

图 4-8 CAPP 系统的工作过程和步骤

4.1.5 CAPP 系统的常用类型

在 CAPP 研究开发中，根据系统开发原理、零件类型、工艺类型和开发技术方法对 CAPP 系统进行分类。例如，依据工艺决策的工作原理可将 CAPP 系统分为：交互式 CAPP 系统、派生式（Varlant，也称为变异式、修订式、样件式等）CAPP 系统、创成式（Generativc）CAPP 系统、基于知识的 CAPP 系统、综合式（HybrN）CAPP 系统等类型。

1. 交互式 CAPP 系统

交互式 CAPP 系统（见图 4-9）是按照不同类型的工艺需求，编制一个人机交互软件系统，工艺设计人员根据屏幕的提示，进行人机交互操作，操作人员在系统的提示引导下，回答工艺设计中的问题，对工艺过程进行决策及输入相应的内容，获得所需的工艺规程。

随着软件并发技术的发展，交互式CAPP成为一种框架工具系统。这种交互式CAPP系统是以人机交互的形式完成工艺设计，适用于不同环境、不同需求的基本功能，还可以根据用户的特殊需求进行定制。

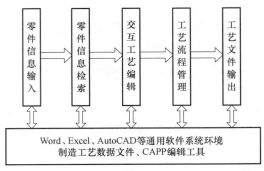

图 4-9　交互式 CAPP 系统

2. 派生式 CAPP 系统

派生式 CAPP 系统是在成组技术的基础上，利用零件的相似性将各种零件分类归族，并制定相应标准工艺，对于每一个零件族构造一个能包含所有零件特征的标准样件，并建议代表该族零件的标准工艺。在新编工艺时，通过检索相似零件族标准工艺进行筛选、编辑修改而成，如图 4-10 所示。派生式 CAPP 系统原理简单，对于生成零件相似性较强、划分的零件族较少、每族内零件数量较多、生成零件的种类和批量相对稳定的制造企业比较具有优势，但是当今大规模定制的制造环境下，企业的制造环境变化快、生产灵活性高，派生式 CAPP 系统很难满足。

参数化方法是派生式方法的进一步发展，以派生式 CAPP 为基础，结合参数化驱动技术实现工艺模板的检索和工艺信息的参数化自动修改。

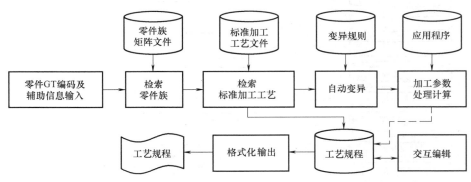

图 4-10　派生式 CAPP 系统

3. 创成式 CAPP 系统

创成式 CAPP 系统将人们设计工艺过程时用到的推理决策方法转化成计算机可以处理的决策模型、算法及程序代码，依靠系统决策，自动生成零件工艺规程。工艺规程是根据程序中所反映的决策逻辑和制造工程的数据信息自动生成的，这些信息主要是定义各种加工方法的加工能力和对象、各种设备的适应范围等一系列的基本知识。创成式 CAPP 系统如图 4-11 所示。

由于工艺过程设计的复杂性、智能性和实用性，使得创成式 CAPP 系统的开发周期长、费用高、难度大，系统的功能和应用范围有限（如大多数创成式 CAPP 系统都是针对回转体零件的），缺乏适应生产环境的灵活性和适用性，因此难以推广应用。

4. 基于知识的 CAPP 系统

基于知识的 CAPP 系统也称为智能型 CAPP 系统，是将人工智能技术应用在 CAPP 系统

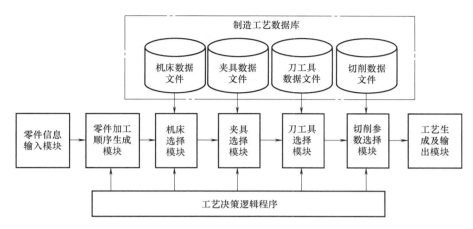

图 4-11　创成式 CAPP 系统

中。与创成式 CAPP 系统相比，智能式 CAPP 是以推理加知识为特征。

　　作为工艺设计专家系统，专家系统中所具备的特征在智能式 CAPP 系统中都应得到体现。工艺专家系统是一种在某种零件的特定工艺过程设计范围内具有专家水平的计算机程序系统，它将工艺专家的工艺设计的知识和经验以知识库的形式存入到计算机中，并模拟工艺人员进行工艺过程设计的推理方式和思维过程，应用知识库中的知识和经验对工艺设计过程中的实际问题做出判断和决策。知识库和推理机是专家系统的两大组成部分，工艺知识库是专家系统的核心。

　　在工艺专家系统中，工艺知识存储在工艺知识库中，当进行产品零件的工艺设计时，推理机从产品零件的设计信息等原始实事出发，按某种策略在知识库中搜寻相应的知识，从而得出中间结论，然后再以这些结论为实事推出进一步的中间结论，如此反复进行，直到推出结论，即产品的工艺规程。通常工艺专家系统中工艺知识以产生式规则表示，推理机实现以基于规则推理（Rule-based Reasoning，RBR）为主。工艺专家系统是对创成式 CAPP 系统的发展和延续，与创成式 CAPP 系统的区别在于利用知识库和推理机相互分离的设计结构，在系统的应用条件发生变化时，可以在不修改计算机程序的情况下通过修改和扩充工艺知识来对工艺决策的内容和适用范围进行扩充和调整，柔性好，更具有实用性。

　　但是 CAPP 专家系统在知识获取方面依赖于专家经验，基准选择等经验性很强的知识不容易转化为推理规则，缺乏处理不确定信息的能力，推理冲突难以解决。

　　近年来，模糊推理（Fuzzy Reasoning，FR）、人工神经网络（Artificial Neural Network，ANN）、事例推理（Case-based Reasoning，CBR）、遗传算法（Genetic Algorithm，GA）、多 Agent 的分布式人工智能（Multi-Agent Distributed Artificial Intelligence，MADAI）等人工智能技术在 CAPP 的工艺决策方面得到了广泛的研究和应用。这些技术与基于规则的专家系统推理技术的结合是 CAPP 系统智能化研究的新特点，使得工艺专家系统的工艺知识表示和推理方法得到了进一步的扩展。

5. 综合式 CAPP 系统

　　综合了派生式 CAPP 与创成式 CAPP 的方法和原理，采取派生与自动决策相结合的方法生成工艺规程，对新零件设计工艺时，先通过检索所属零件族的标准工艺，然后根据零件的具体情况，对标准工艺进行自动修改。工序设计则采用自动决策，进行机床、刀具、工装夹具以及切削用量选择，输出所需的工艺文件。综合式 CAPP 决策如图 4-12 所示，综合式 CAPP 系统如图 4-13 所示。该系统兼顾派生式与创成式两者的优点，克服了各自的不足，既具有系统的简洁性，又具有系统的快捷和灵活性。可见，综合式的工艺决策方法是 CAPP 技术的必要趋势。

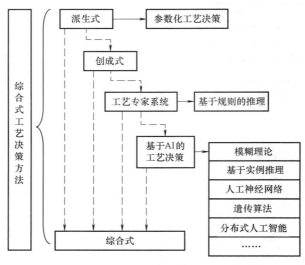

图 4-12 综合式 CAPP 决策

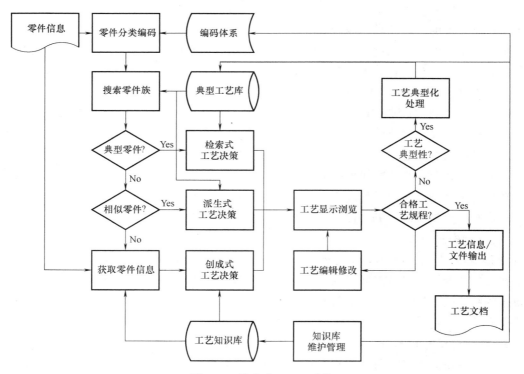

图 4-13 综合式 CAPP 系统

4.2　CAPP 系统零件信息输入

零件信息包括总体信息（零件名称、图号、材料等）、几何信息（如结构形状）和工艺信息（尺寸、公差、表面粗糙度、热处理及其他技术要求）等。CAPP 系统零件信息的描述就是对产品或零件进行表达，让计算机能够直接解析的零件图，即在计算机中必须有一个合理的数据结构或零件模型对零件信息进行描述。

4.2.1　分类编码描述法

分类编码描述法的基本思路是按照预先制定或选用的 GT 分类编码系统对零件图上的信息进行编码，并将代码输入计算机。GT 码所表达的信息是计算机能够识别的，简单易行，用其开发一般的派生式 CAPP 系统较方便。但这种方法无法完整地描述零件信息。当码位太长时，编码效率很低，容易出错，不便于 CAPP 系统与 CAD 的直接连接（集成）等，故不适用于集成化的系统以及要求生成工序图与数控程序的 CAPP 系统使用。

4.2.2　语言描述与输入法

语言描述法是采用语言对零件各个有关特征进行描述和识别，建立一套特定规则组成的语言描述系统。采用语言文字对零件信息进行描述，与分类编码描述法类似，是一种间接的描述方法，对几何信息的描述只停留在特征的层面上，同时需要工艺设计人员学习并掌握其语言，描述过程繁琐。

4.2.3　知识表示描述法

在人工智能技术领域，零件信息实际上就是一种知识或对象，可用人工智能中的知识描述方法来描述零件信息甚至整个产品的信息。一些 CAPP 系统尝试用框架表示法、产生式规则表示法和谓词逻辑表示法等来描述零件信息，这些方法为整个系统的智能化提供了良好的前提和基础。在实际应用中，这种方法常与特征技术相结合，而且知识的产生应是自动的或半自动的，能直接将 CAD 系统输出的基于特征的零件信息自动转化为知识的表达形式，这种知识表达方法才更有意义。

4.2.4　基于形状特征或表面元素的描述法

任何零件都由一个或若干个形状特征（或表面元素）组成，这些形状特征可以是圆柱面、圆锥面、螺纹面、孔、凸台、槽等。例如，光滑钻套由一个外圆柱面、一个内圆柱面、两个端面和 4 个倒角组成，箱体零件可以分解成若干个面，每一个面又由若干个尺寸与加工要求不同的内圆表面和辅助孔（如螺纹孔、螺栓孔、销孔等）以及槽、凸台等组成。

这种方法要求将组成零件的各个形状特征按一定顺序逐个地输入计算机中去，输入过程由计算机界面引导，并将这些信息按事先确定的数据结构进行组织，在计算机内部形成零件模型。这种方法的优点在于：

1）机械零件上的表面元素与其加工方法是相对应的。计算机可以以此为基础推出零件由哪些表面元素组成，能很方便地从工艺知识库中搜索出与这些表面元素相对应的加工方法，从而可以以此为基础推出整个零件的加工方法。

2）这些表面元素处理为尺寸、公差、表面粗糙度乃至热处理的标注，为工序设计、尺寸链计算以及工艺路线的合理安排提供必要的信息。

以上方法尽管各有优点，但都需要人对零件图样进行识别和分析，即需要人工对设计的零件图进行二次输入，输入过程费时费力且容易出错。最理想的方法是直接从 CAD 系统中提取信息。

4.2.5 基于特征拼装的计算机绘图与零件信息的描述法

这种方法一般是以 CAD 系统为基础，系统的绘图基本单元是参数化的几何形状特征（或表面要素），如圆柱面、圆锥面、倒角、键槽等，而不是通常所用的点、线、面等要素。设计者绘图时，不是一条线一条线地绘制，而是一个特征一个特征地绘制，类似于用积木拼装形状各异的物体，也称为特征拼装。

设计者在拼装各个特征的同时，即赋予了各个形状特征（或几何表面）的尺寸、公差、表面粗糙度等工艺信息，其输出的信息也是以这些形状特征为基础来组织的。这种方法的关键是要建立基于特征的、统一的 CAD/CAPP/CAM 零件信息模型，并对特征进行总结分类，建立便于客户扩充与维护的特征类库。目前这种方法已用于许多实用化 CAPP 系统之中，被认为是一种比较有前途的方法。

4.2.6 基于产品数据交换规范的产品建模与信息输入方法

如果从根本上实现 CAD/CAPP/CAM 的集成，最理想的方法是为产品建立一个完整的、语义一致的产品信息模型，以满足产品生命周期各阶段（产品需求分析、工程设计、产品设计、加工、装配、测试、销售和售后服务）对产品信息的不同需求和保证对产品信息理解的一致性，使得各应用领域（如 CAD、CAPP、CAM、CNC、MIS 等）可以直接从该模型抽取所需信息。这个模型是采用通用的数据结构规范来实现的。显然，只要各 CAD 系统对产品或零件的描述符合这个数据规范，其输出的信息既包含了点、线、面以及它们之间的拓扑关系等底层的信息，又包含了几何形状特征以及加工和管理等方面信息，那么 CAD 系统的输出结果就能被其下游工程，如 CAPP、CAM 等系统接收。近年来流行较广的 ISO 的 STEP 产品定义数据交换标准，美国的 IGES、德国的 VDAFS 等，其中最具有应用前景的 STEP 支持完整的产品模型数据，不仅包括曲线、曲面、实体、形状特征等内在的几何信息，还包括许多非几何信息，如公差、材料、表面粗糙度、热处理信息等，它包括产品整个生命周期所需要的全部信息。目前，STEP 还在不断发展与完善之中。

4.3 CAPP 系统中的工艺决策与工序设计

CAPP 系统的工艺决策主要解决两个方面的问题，即零件加工工艺路线确定与工序设计。确定零件加工工艺路线的目的是获得零件加工工艺规程，即确定零件加工顺序（包括工序与工步的确定）以及每个工序的定位与夹紧表面。

工序设计主要包括：工序尺寸的计算、设备工装的选择、切削用量的确定、工时定额的计算以及工序图生成等内容。

4.3.1　创成式 CAPP 系统的工艺决策

创成式 CAPP 系统的核心内容是各种决策逻辑的表达和实现。尽管工艺过程设计的决策逻辑很复杂，包括各种事件的决策，但表达方式都有许多共同之处，可以按照一定形式的软件设计工具（方式）来表达和实现，最常用的是决策表和决策树。

1. 决策表

决策表是将采用语言表达的决策逻辑关系用一个表格来表达，从而可以方便地用计算机语言来表达该决策逻辑的方法。

例如，选择孔加工方法的决策如下：

如果待加工孔的精度在 8 级以下，则可选择钻削的方法加工。

如果待加工孔的精度为 7~8 级，并且位置精度要求不高，则可选择钻、扩加工；若位置精度要求高，则可选择钻、镗两步加工。

如果待加工孔的精度为 7 级以上，表面未做硬化处理，但位置精度要求不高，则可选择钻、扩、铰加工；若位置精度要求高，则可选择钻、扩、镗加工。如果待加工孔的精度为 7 级以上，表面经硬化处理，位置精度要求不高，则可选择钻、扩、磨加工；若位置精度要求高，则可选择钻、镗、磨加工。

将孔加工方法表达为决策表的形式，则决策逻辑见表 4-1。在决策表内，如果某特定条件得到满足，则取值为 T（真）；若不满足，则取值为 F（假）。竖的一列算作一条决策规则，采用 "×" 标志所选择的动作。以一个决策表来表达复杂的决策逻辑时，必须仔细检查决策表的准确性、完整性和无歧义性。

完整性是指决策逻辑各条件项目的所有可能的组合是否都考虑到，它也是正确表达复杂决策逻辑的重要条件。

无歧义性是指一个决策表的不向规则之间不能出现矛盾或冗余。无矛盾或冗余的规则可称为无歧义规则，否则称为有歧义规则。

表 4-1　孔加工方法选择决策表

条　件	R1	R2	R3	R4	R5	R6	R7
内表面	T	T	T	T	T	T	T
8级以下	T	F	F	F	F	F	F
7~8级	F	T	T	F	F	F	F
7级以上	F	F	F	T	T	T	T
硬化处理	F	F	F	F	F	T	T
高位置精度要求	F	F	T	F	T	F	T
加工方法							
钻	×	×	×	×	×	×	×
扩		×		×	×	×	
镗			×		×		×
铰				×			
磨						×	×

2. 决策树

决策树是一种常见的数据结构，也是一种与决策表功能相似的常用的工艺决策设计工具。也很直观地和"如果（IF）…，则（THEH）…"的决策逻辑相似，可直接转换成逻辑流程图和程序代码。

决策树由节点和分支（边）构成。节点分为根节点、终节点（叶子节点）和其他节点。根节点没有前趋节点，终节点没有后继节点，其他节点则都具有单一的前趋节点和一个以上的后继节点。

节点表示一次测试或一个动作，拟采取的动作一般放在终节点上。分支（边）连接两个节点，一般用来连接两次测试或动作，并表达一个条件是否满足。条件满足时，测试沿分支向前传送，表示逻辑与（AND）的关系；条件不满足时，则转向出发节点的另一分支，以实现逻辑或（OR）的关系。所以，从根节点到终节点的一条路径表示一条决策规则。

决策树的优点如下：

1）决策树容易建立和维护，可直观、准确、紧凑地表达复杂的逻辑关系。

2）决策表可以方便地转换成决策树，表 4-1 所示的决策表可以转换成图 4-14 所示的决策树。

3）决策树便于使用程序"IF…THEN…"类型的决策逻辑方法表达。条件（IF）可放在树的分支上，预定的动作（THEN）则放在节点上，因此很容易转换成计算机程序。

4）决策树便于扩充和修改，适合于工艺过程设计。如选择形状特征的加工方法，选择机床、刀具、夹具、量具以及切削用量等都可以用决策树。

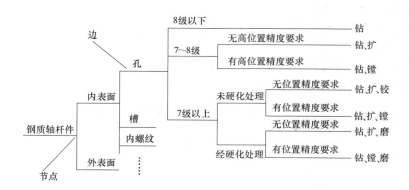

图 4-14　孔加工方法决策树

4.3.2　基于专家系统 CAPP 的工艺决策

CAPP 专家系统主要由零件信息输入模块、推理机与知识库三部分组成，其中推理机与知识库是相互独立的。CAPP 专家系统不再像一般 CAPP 系统那样，在程序的运行中直接生成工艺规程，而是根据输入的零件信息访问知识库，通过推理机的控制策略，从知识库中搜索匹配零件当前状态的规则，执行该规则。把每次执行规则得到的结论部分按照先后次序记录，直到零件达到技术要求，获得零件加工所要求的工艺规程。

专家系统以知识结构为基础，以推理机为控制中心，由数据、知识、控制三级结构来组织系统，其知识库和推理机相互分离，增加系统的灵活性。当生产条件变化时，可通过修改知识库来加入新的知识，使之适应新的要求，因而解决问题的能力大大增强。

如上所述，CAPP 专家系统有处理多义性和不确定性问题的能力，并且可以在一定程度上模拟人脑进行工艺设计，使工艺设计中的许多模糊问题得以解决。特别是对箱体、壳体类零件，结构形状复杂、加工工序多、工艺流程长，存在多种加工方案，工艺设计的优劣主要取决于人的经验和智慧，一般 CAPP 系统很难满足这些复杂零件的工艺设计要求。

CAPP 专家系统能汇集专家的经验和智慧，并充分利用这些知识进行逻辑推理，探索解决问题的途径和方法，制定出合理的工艺决策。

1. 产生式规则

产生式规则简称为规则，是一种最常用的工艺知识表示方法。由于其表示具有固有的模块特征，且直观自然，又便于推理，因此在工艺决策专家系统中获得了广泛的应用。产生式规则将领域知识表示成一组或多组规则的集合，每条规则由一组条件和一组结论两部分组成。

产生式规则的一般表示形式为：

IF P　　THEN　Q

其中，P 表示前提或条件；Q 表示结论或动作。

为了规范化表示和处理产生式规则，引入了规则元的概念，同时，根据工艺决策规则的表示和推理的需要，确定了一些保留字和命令词。

规则元是组成规则的基本单位，具有明确含义的指令、关系表达式或判断，用以描述规则的一个条件或结论。

一个规则元可总体描述为：

规则元 :: = <［操作符］，［左项］，［右项］>

其中，［左项］，［右项］可以为常量、字符串、变量、表达式或函数、命令等；［操作符］描述左项和右项之间的关系或操作。

按照规则元的目的和表示形式，规则元分为条件规则元、命令规则元、赋值规则元等。条件规则元用在规则的前提部分，而命令规则元、赋值规则元用在规则的结论或否则部分。

引入规则元的概念后，规则可以描述为：规则是用来描述对象或对象属性之间关系的，是由多个规则元以一定的方式（IF-THEN-ELSE 形式）和顺序组织关联在一起的信息实体。

工艺决策知识的表示和推理中，常需要一些词语指代相应对象，保留字的引入就解决了这个问题。如 operation 用来指代工序对象，step 用来指代工步对象，tempobj 用来指代需要的临时对象。

同时，为了描述一些决策过程，或提供用户进行人机交互的操作，根据需要引入了命令词。如 create（创建）用来描述一个对象的创建过程，queryobject（查询对象）用来描述一个对象数据的查询，getchoice（用户选择）用来描述请求用户根据提示选择输入数据，SortMeByCls（加工元大类排序）用来描述一个工步中对不同类加工元的排序，SortMeInCls（同类加工元排序）用来描述一个工步中对同类加工元的排序。

规则中的权重信息主要用来决定应用规则进行推理决策的顺序，一般采用一个整数来进行表示，权重越大越早执行，从而避免决策推理过程中的冲突发生。

根据决策的层次，工艺决策分为对象推理、子任务推理、基于过程模型的推理等。

1）围绕一个对象，进行一个对象方法的推理称为对象推理，如图 4-15 所示。

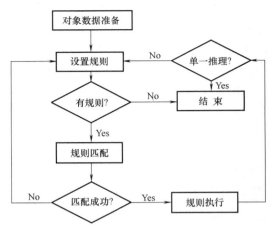

图 4-15   对象推理

2）围绕同一类的所有对象，进行一个对象方法的推理称为子任务推理。关键是对象数据的整理和设置，循环设置当前决策对象，调用对象推理功能，实现子任务推理。

3）根据决策过程模型，逐个子任务进行推理，称为基于过程模型的推理。

决策过程模型是控制决策过程的知识。为了便于决策专家系统的决策控制，整个工艺决策任务被划分成若干决策子任务，每个子任务有一个主控决策对象及其对象方法，决策专家系统根据过程控制知识依次执行每个决策子任务。

决策过程模型:: =<［上一子任务］,［当前子任务］,［当前对象类］,［［被包容对象类］］,［当前对象方法]>

在建立决策过程模型、划分决策子任务时，应遵循以下原则：

1）每个决策子任务中，主控决策对象应非常明确，一般主控对象确定为：零部件、工艺、工序、工步、特征加工（加工元）、制造特征及其子类。

2）尽可能减少需要设置"被包容对象类"的子任务，这样可减少子任务推理时对象循环阶数，降低子任务决策的复杂度。

3）便于对象方法中规则的总结归纳，尽可能减少子任务决策涉及的对象类。

通过全面分析和实践，确定下列决策过程：

初始化→零件工艺•毛坯设计→零件工艺•刚度分析→零件工艺•定位方案设计→零件工艺•装夹方案设计→特征•加工元生成→加工元•加工元余量选择→加工元•加工元刀具参数选择→加工元•工序生成→工序•机床选择→工序•夹具选择→工序•工序排序→零组件•特殊工序安排→工序•辅助工序插入→工序•工作说明生成→工序•工步生成→工步•辅助工步生成→工步•工步排序→工步•工步刀具选择→工步•工步量具选择→工步•工步切削参数选择→工步•工步内容生成→推理结束。

系统推理决策过程如图 4-16 所示。整个推理机制可以划分为四个层次：规则的匹配执行、对象方法的推理、任务推理及系统推理。规则的匹配与执行过程如图 4-17 所示。

2. 框架

框架表示法是 1975 年由美国麻省理工学院的 M. Minsky 提出的。

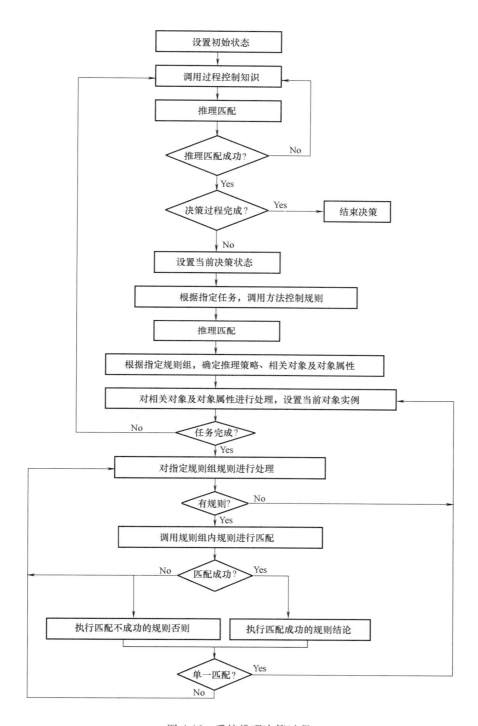

图 4-16 系统推理决策过程

框架是一种知识结构化表示方法，也是一种定型状态的数据结构，它的顶层是固定的，表示某个固定的概念、对象或事件，其下层由一些称为槽的结构组成，每个槽可以有任意有

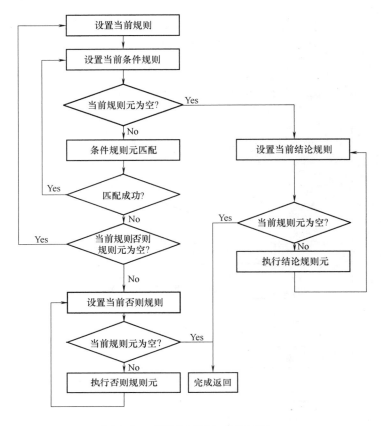

图 4-17　规则的匹配与执行过程

限数目的侧面，每个侧面又可以有任意数目的值，而且侧面还可以是其他框架（称为子框架）。框架可以嵌套、可以相互调用，能够实现事物的全过程或全貌的描述。

框架的一种表示方法是表示成嵌套的连接表。连接表由框架名、槽名、侧面名和值组成。

（<框架名>（<槽名 1>…）

　　　　　（<槽名 2>…）

　　　　…

　　　　　（<槽名 i>（<侧面名 1>…）

　　　　　　　　（<侧面名 2>…）

　　　　　　　　（<侧面名 j>（<值 1>）

　　　　　　　　　　　　（<值 2>）

　　　　　　　　　　　…

　　　　　　　　　　　（<值 k>））

　　　　　　　（<侧面名 m>…））

　　　　…

　　　（<槽名 n>…））

式中，$1 \leqslant i \leqslant n$，$1 \leqslant j \leqslant m$。

基于框架的推理：

（1）继承推理　在框架网络中，各框架通过范围链构成继承关系。在填槽过程中，如果没有特别说明，子框架的槽值将继承父框架的槽值。

（2）匹配　对于一个给定的事件，利用部分已知信息选择初始候选框架，一般较高层的或没有父框架的根框架作为候选框架。一旦候选框架选择后，推理机根据给定事件的已知信息对候选框架的槽填写具体值。如果候选框架的各个槽通过查询、默认、继承和附加过程等填槽方式找到了满足要求的属性值，就把这些值加入到候选框架中，使候选框架具体化，以生成一个当前事件的描述，匹配成功。若推理过程找出的属性值同候选框架中相应槽的要求不匹配，则当前的候选框架匹配失败，并根据失败的启迪，选择其他的更有可能的候选框架。

框架系统的评价：

1）自然性。框架表示模拟了人脑对实体多方面、多层次的存储结构，直观自然，易于理解，是一种结构化的组织。

2）模块性。每个框架形成一个独立的知识单元，这种结构上知识的增加、删除、修改和存取相互独立，并且知识的框架网络与推理机制分离，从而使框架系统具有模块性，便于系统的扩充。

3）统一性。框架表示法表达能力强，提供了有效组织知识的手段，容易处理默认值，并且较好地把叙述性知识和过程性知识协调起来，存放在同一知识单元中。

4）非清晰性。由于框架表示将叙述性知识和过程性知识存放在一个基本框架中，加之在框架网络中各基本框架的数据结构有差异，使得这种表示方法清晰程度不高。

5）一致性不能保证。框架系统中没有统一的数据结构和良好的语义学基础，因此给知识的一致性和正确性检查带来困难。框架是一种表达一般概念和情况的方法。框架的结构与语义网络类似，其顶层节点表示一般的概念，较低层节点是这些概念的具体文例。

3. 专家系统基于知识的推理方式

设计专家系统推理机时，推理方式一般分为以下几种：

（1）正向推理　正向推理是从一组事实出发，逐一尝试所有可执行的规则，并不断加入新事实，直到问题解决。对于产生式系统，正向推理可分两步进行：

第一步，收集 IF 部分被当前状态所满足的规则。如有不止一个规则的 IF 部分被满足，就使用冲突消解策略选择某一规则触发。

第二步，执行所选择规则的 THEN 部分的操作。

正向推理适用于初始状态明确而目标状态未知的场合。图 4-18 所示为正向推理过程，图中已知事实是 A、B、C、D、E、G、H，要证明的事实为 Z，已知规则有三条。

（2）反向推理　反向推理是从假设的目标出发，寻找支持假设的论据。它通过一组规则，尝试支持假设的各个事实是否成立，直到目标被证明为止。反向推理适用于目标状态明确而初始状态不甚明确的场合。

以基于特征信息模型的产品零件信息作为信息输入，根据特征信息在工艺知识库中选择合适的典型工艺，按工艺-工序-工步-加工元的方向从上到下分别执行典型对象的决策推理，生成零件完整的工艺信息。对于已经选择到的合适典型工艺模板，采用基于典型工艺模板的

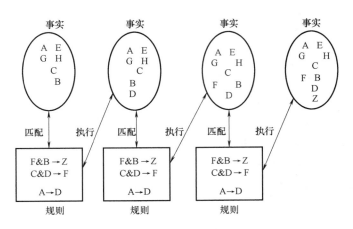

图 4-18　正向推理过程

工艺决策推理过程，如图 4-19 所示。

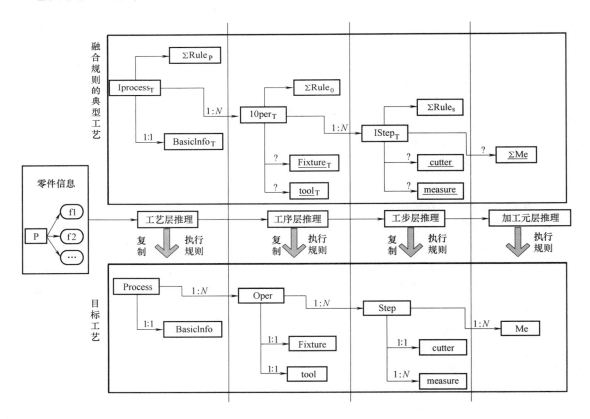

图 4-19　基于典型工艺模板的工艺决策推理过程

在基于典型工艺模板的工艺决策推理实现过程中，采用以下策略：

1）正向推理策略。以零件的特征信息为已知条件，通过执行典型工艺模板中相关典型对象的推理，直至完成所有典型对象的复用与规则推理，最终得到的结果即为目标工艺规程。

2）分层规划策略。把零件的工艺信息分为工艺、工序、工步和加工元由高到低四个层次，在工艺决策推理过程中，按由高到低的层次进行决策推理。

3）深度检索策略。根据面向对象的工艺组成表示及工艺与零件特征关系可知，图 4-20 所示为基于典型工艺的组成，工艺、工序、工步和加工元是以父对象与子对象的组成关系形成了树状结构，如一个工序下有 n 个工步，每个工步又有 m 个加工元，因此在工艺决策推理过程中，采用深度遍历的检索策略，依次完成对象及其下子对象的推理。

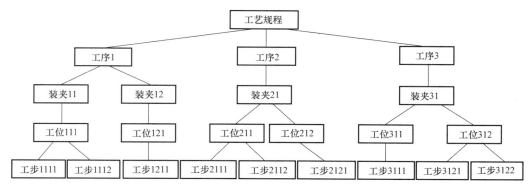

图 4-20　基于典型工艺的组成

4）冲突消解策略。基于典型工艺模板的推理过程中，仅在执行典型对象模板的规则推理时可能存在规则执行顺序的冲突问题，为了消解这些冲突，在进行典型工艺定义时，需要根据工艺特点确定每个规则的权值，在执行典型对象规则时，按权值的大小顺序执行。

（3）正反向混合推理　正反向混合推理分别从初始状态和目标状态出发，由正向推理提出某一假设，而反向推理证明假设。

在系统设计时，必须明确哪些规则用来处理事实，哪些规则用来处理目标，使系统在推理过程中，根据不同情况，选用合适的规则。正反向推理的结束条件是正向推理和反向推理的结果能够匹配。

（4）不精确推理　处理不精确推理常用的方法有概率法、可信度法、模糊集法和证据论法等，可参见有关书籍。

工艺规程是用表格的形式来表达，称为工艺卡片。常用的工艺卡片有工艺过程卡（又称为工艺路线卡）和工序卡。工艺过程卡用于表示零件机械加工的全过程，它只反映工序序号、工序名称和各个工序的内容以及完成该道工序的车间（或工段）、设备，有的还给出工序时间。工序卡表示每一道加工工序的情况，内容比较详细。各个工厂习惯不同，所用的工艺卡片可能不尽相同。

为了简化工艺决策过程，按照分级规划与决策的策略，一般创成式 CAPP 系统在工艺决策时，只生成零件的工艺规程。一些派生式 CAPP 系统为了简化样件的标准工艺和使样件工艺具有灵活性，标准工艺规程中一般也只包含样件的工艺规程。所以在工艺决策后，还必须进行详细的工序设计。工序设计主要包括以下内容：

（1）工序内容的决策　它包括每道工序中工步内容的确定，即每道工序所包含的装夹、工位、工步的安排，加工机床的选择，工艺装备（包括夹具、刀具、量具、辅具等）的选择等。

（2）工艺尺寸确定　其内容包括加工余量的选择、工序尺寸的计算及公差的确定等。工序尺寸是生成工序图与 NC 程序的重要依据，一般采用反推法来实现，即以零件图上的最终技术要求为前提，先确定最终工序的尺寸及公差，然后再按选定的加工余量推算出前道工序的尺寸。其公差则通过计算机查表，按该工序加工方法所达到的经济加工精度来确定。这样按加工顺序相反的方向，逐步计算出所有工序的尺寸和公差。

但当工序设计中的工艺基准与设计基准不重合时，就要进行尺寸链计算。对于位置尺寸关系比较复杂的零件，尺寸链的计算是很复杂的。最常用的尺寸链计算方法是"尺寸链图表法"。

（3）工艺参数决策　工艺参数主要指切削参数或切削用量，一般指切削速度、进给量和背吃刀量。在大多数机床中，切削速度又可通过主轴转速来表达。

（4）工序图的生成和绘制　工序图实际上是工序设计结果的图形表达，它通常附在工序卡上作为车间生产的指导性文件。一般情况下，仅对于一些关键工序提供工序图，当然也有严格要求每道工序都必须附有工序图的情况。工序图的绘制需要准确和完备的零件信息和工艺设计结果信息。在软件的实现上，一般有用高级语言编写绘图子程序和在商品化 CAD 软件上进行二次开发两种模式。而在设计方法上，一般与该 CAPP 系统选择的零件信息描述与输入法相对应。例如：特征拼装的工序图生成方法对应于基于特征拼装的计算机绘图中的零件信息的描述和输入法；特征参数法或图素参数法对应于基于形状特征或表面元素的描述与输入法等。

（5）工时定额计算　工时定额是衡量劳动生产率及计算加工费用（零件成本）的重要根据。工时定额是企业合理组织生产、开展经济核算、贯彻按劳分配原则、不断提高劳动生产率的重要基础。在 CAPP 系统中，一般采用查表法和数学模型法计算。

（6）工序卡的输出　作为车间生产的指导性文件，各个工厂都对其表格形式做出统一明确的规定。工艺人员填写后，还应经过一定的校对、审核、修改、审定等过程，再发至车间，产生效力。CAPP 系统工序卡的输出部分，一般纳入到工艺文件管理子系统。

4. 框架与规则相结合的典型工艺模板

针对零件工艺相似性原理，人们提出采用框架与规则相结合的典型工艺模板方式实现工艺知识表示。该知识表示方法结合了产生式规则、框架和面向对象的知识表示方法的优点，以面向对象法表示典型工艺中的固定不变信息，以规则表示的工艺决策过程知识约束工艺中的可变信息，并嵌入到典型工艺的典型工序、典型工步等对象中，从而形成框架+规则的典型工艺模板，如图 4-21 所示。

由图 4-21 可见，典型工艺模板是在工艺信息模型的基础上，根据工艺中固定信息的对象类嵌入了规则类构建而成；族零件模型是在基于特征的零件信息模型的基础上演变而成；族零件和典型工艺模板是一一对应关系，典型工艺模板中的规则通过推理可生成工艺中的可变信息，不同层次的规则具有不同的作用。

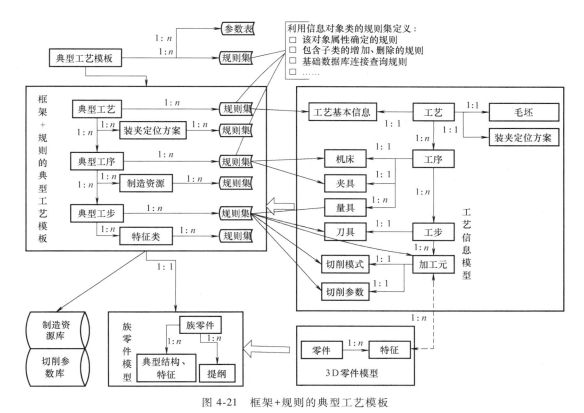

图 4-21　框架+规则的典型工艺模板

4.4　CAPP 的工艺数据库技术

知识库系统（Knowledge Base System，KBS）由知识库（Knowledge Base，KB）和知识库管理系统（Knowledge Base Management System，KBMS）组成，其中 KB 是知识的集合，KBMS 是为知识库的建立、使用和维护而开发的计算机程序系统。在此意义上的知识库系统逻辑结构图如图 4-22 所示。

知识库的结构取决于知识的组织方式，一方面它依赖于知识的表示模式，另一方面也与相应的软件支撑环境有关。一般来说，在确定知识的组织方式时，应考虑下述基本原则：

1）保证知识库的相对独立性。

2）便于知识的搜索。

3）便于知识的管理。

4）便于内、外存交换。

5）提高知识存取的效率。

知识库的具体实现有两种形式：一种是包含在系统程序中的知识模块，可称其为"逻辑知识库"；一种是将知识经过专门处理后得到知识库文件，并用文件系统或数据库系统来存储知识库文件，这更接近于真正意义上的知识库。在此意义上的知识库实现，知识库中存储的知识形式与用户所看到的知识形式具有较大的差异，并需要进行相互转换。

一个完整的知识库管理系统应具有对知识库进行各类操作、检索、查询及出错处理、管

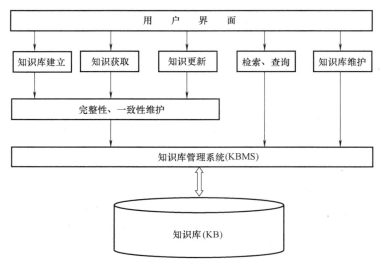

图 4-22　知识库系统逻辑结构图

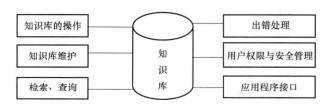

图 4-23　知识库管理系统构成

理、控制等功能，其构成如图 4-23 所示。

采用 Client/Server 模式，面向对象的 CAPP 知识库管理系统（Object-Oriented KBS，OOKBS）结构如图4-24所示。

CAPP 的关键基础技术是工艺设计信息处理模式和工艺数据库建立。

4.4.1　工艺设计信息处理模式

工艺设计信息模型是指工艺卡片等生成的相关数据资源的组织模式。工艺卡片是设计人员主要的工作对象，然而企业真正关心的是工艺卡片上反映的工艺设计信息。工艺卡片是设计人员要表达的工艺设计信息的格式化载体，不仅包括设计项目属性、产品属性、部件属性、工艺技术条件、各类装备、设计人员等信息，还包括工艺路线、过程和步骤以及从 CAD 图样提取的各种信息。

各种工艺设计信息之间一般有关联信息。对所有这些数据进行归纳和总结，并进一步抽象得到一个能对所有的工艺设计信息进行格式化处理的软件模型是现代 CAPP 首先要考虑的问题，这就是工艺格式的基本概念。

工艺格式是一个完整的工艺中所包含的工艺设计信息及其类型以及工艺设计信息之间的结构体系，即工艺设计信息的组织。工艺格式在工艺卡片和工艺设计信息之间起桥梁作用，使企业关心的所有工艺设计信息都能通过固定的数据库结构去描述，也能通过不同的工艺卡

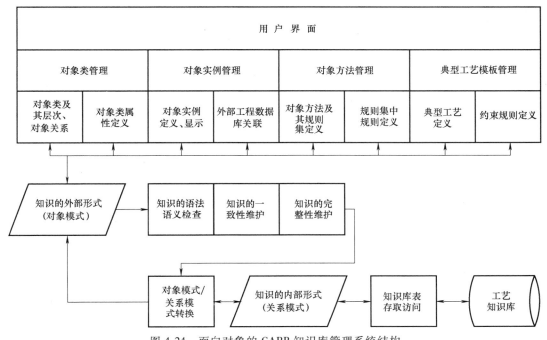

图 4-24　面向对象的 CAPP 知识库管理系统结构

片去反映。工艺卡片只是工艺设计信息的一种形式表达，工艺卡片中数据的修改，对应于数据库中工艺设计信息的修改，两者是双向关联的。这种数据、格式、卡片的三层结构和软件开发的三层结构非常相似，如图 4-25 所示。

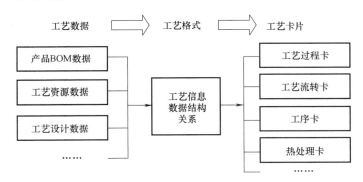

图 4-25　工艺信息的层次结构

4.4.2　工艺卡片的数据库模型

工艺设计过程围绕着工艺数据进行，工艺数据有多种表现形式，包括零件属性数据、产品属性数据、工艺规程数据等。作为一个统一的数据源，对于零件属性信息的修改，可能要影响到工艺卡片中的相关内容。即用户以各种方式接触到的工艺数据都是总体工艺数据的一个视图。工艺卡片只是工艺数据的一种表现形式，对工艺卡片中数据的修改，实际上是对数据库中的工艺数据的操作。两者是双向关联的，CAPP 与其他系统的共享也是对数据的共享。

4.4.3　工艺资源数据库

工艺资源包括材料、机床设备、工艺装备（刀具、量具、夹具、辅具等）、车间、工段、切削参数（进给量、切削深度、切削速度等）、工时定额的计算方法、材料定额的计算方法，以及工艺规程、企业技术标准等。工艺资源既是企业资源计划（ERP）的一部分，又是CAPP系统的重要组成部分。

工艺资源分为制造资源和工艺标准资源两类，如图4-26所示。

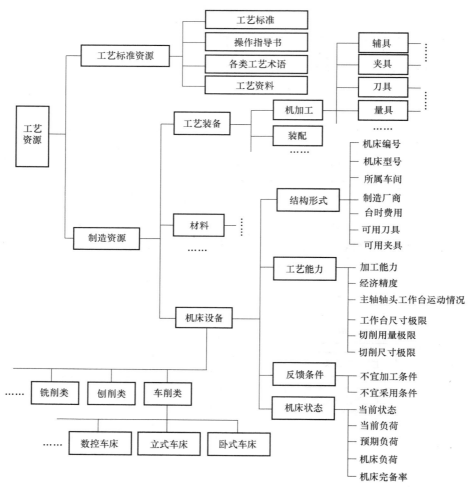

图4-26　工艺资源

1. 制造资源

制造资源是对企业中的机床设备、工艺装备、材料和产品生命周期所涉及的硬件、软件的总称，也是ERP管理的内容。对制造资源的抽象和描述应该是稳定的，不随应用系统而变；制造资源模型为应用系统提供了制造环境的基本信息或信息模块。

制造资源库的数据由静态数据和动态数据两部分组成：

静态数据是指有关资源、加工设备、材料、管理等方面的信息，它们一般不会在生产过程中发生变化，可根据需要加以修改和补充。

动态数据反映随时可能变化的信息，与生产过程密切相关。

制造资源模型由制造资源特征（编号、类型、规格、所属车间等）、制造能力特征（能实现的加工方法、保证加工精度的能力和效率）、状态特征（动态状况、运行状况等）三部分组成。同时这三部分包含动态和静态两个方面的数据。

2. 工艺标准资源

工艺标准资源是指工艺设计手册及各类标准中已标准化的或相对固定的与工艺设计有关的工艺数据与知识，如公差、材料、余量、切削用量及各种规范（如焊接规范、装配规范等），以及各企业特定的工艺习惯相对应的工艺规范，如操作指导书、工艺卡片格式规范、工艺术语规范、工序工装编码规范等。

4.4.4　工艺设计信息数据库

CAPP 系统还需要建立网络化工艺设计信息数据库，广义上讲还包括制造业内部的信息交流和共享，以及面向制造业的网络应用服务。网络化 CAPP 系统中的工艺设计信息数据类型主要包括以下几类：

（1）产品设计和分析数据　如产品的结构、性能、图形、尺寸公差、技术要求、材料热处理等数据，这些数据具有高度的动态性。

（2）产品模型数据　包括基本体素、产品零部件的拓扑信息、零部件的整体几何特征信息、几何变换信息和其他特征信息。

（3）产品图形数据　零件图、部件图、装配图和工序图的数据。

（4）专家知识和推理规则　主要包括智能 CAD、CAPP 系统中专家的经验知识和推理规则。

（5）工艺交流数据　网络应用服务中企业工艺信息，便于指导生产制造过程；跟踪行业技术信息，介绍新工艺、新技术，进行网上信息的交流。

这些数据具有数据结构复杂、数据之间的联系复杂、数据一致性的实时检验复杂、数据的使用和管理复杂等特点。因此，网络化工艺设计信息数据具有以下特点和功能：

1）具有动态处理模式变化的能力。

2）能描述和处理复杂的数据类型。

3）支持工程设计事务管理。

4）设计信息流的一致性和完整性。

5）版本控制管理。

6）分布数据处理能力。

7）权限管理。

8）用户管理。

CAPP 的发展正在逐步体现现代先进制造思想，向基于网络化和数字化环境、以信息集成和工艺知识为主体、实现工艺设计与信息管理一体化的制造工艺信息系统发展。建立丰富的工艺知识库，应用基于实例（CBR）的工艺决策方法与知识获取技术，充分应用工艺设计资源、工艺知识、工艺经验，实现各个阶段各种有效的智能化在线辅助，仍是 CAPP 发展的重要目标之一。

4.4.5　工艺知识的定义与分类

1. 工艺知识的种类

工艺知识是在工艺设计过程中所运用的各种数据、信息、经验等的集合。计算机处理的知识，按其作用不同大致可分为描述性知识、判断性知识和过程性知识。工艺知识通常分为工艺决策知识、工艺实例知识和辅助性工艺知识。

（1）工艺决策知识　工艺决策知识由经验性规则、工艺决策逻辑、过程性算法、决策习惯等构成，如加工方法选择规则，工序序列规则，机床、刀具、夹具、量具选择规则等。工艺决策知识属于过程性和判断性数据和知识，与零件种类、制造环境和生产要求有关，其实践性和经验性较强。

（2）工艺实例知识　包括工艺规程实例、典型工艺路线等知识。工艺规程实例是系统中已经存在的零件信息和工艺信息的总和，是事先被证明为正确的、成熟的工艺规程。典型工艺是对工艺规程进行规范化、标准化处理后得到的一组零部件的标准工艺。

（3）辅助性工艺知识　主要用来支持工艺设计过程中的各种辅助提示，为工艺人员提供快速、实用的信息服务，把决策的工作留给工艺人员。辅助性工艺知识包括手册数据和工艺数据中通过自动化方式获取的工艺字典、常用工艺元、常规工艺等。工艺字典、常用工艺元、常规工艺在一定的条件下可以转化为标准工艺、典型工艺或作为标准工艺、典型工艺的组成部分，以提高基于成组技术的派生式 CAPP 系统适应环境的能力。

2. 工艺知识的来源

工艺知识的来源有四个方面：

（1）书本　这方面的知识一般规律性强，多以规范化的表格、公式、图形等形式出现。这方面的知识范围有限，由于其普遍适用性而未能考虑具体系统的特殊性，一般需要进行改造方可使用。

（2）工艺领域的专家　这是知识基系统知识的主要来源，工艺专家具有丰富的经验，而且对具体问题有很实用的方法策略。这类知识多以语言形式表达出来，知识获取难度较大。并且由于专家个人的经验总结，具有一定程度的相对性、不完全性和不确定性。

（3）制造环境　制造环境是工艺设计的主要约束，为使工艺设计结果实用性好，工艺知识中必须包含制造环境。这类知识一般以说明书、文档、表格等形式表达，需要建模和提取。

（4）工艺实例　工艺实例以事例的形式来说明工艺决策中一些领域知识。这类知识是人类专家所特有的、解决实际问题的主要依据之一。需要知识工程师总结归纳形成一定规律性的东西，并需要专家审核确定。

3. 知识获取方法

知识获取（knowledge acquisition）就是抽取领域知识并将其形式化的过程。工艺决策知识是人们在工艺设计实践中所积累的认识和经验的总和。工艺设计经验性强、技巧性高，工艺设计理论和工艺决策模型化研究仍不成熟，这使工艺决策知识获取更为困难。

目前，除了一些工艺决策知识可以从书本或有关资料中直接获取外，大多数工艺决策知识还必须从具有丰富实践经验的工艺人员那里获取。

　　工艺知识获取的主要方式是知识工程师在工艺领域专家的指导下，翻阅大量的有关文献、资料和手册，如工艺规范、工艺规程、技术文件等，从中获取工艺决策相关工艺知识，同时花费大量时间与工艺领域专家配合，以获取经验性知识即启发性知识。一般来说，领域专家可以很快地编制出一个零部件的加工工艺或装配工艺，但他们往往不善于或者说不出为什么要这样做。他们往往不能把这些知识总结成规律性的结论。另一个知识获取的困难是多个领域专家的知识之间相互矛盾或不一致，如何处理这些矛盾，也是知识获取中的难点之一。

　　企业现行工艺文件是主要的知识源。这是因为企业工艺文件一般经过长期的生产实践考验，被证明是符合企业实际情况而且是行之有效的。工艺文件反映了工艺设计中所需要的知识，可以通过工艺文件分析工艺设计所需要的规则和各种工艺知识之间的逻辑关系。但是工艺文件反映的知识是工艺人员对某个零部件进行一系列决策的结果，而不是决策的过程和依据，因而是不完全的工艺知识。又由于工艺人员的水平差异，工艺编制时间和当时的设备条件也有所不同，因此编制的工艺存在多样性。这就造成了工艺文件上反映的知识往往存在离散性、随机性和模糊性。

　　在工艺知识的收集整理的基础上，全面分析工艺知识的特点、特性，工艺决策任务的分解和控制策略，需要建立一套完善的信息建模方法和知识表示模型，并根据工艺决策对象特点，选择和建立合适的系统构造技术。

　　根据工艺专家在运用知识时对各种类型知识的控制，把工艺设计知识划分成四个层次：概念层、方法层、控制层和任务层，如图 4-27 所示。

　　（1）概念层　包括各种领域概念、事实和用于描述研究对象的各种结构及用于定义和划分各种类型的概念术语。例如，加工方法、加工能力、机床设备、工序等对象结构的描述。

　　（2）方法层　决策方法和经验等描述对象间内在关系的启发性知识，研究对象的结构、功能及行为关系的描述和对研究对象进行专门分析决策的知识，可解析问题的算法或数学模型，如工艺方法的选择知识、资源配置知识、产品可制造性分析知识等。

　　（3）控制层　包括方法层知识的触发控制、基本问题的求解策略等，监视各目标求解的执行过程。例如，工艺决策过程的子任务规划等。

　　（4）任务层　包括任务规划、目标设定以及运行过程管理控制等。

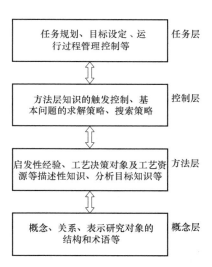

图 4-27　工艺设计知识层次

　　知识获取和分析的过程不仅仅是一个专家经验转换的过程，而且是知识工程师与领域专家之间理解问题领域重要因素的合作与交流过程。通常在这个过程中，对专家经验采取建模的方式，即知识建模。

　　应用面向对象技术，提出知识的对象模型。首先建立领域内对象及关系模型，然后确定领域求解任务及求解策略。对象及对象间关系的识别更易为专家所理解，在对象未识别之前，难以讨论和交流各决策任务。另外，首先识别领域对象，可增强获取知识的重用性、可减少重复工作，提高知识基系统的开发效率。

知识的对象模型由五个层次组成：对象层、关系层、方法层、任务层和策略层。

（1）对象层　对象层包括四个元素：对象类集、对象属性集、对象属性约束集及对象实例集。

1）对象类集：领域中由专家认定的，反映问题侧面的信息实体的集合。一个对象类可由若干其他对象类组成。

2）对象属性集：对象类集中各个对象类需考虑的属性及其类型组成的集合。

3）对象属性约束集：对象属性的取值范围组成的集合以及对象属性间的约束关系的集合。

4）对象实例集：根据具体对象类从问题领域中获取的实例。建立实例集一方面在知识获取过程中可以便于对象类抽取及理解，另一方面可对抽取的对象类进行实例验证、补充完善。

对象层描述了问题领域。在数控机加工工艺设计领域，可抽取特征、加工方法、机床、刀具、加工元工步、装夹对象等，对象类集 O 可表示为：

O = ｛特征、加工方法、机床、刀具、加工元、工步、装夹、……｝

各对象类包含了对象的属性，如加工方法有加工方法名称、加工能力等属性，每个属性的取值范围可以用集合来表示。如加工方法名称的值域为：

V = ｛粗车、半精车、精车、粗铣、半精铣、精铣、……｝

（2）关系层　关系层描述的是对象类之间及对象属性之间的内在联系。这种内在联系需要考虑三个方面：①关系的类型；②涉及的因素；③关系强度。

关系层描述的关系包括：对象类与对象类之间的关系、对象类与其属性之间的关系、不同对象类属性之间的关系。事物间的关系，不仅包括一对一的关系，而且大量的是多对一或多对多的关系。根据专家意见，确定每个关系的相关因素或对象属性。相关因素的确定，有利于了解每一次决策需要考虑的影响因素，便于建立启发式规则的结构。例如，加工方法由零件类型、材料、特征类型及其参数来决定，在建立加工方法选择的决策规则时就需要围绕这些因素进行构造。

关系强度描述相关因素的重要性，根据一定准则由专家给出。

（3）方法层　方法层描述解决问题域某个侧面的操作方法名称、相关对象及关系，根据对象属性的取值范围，把关系层描述的关系具体化。在这个过程中，需不断进行知识的完整性、一致性检查。根据对象属性的取值范围来描述，可有效地防止出现知识的不完整性、不一致性。

方法层的描述，相当于解决具体问题的启发式规则的建立。针对每一个关系，可具体形成一个或多个启发式规则集。

（4）任务层　任务层把问题域的求解过程看作一系列的过程或活动集，过程或活动被结构化描述，可由一系列方法来实现。在每个过程或活动的结构中应描述：

执行该过程的前提；

相关对象；

方法及方法的顺序；

执行该过程产生的对象类。

（5）策略层　策略层包括两个因素：推理策略及解题方案形成策略。策略层建模需要知识工程师和专家之间形成密切配合、交流、理解，充分理解问题领域的本质。

推理策略是从人工智能角度对任务层规划的子任务给出相应的推理方法，包括知识搜索方法、匹配方法、冲突消解方法等。解题方案形成策略从领域角度阐述信息形成过程及功能说明，信息的形成过程可以看作是对象类的继承、综合和衍生过程。

基于对象模型的知识获取技术是以对象模型为模板，不断引发出专家知识，把专家知识分类、组织，以概念、对象、文本、数据等形式表示出来的过程。基于对象模型的知识获取过程如图 4-28 所示。

在基于对象模型的知识获取技术中，每个知识获取过程都是以知识对象模型为模板进行的。知识工程师首先识别领域内信息实体——对象类，在对象识别的基础上，确定对象类的属性及属性值域，找出对象之间、对象属性之间的关系，并从已识别的对象和关系中识别相关的新的对象和关系，直到确定领域中所有对象。然后，确定操作领域对象和关系的方法，研究问题求解子任务，划分、分类和组织知识单元，乃至形成问题求解策略及方案形成策略，最终得到所有领域知识。

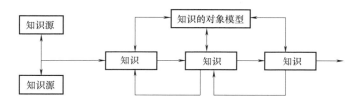

图 4-28　基于对象模型的知识获取过程

整个知识获取和分析过程分为以下阶段：

1）识别领域对象。

2）指定所识别对象的属性。

3）确定对象属性的值域。

4）确定对象属性之间的关系。

5）确定对象之间及不同对象属性之间的关系。

6）关系具体化，形成操作方法集。如关系层描述不够，返回 4）。

7）确定问题求解任务。

8）分解问题求解任务，形成子任务集。

9）建立子任务与操作方法的联系。如操作方法不够，返回 6）。

10）识别领域策略知识，建立子任务、对象间的联系。

11）返回 1），补充新的知识，直至专家和知识工程师认可。

4.5　三维数字化工艺系统

4.5.1　系统总体架构

三维数字化工艺系统具有工艺规划、工艺设计、工艺管理、工艺执行应用、工艺资源管理等系统功能，能够满足企业工艺信息化工程应用需求，其系统总体结构如图 4-29 所示。

系统的特点如下：

平台化：结合大型复杂产品制造工艺特点，其是全新一代数字化工艺业务集成平台系统。

集成化：工艺规划、工艺设计、工艺管理、工艺应用一体化平台，工艺数据流和工艺业务流的完美融合，保证工艺数据的准确性和唯一性。

多维化：以结构化工艺数据为核心，实现二、三维模型及多媒体的集成应用，满足企业多层次的工艺工程需求。

无纸化：基于 MBD 技术，实现设计—工艺—制造—质量数据链路贯通，为企业数字化无纸化制造打下坚实的基础

专业化：开放式可重构体系架构，丰富的二次开发接口，支持工程应用系统的快速配置和专业化快速工艺设计及管理工具的集成开发。

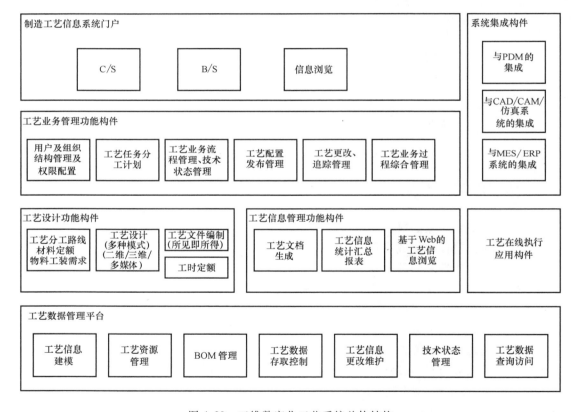

图 4-29　三维数字化工艺系统总体结构

4.5.2　系统功能结构

三维数字化工艺系统是基于结构化模型驱动的结构化工艺设计基础平台构建的，其系统功能结构如图 4-30 所示。

数据服务层基于分布式数据库系统存储企业结构化工艺数据、非结构化工艺数据、工艺资源数据、系统配置数据等，并且能够实现与企业制造资源数据、材料数据等工程数据库的

链接与集成；企业工艺数据应按照产品 PBOM 结构进行组织、存储和管理。

业务逻辑层由工艺设计、工艺业务管理、工艺信息管理、工艺执行管理、系统管理及系统集成等功能构件或工具集构成。

企业应用层根据企业业务流程需要进行封装和组织系统业务功能，满足产品工艺、专业工艺的设计、管理和应用需要。

用户视图层为不同用户按照其角色权限配置相应的操作视图。

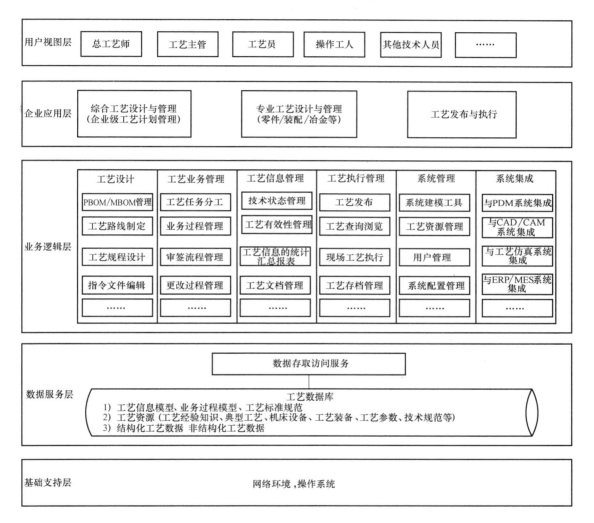

图 4-30　三维数字化工艺系统功能结构

4.5.3　简要功能说明

三维数字化工艺（DMPM）系统可实现企业工艺性审查、工艺方案设计、工艺路线制定等企业级工艺计划管理功能，并满足产品制造各专业工艺业务（包括材料定额、工艺规程设计、指令文件编辑等）和工艺管理的需要，同时，系统支持产品工艺配置、工艺发布和工艺执行等功能。三维数字化工艺系统的工艺设计新模式如图 4-31 所示。

图 4-31　三维数字化工艺系统的工艺设计新模式

1. 工艺设计功能

工艺设计功能包括工艺性审查、PBOM/MBOM 管理、工艺方案设计、工艺路线制定、材料定额、工艺规程设计、指令性工艺文件编辑、工时定额等功能。

以交互式设计方式为基础，能够检索浏览已有工艺数据，支持工艺资源、制造资源及材料数据库的检索应用。能够查询浏览产品信息。支持二维工程图、三维模型、多媒体等在工艺设计中的应用。

（1）工艺性审查　在产品设计过程中，CAPP 系统应提供工艺性审查功能，支持产品并行设计的需要。具体功能如下：能够浏览产品信息，包括零部件三维模型/轻量化模型或二维工程图、零部件材料信息、技术要求等；能够查询企业工艺资源信息；能够集成应用相关工程分析仿真系统工具；能够反馈工艺性审查意见，记录并形成相应文件。

（2）PBOM/MBOM 管理　PBOM 是组织和管理产品工艺数据的主线。CAPP 系统应能够完成工艺物料清单（PBOM）的编制和管理，具体功能如下：

1）PBOM 的构建。

① 在 EBOM 的基础上，为满足制造工艺需要，增加工艺组件（中间件、虚拟件）等工艺信息，重新定义的零组件装配关系，同时过滤 EBOM 中零组件部分属性信息，形成 PBOM。

② 根据工艺需要，对 PBOM 节点进行增加、删除、移动等操作。

③ 可通过与 PDM/CAD 集成方式或其他数据集成方式获取 EBOM 信息。

④ 对 PBOM 节点的属性进行编辑维护，可补充完善产品及其零组件的信息。

⑤ 可有效区分标准件（设计指定）、外购件（设计指定）、外协件（技术外协、生产外协）。

2）PBOM 的管理。

① 可浏览查询相关产品信息，如产品零部件模型或工程图、材料信息、管理信息等。

② 可进行多视图显示。

③ 根据需要生成不同 PBOM 视图。

④ 对 PBOM 节点管理权限进行控制。

⑤ 基于 PBOM 查询浏览产品工艺数据。

⑥ 根据产品工艺数据，利用工艺信息统计汇总功能生成 MBOM。

（3）工艺方案设计　CAPP 系统应提供工艺方案设计功能，具体功能如下：能够浏览产品信息，包括零部件三维模型/轻量化模型或二维工程图、零部件材料信息、技术要求等；能够查询企业工艺资源信息；能够集成应用相关工程分析仿真系统工具；利用文档编辑工具编制产品工艺方案。

（4）工艺路线制定　根据 PBOM 结构信息进行工艺路线制定，确定外协外购零部件、自制零部件的车间分工路线。

1）根据产品 PBOM 信息进行工艺计划制定，包括确定：标准件、成套件、外购件、外协件；产品及零部件的工艺路线；工艺准备完成时间；工艺关键件、重要件。

2）在工艺路线制定过程中，能够查询浏览产品零部件模型或工程图样。

3）能够按照产品和制造单位生成工艺路线计划报表。

（5）材料定额　确定产品及其零部件在制造过程中所需要的原材料和辅助材料的牌号、规格、尺寸数量和技术状态；能够查询、检索并使用原材料信息；能够根据材料类型进行公式计算，能够查询浏览产品零部件模型或工程图样；能够根据材料类型等进行统计汇总，生成所需报表。

（6）工艺规程设计　能够进行各类工艺规程（包括机加工、数控、装配、电装、钣金、热处理、表面处理、锻造、铸造、焊接、铆接、检验等）结构化工艺编制及更改维护等。

1）能够实现工艺规程中工艺路线、工序及工步、工作说明、机床设备、工艺装备、工艺参数等相关信息的交互式输入，具有方便的交互编辑操作功能，包括工序、工步的添加、编辑、排序、移动、复制、删除等。

2）能够支持各种工艺图符包括尺寸公差、几何公差、工艺标识符号等的输入。

3）能够提供或能够集成应用 CAD 系统和工艺仿真系统等，进行工序图绘制，或建立三维工艺模型、工艺过程模型，能够集成利用产品零部件模型或工程图信息。

4）以交互式设计为基础，提供基于知识的多种快捷输入方式，实现基于知识的快速工艺设计，包括：能够关联、查询检索和使用制造资源信息和工程数据库；具有规范化术语的工艺属性约束选取输入；具有公式计算功能；能够基于典型工艺或现有工艺规程进行检索修订设计，典型工艺采用图示化、分类结构或参数化表示和查询；常用工艺术语的检索应用；基于对象实体的检索应用，保证制造资源等信息的完整性和一致性。

5）能够按照企业工艺技术规范形成工艺规程文档，能够按照企业工艺技术规范生成该工艺规程所用工艺装备清单、装配工艺参数零部件清单和辅助材料清单等；对于数控工序可生成企业所需要的工序编程说明书；能够生成生产过程中使用的生产流转卡；可建立工艺规程与相关工艺指令文件（包括工序图、工艺模型文件、NC 文件、作业指导书、技术指示单等）和相关工艺编制依据文件的关联关系。

6）在工艺设计过程中，能够查询浏览产品零部件模型、BOM 或工程图信息。

（7）指令性工艺文件编辑　主要包括工艺方案、作业指导书、操作说明书、工艺更改单、技术指示单、工装申请单、交接状态表等文件的编辑，这些工艺文件和工艺规程或工艺指令有着内在的联系。

1）采用基于工艺文档模板形式界面，工艺文件分页处理。根据需要，可自动实现工艺文件页码的处理。

2）能够支持各种工艺图符包括尺寸公差、几何公差、工艺标识符号等的输入；具有几何图形、图片和相关图表的绘制插入功能，或能够集成应用其他软件工具实现几何图形、图片和相关图表的绘制插入；支持三维模型和多媒体的应用。

3）能够产生或提取指令性工艺文件管理、检索索引信息及相关属性信息。

4）能够实现工艺技术文件与工艺规程或工艺指令之间的内在关联，包括获取工艺规程相关管理信息。

（8）工时定额　在工艺设计完成以后，CAPP系统应依据工艺信息和企业状况，确定工时定额，具体要求如下：能够查询零部件工艺信息；具有依据工时定额计算公式进行工时计算的功能；制定每道工序所需工时，包括辅助工时和加工工时。

2. 工艺业务管理功能

工艺业务管理功能包括工艺任务分工、业务过程管理、审签流程管理和更改过程管理等功能。

（1）工艺任务分工　根据工艺计划分工信息或生产信息，确定工艺设计任务，并能够根据任务类型，选择不同工艺审签过程模型；能够基于用户角色权限和工艺审签过程模型确定承担工艺设计任务的工艺技术人员和进度要求，包括编制和各审签节点的人员和完成时间。具有任务显示、检索和报警警示功能。

（2）业务过程管理　根据工艺设计任务，确定其业务过程、使用软件工具等，实现工艺业务过程的有序控制、规范管理。

1）能够根据要求启动工艺设计功能和集成工具系统，包括CAD/CAM、工艺仿真系统等，进行工艺业务工作，并生成相应工艺数据。

2）能够启动工艺业务的审签流程。

3）能够及时反馈工艺业务节点完成状态信息。

（3）审签流程管理　具有工艺工作流程控制与管理功能，主要指各种工艺技术文件的编制、校对、审核、批准的过程控制功能。

1）按照审签过程模型和工艺任务分工信息启动工艺审签过程或能够根据需要发起业务审签过程。

2）审签过程发起人可中途取消审签流程；在指定任务完成人不能按时完成任务时，可提醒改变业务审签流程。

3）能够进行并发审签。

4）能够提供工艺文档浏览工具和圈红审阅工具；能够把审签反馈信息提交给工艺编制人员，以便修改。

5）具有电子签名功能。

（4）更改过程管理　具有工艺更改过程管理功能，主要指定版发布的工艺文件，由于工程更改、工艺技术改进、生产需要等原因进行工艺更改的过程管理和控制。

1）能够根据工程更改情况，检索相关零组件工艺，传送工程信息至相关人员。

2）能够根据工艺技术状态和工艺应用情况，确定工艺更改方式。

3）在原定版工艺的复件上进行工艺更改，在工艺更改后提请审签，通过审签流程管理后定版形成新的工艺。

4）具有完善的版本管理功能，版本的升级、定版规范可定制配置。

5）具有工艺更改记录和汇总报表功能。

3. 工艺信息管理功能

工艺信息管理功能包括工艺技术状态管理、工艺有效性管理、工艺配置管理、工艺信息统计汇总、工艺文档管理及综合信息查询浏览等功能。

（1）工艺技术状态管理　能根据业务过程，确定工艺数据的技术状态，包括创建、审批、定版、发放、更改、存档、失效等状态。

（2）工艺有效性管理　能够根据产品研制阶段和生产批次，确定工艺规程、工艺信息及相关工艺技术文件的有效性。

（3）工艺配置管理

1）能够根据产品生产批次、工艺的有效性和技术状态，确定或选择正确有效的工艺规程及其相关工艺技术信息，进行工艺配置，形成产品生产批次的完整工艺数据集。

2）能够生成工艺配置清单。

3）如果部分产品零部件没有合适工艺规程，系统具有提示功能，并列出清单。

4）能够根据产品生产批次的工艺配置信息进行工艺信息管理功能。

（4）工艺信息统计汇总　基于工艺结构化信息，根据企业需要进行制造单位、零部件或产品生产批次等所需的各种工艺信息的汇总、统计和报表等。

1）根据产品生产批次的工艺配置信息，基于工艺结构化信息，能够生成完善的 MBOM 信息，并能够对 MBOM 进行管理。

2）能够生成各种工艺信息（如车间分工路线、工艺路线、工艺装备、工艺文件、材料需求明细、材料定额、工时定额等）汇总统计报表，支持分类统计和计算功能。

（5）工艺文档管理　工艺文档管理包括工艺规程、工艺技术文件、工艺信息统计汇总报表等各类工艺文档的查询检索、浏览和打印输出功能。其功能要求如下：

1）实现文档分类、编码管理。

2）支持不同类型文档的浏览和打印输出。

3）能够对打印输出进行权限和有效性控制等。

（6）综合信息查询浏览　综合信息查询浏览指面向整个工艺领域，根据需要查询浏览各种综合工艺信息，包括各种工艺信息统计汇总报表、工艺准备进度情况、结构化工艺信息、工艺技术文件等，为工艺管理决策提出支持，宜采用基于 Web 方式实现。

4. 工艺执行管理功能

工艺执行管理功能包括工艺发布管理、工艺查询浏览和现场工艺执行等功能。

（1）工艺发布管理　能够根据工艺的技术状态和产品工艺配置信息，进行工艺发布。

（2）工艺查询浏览　对于已经发布的工艺可进行查询、浏览。

1）可对工艺文档、物料清单及相关指令文件等进行浏览。

2）可按照工序、工位等对指定工艺工序工艺信息、物料清单进行查询浏览。

3）支持对三维模型、多媒体的交互式浏览。

（3）现场工艺执行　现场工艺执行是工艺工作的重要组成部分。

1）记录生产现场出现的工艺技术问题，并记录处理方法。

2）支持现场无纸化在线工艺应用，实现工艺信息在线交互式浏览、物料校验及开工条件检查、现场制造工程及质量信息采集、下载 NC 程序等工艺指令文件等功能，增强工艺执行力度，并支持电子化工程档案管理。

3）对现场出现的技术问题进行汇总报表，供工艺改进优化参考使用。

5．系统管理功能

系统管理功能包括系统建模、工艺资源管理、系统配置管理、数据备份管理和在线帮助等功能。

（1）系统建模　能够进行系统信息建模、审签过程建模等。

1）建立系统所涉及的各种信息实体（包括工艺规程、制造资源等）的模型及其相互关系，宜采用面向对象的方法，根据企业的工艺模式、工艺类型，总结对象实体的描述及其关系，构建符合企业实际工艺设计与管理需要的工艺信息模型框架，并可实现对工艺信息模型进行修改维护管理。

2）能够建立工艺审签过程模型，确定工艺审签过程节点、任务和规则，以及各节点的用户角色，并可实现对工艺审签过程模型进行修改维护管理。

（2）工艺资源管理

1）制造资源管理：能够支持对企业、车间及其机床、夹具、刀具、模具、量具、工具、辅具等信息的管理，包括技术参数、管理信息。

① 分类建立企业制造资源信息并对其进行有效管理，能够对制造资源库进行修改维护（如在设备、工装库中添加、删除、排序等）。

② 可直接挂接/动态关联访问企业已有的设备库、工装库等制造资源数据库，如 ERP/PDM 系统制造资源数据库，使企业原有的信息资源得到充分利用，并保持唯一数据源。

2）材料信息管理：材料信息管理指对企业金属、非金属等材料进行分类管理，包括材料的基本属性、性能等。

3）典型工艺管理：典型工艺管理是检索式设计的基础。

① 对典型工艺分类管理。

② 利用工艺设计功能进行典型工艺的编辑。

③ 建议支持典型工艺编码、参数化、图示化技术。

4）工艺术语管理：工艺术语管理指对企业工艺常用术语规范化进行管理，便于工艺设计时查询使用，包括常用术语、特殊字符等。

5）工艺经验知识管理：对企业工艺用到的技术资源、科研成果以及工艺经验和知识进行有效管理，在工艺设计过程中给工艺人员参考。

6）工艺手册：以电子化文档方式把工艺设计过程中用到的技术资料进行分类管理，并可快速查询。

7）用户管理：

① 能够对用户基本信息进行管理。

② 能够进行用户统一登录。

③ 能够按照用户部门、角色和权限，建立企业的人员职权表（角色、权限定义），分配用户功能操作权限和数据访问权限。

（3）系统配置管理

1）工艺文档模板定制：以图示化方式定制 CAPP 系统所管理的各种工艺文档的模板。能够建立工艺模板与工艺信息模型之间的对应关系。

2）系统参数配置：根据企业工程技术规范和习惯要求，设定系统配置参数。

（4）数据备份管理　数据备份管理除数据库系统已具有功能外，实现产品及其零部件工艺数据、车间或工作组工艺数据等的选择性备份和数据恢复功能。

（5）在线帮助　系统具备在线帮助功能。包括操作功能说明、数据字典等。

系统实现了工艺业务管理一体化，其工艺设计流程如图 4-32 所示。

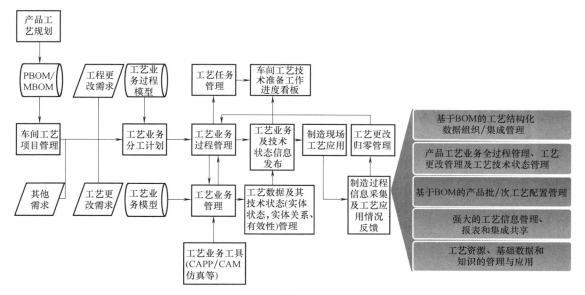

图 4-32　工艺业务管理一体化工艺设计流程

在新的工艺应用模式下，操作工人可通过制造现场的交互显示终端，快速、准确地获得所需的工艺信息（物料、工艺装备、机床设备、工序内容、三维动画、工程图、视频等），操作工人可将加工制造现场的实际情况、工作记录以及检验结果反馈到系统中，实现制造现场的可视化、无纸化。图 4-33~图 4-43 所示为系统的部分界面。

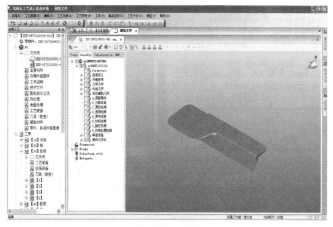

图 4-33　系统的产品信息浏览界面

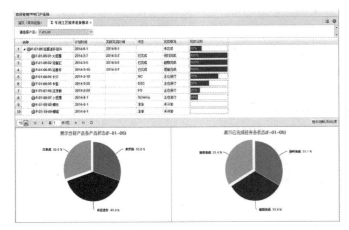

图 4-34 系统的车间工艺技术准备情况界面

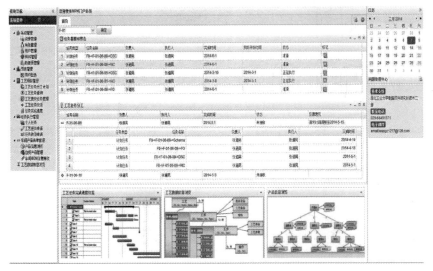

图 4-35 工艺任务查询界面

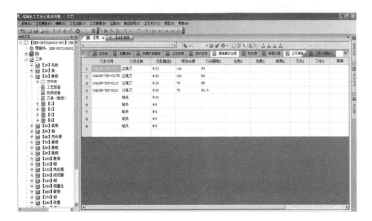

图 4-36 工艺数据信息浏览界面

图 4-37　工艺卡片编辑界面

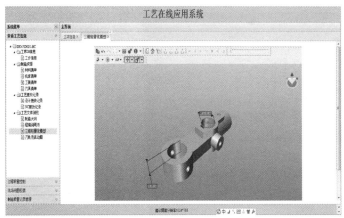

图 4-38　工艺在线应用系统界面

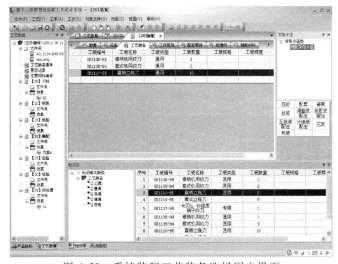

图 4-39　系统装配工艺装备选择用户界面

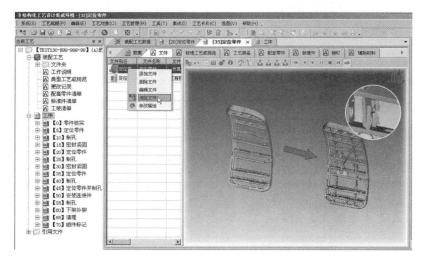

图 4-40   系统装配定位信息浏览用户界面

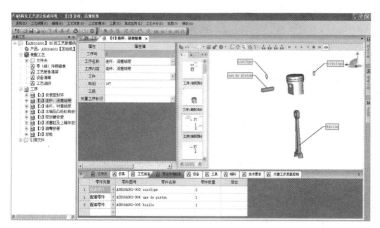

图 4-41   系统装配仿真用户界面

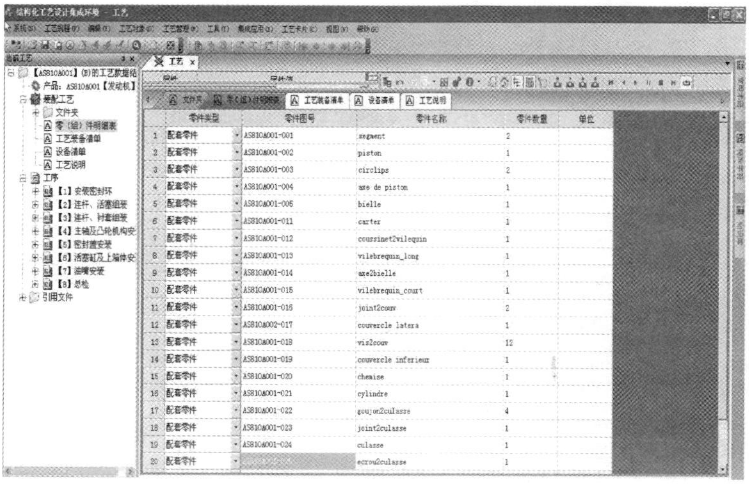

![图4-42界面]

图 4-42   系统装配仿真工艺数据浏览界面

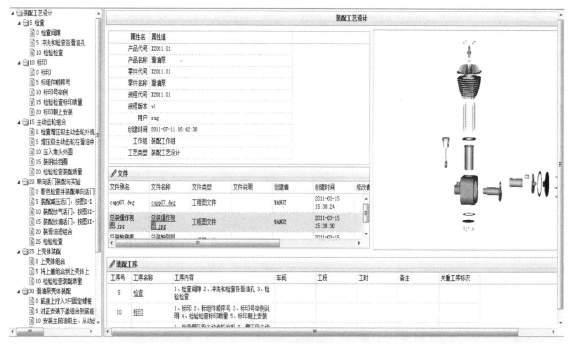

图 4-43　系统的装配工艺在线展示界面

4.5.4　信息集成技术

1. CAPP 与 PDM 的集成

1）CAPP 能够获取 PDM 系统 EBOM 信息及相关零部件信息，包括管理属性、相关技术属性、设计文件（二维工程图样或三维几何模型）等。

2）CAPP 能够把工艺文档及其相关信息提交给 PDM 系统，利用 PDM 系统功能进行审签控制管理和文档管理，并能为 PDM 系统提供相应文档浏览工具和文档审签工具。

2. CAPP 与 CAD 的集成

1）CAD 模型（包括二维工程图样或三维几何模型）能够在 CAPP 中应用，并能够提取零部件管理属性和相关技术属性。

2）CAPP 能够集成应用 CAD 功能，包括几何模型浏览，利用 CAD 系统绘制工序图、工艺模型等。

3. CAPP 与 CAM 的集成

1）CAPP 能够把工艺规程中数控工序信息，包括工序号、工序说明、所用工艺装备、数控机床及其切削参数等信息提交给 CAM 系统。

2）CAPP 能够从 CAM 刀位文件中获取数控加工所用工艺装备及切削参数信息。

4. CAPP 与工艺仿真系统的集成

1）CAPP 能够把工艺过程及工艺参数信息传递给工艺仿真系统。

2）CAPP 系统能够接收工艺仿真系统工艺优化结果、二维/三维仿真模型和仿真过程模型，并集成应用。

5. CAPP 与 ERP/MES 的集成

1）CAPP 能够把车间分工路线、工艺路线、工序信息（包括工序号、工序说明、所用工艺装备、机床设备等信息）、工艺指令及配套文件目录、MBOM 信息、材料定额信息等提交给 ERP/MES 系统，并提供 MES 在线工艺应用执行工具。

2）CAPP 能够从 ERP/MES 系统中获取制造资源及其技术状态信息。

6. CAPP 与其他系统的集成

CAPP 提供工艺数据交换的规范化方式（如 XML 工艺数据文件、中间数据库表），实现与其他系统的集成。

4.6　开目 CAPP

开目 CAPP 是武汉开目信息技术有限责任公司开发的产品。集成了开目 CAD 功能，并自动获取零件的基本信息；可将工艺卡片中的相关信息自动传递给开目 BOM，以实现工装、工时、材料等的汇总。能与其他 CAD、PDM、MIS、MRP Ⅱ 系统集成，并提供相关接口，用户可进行二次开发；可与多种数据库接口，实现文件格式互换。简单易学，典型的 Windows 界面风格，"所见即所得"；工序简图的生成方便，可直接提取零件的外轮廓和加工面，并提供夹具库；可嵌入多种格式的图形、图像，如 *.bmp、*.jpg、*.dwg、*.igs 等，并可对其进行编辑；真正实现"甩手册"。①内置的"电子手册"中有《机械加工工艺手册》上的机床技术参数及切削用量；②工艺资源管理器中包含大量丰富、实用、符合国家标准的工艺资源数据库；③公式管理器中包含有大量的材料定额和工时定额计算公式。灵活的工艺文件输出方式，可输出所有的工艺文件或指定的某几道工序。

开目 CAPP 自带绘图系统，可任意绘制各种工艺表格；利用表格定义和工艺规程管理工具可任意设计各种类型的工艺；利用工艺资源管理器和公式管理器可任意创建工艺资源和公式；任意创建自己的零件分类规则，每一分类都可建一相应的典型工艺，供设计时参考。所有客户端可以使用服务器上的表格和配置文件；工艺资源数据库基于网络数据库环境，工艺设计资源共享，确保数据的一致和安全。

开目 CAPP 的定义：

工艺：使各种原材料、半成品成为产品的方法和过程。

典型工艺：根据零件结构和工艺特性进行分类、分组，对同组零件制定的统一加工方法和过程。

工艺规程：规定产品或零部件制造工艺过程和操作方法等的工艺文件。

过程卡片：以工序为单位简要说明产品或零部件的加工（或装配）过程的一种工艺文件。

工序卡片：在工艺过程卡片或工艺卡片的基础上，按每道工序所编制的一种工艺文件。一般具有工序简图，并详细说明该工序的每个工步的加工（或装配）内容、工艺参数、操作要求以及所用设备和工艺装备等。

首页：过程卡片的第一页，如图 4-44 所示

续页：过程卡片的第二页及以后各页，如图 4-45 所示。

说明：仅当工艺文件过程卡片第二页与第一页的形式不相同时，才须指定续页。

附页：指在工艺规程中起到为过程卡片附加说明作用的卡片，如工艺附图等。

工序号	工序名称	工序内容	车间	工段	设备	工艺装备	工时	
							准终	单件

机械加工工艺过程卡片

| | | 产品型号 | | 零件图号 | | | |
| | | 产品名称 | | 零件名称 | | 共 页 | 第 页 |

| 材料牌号 | | 毛坯种类 | | 毛坯外形尺寸 | | 每毛坯可制件数 | | 每台件数 | | 重量 | |

描图

描校

底图号

装订号

| 标记 | 处数 | 更改文件号 | 签字 | 日期 | 标记 | 处数 | 更改文件号 | 签字 | 日期 | 设计(日期) | 审核(日期) | 标准化(日期) | 会签(日期) |

图 4-44　过程卡片的第一页

机械加工工艺过程卡片(续页)

| | | 产品型号 | | 零件图号 | | | |
| | | 产品名称 | | 零件名称 | | 共 页 | 第 页 |

工序号	工序名称	工序内容	车间	工段	设备	工艺装备	工时	
							准终	单件

描图

描校

底图号

装订号

| 标记 | 处数 | 更改文件号 | 签字 | 日期 | 标记 | 处数 | 更改文件号 | 签字 | 日期 | 设计(日期) | 审核(日期) | 标准化(日期) | 会签(日期) |

图 4-45　过程卡片的第二页

4.6.1 工艺规程文件编制

进入 CAPP 工艺文件编制模块后，有以下三种方法来新建工艺文件：

1. 打开一张已经绘制好的零件图来编制工艺

1）打开一张拟编制工艺的零件图：单击主菜单"文件"→"打开"或 ，在出现的对话框中双击该文件。

2）选择设计模版：在出现的"选择设计模版"对话框中单击"确定"按钮。

3）选择工艺规程：在弹出的"选择工艺规程类型"对话框中双击拟编制的工艺规程。

可打开的图形文件类型有 *.kmg、*.dwg、*.dxf、*.igs。

2. 直接新建

直接新建的操作步骤与第一种方法基本相似，仅第一步不同，为单击主菜单"文件"→"新建工艺规程"或 。

3. 修改已有的典型工艺文件

1）单击主菜单"工具"→"典型工艺库"→"检索典型工艺"子菜单。

2）在弹出的对话框中双击目标典型工艺文件，即可进行修改。

4.6.2 用户界面介绍

新建一个工艺文件后，所有的菜单被激活，屏幕显示如图 4-46 所示。

开目 CAPP 的用户界面分为四个区：

（1）菜单区 标题栏、主菜单栏、设置工具栏、标准工具栏。

（2）库文件显示区 有四个属性页，单击左下方的 按钮，可以在工艺资源库、工艺库文件、选项列表、页面浏览区四者之间切换，显示区的大小可以调整。

（3）工艺文件（绘图）显示区 开目 CAPP 内置开目 CAD，单击 进入绘图状态，单击 回到表格填写状态。

（4）信息区 左半部分显示光标所在格的属性，右半部分显示光标的坐标位置。

4.6.3 可运用的资源

1. 工艺资源库

工艺资源包括毛坯种类、材料牌号、机床设备、工艺装备、工艺基本术语等。开目 CAPP 将企业的工艺资源集中在工艺资源库中进行统一管理。工艺资源库是一个图表结合的数据库，其内容丰富，能实现信息的共享及权限管理，通过右键菜单还可实现对节点数据表和图形的查询和浏览。

2. 工艺参数库

此数据库包括《机械加工工艺手册》上的机床技术参数及切削用量。

操作步骤：

1）光标单击拟填写的格，单击主菜单"插入"→"工艺参数"或 。

2）在弹出的图 4-47 所示对话框左边单击所需的工艺参数类型，在右边双击所需库。

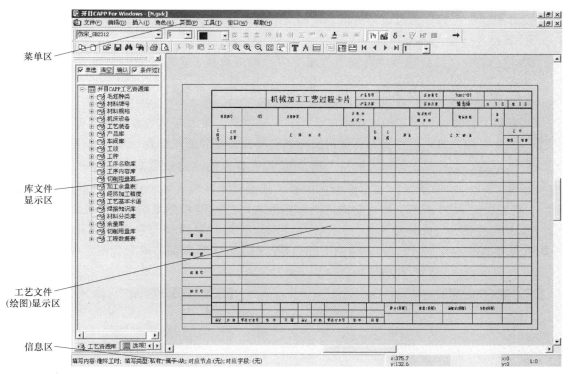

图 4-46　开目 CAPP 的用户界面

3）在弹出的图 4-48 所示参数表中，双击所需的参数即可将其填入光标所在格。

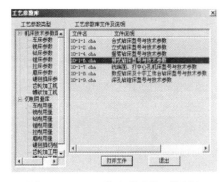

图 4-47　"工艺参数库"对话框

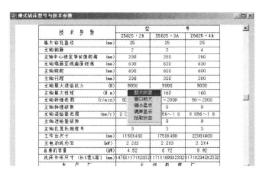

图 4-48　技术参数表

3. 特殊工程符号库

特殊工程符号库包括国家标准的表面粗糙度、几何基准、几何公差等特殊符号。

操作步骤：

1）光标单击拟填写的格，单击主菜单"插入"→"工程符号"或 [图标]。

2）在弹出的"工程符号类型"对话框中，选择类型后单击〈设置参数〉，在弹出的对话框中选择参数后单击"确定"按钮，该参数即填入光标所在格。

4. 特殊字符库

特殊字符库包括常用的工程符号和希腊字母等。

操作步骤：光标单击拟填写的格，单击主菜单"插入"→"工程符号"或 δ ▾ 即可。

5. 典型工艺库

单击主菜单"工具"→"典型工艺库"→"检索典型工艺"子菜单，可对典型工艺进行调用。

6. 公差与配合查询

在开目 CAPP 中提供了国家标准基孔制、基轴制公差带和常用公差配合，可自动查询填写上、下极限偏差值，也可预先浏览国家标准常用公差带和公差配合，然后选择公差等级。

操作步骤：光标单击拟填写的格，单击 H7，在弹出的"自动填写尺寸公差"对话框中有六个区，如图 4-49 所示，如在前缀、中缀、基本尺寸区填入 $\phi200H7$ 后，单击"公差查询"，结果如图 4-50 所示。如果要浏览国家标准常用公差带和公差配合，可在图 4-49 中单击"高级"按钮，即弹出图 4-51 所示的"可视化查询"对话框，它有两个属性页，如图 4-51 和图 4-52 所示。选择后，对话框下部会显示出上、下极限偏差或配合值，单击"确定"按钮，将结果填入光标所在格。

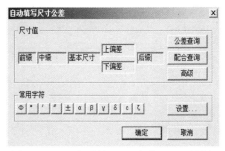

图 4-49　"自动填写尺寸公差"对话框

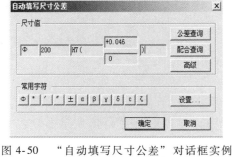

图 4-50　"自动填写尺寸公差"对话框实例

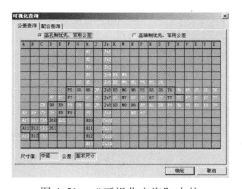

图 4-51　"可视化查询"中的
"公差查询"属性页

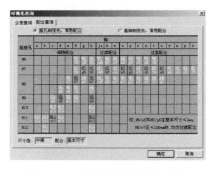

图 4-52　"可视化查询"中的
"配合查询"属性页

"自动填写尺寸公差"对话框六个区说明：

前缀、中缀、后缀区：书写文字、数字及符号。前缀区写 ϕ、M 等尺寸特征符号；中缀区写尺寸公差代号、精度等级或公差配合；后缀区填写"）"等字符。

基本尺寸区：用来写尺寸数据，此区域一般只输入数据（不带符号）。

上/下偏差区：显示查询得到的上、下极限偏差值。

7. 公式计算

开目 CAPP 为用户提供了大量的计算公式，可用于材料定额和工时定额的计算。计算时，系统能根据某些条件（如表头区的毛坯种类、毛坯外形尺寸等）快速检索到相应的公式，并将计算的结果自动填入到工艺文件内。

操作步骤：用鼠标单击需要计算的表格，单击"工具"→"公式计算"，计算结果自动填入光标所在格。

8. 编写封面

（1）封面填写　封面中的填写区域与过程卡和工序卡不同，没有表格线分隔，填写时直接用光标单击拟填写区域，即可进入表格填写状态。

（2）页面操作　当系统处于过程卡或工序卡编辑时，单击工具条上的 ▤ 按钮可进入封面的编辑。可对封面进行添加、插入、复制、更换、交换、删除等操作。

添加：在已有封面后添加另一张封面。

操作步骤：单击主菜单"页面"→"封面"→"添加封面"子菜单，弹出对话框，单击"添加表格"，选择某一种封面格式，确认即可完成封面的添加。

其他：封面的其他编辑用得较少，需要的读者请参照帮助主题进行学习。

9. 编写过程卡

（1）编写表头区　可采用手工填写和库查询填写两种方式进行编辑。

（2）编写表中区　单击主菜单"窗口"→"表中区"或 ▤ 进入表中区，可以看到系统提供了三张空白页，如果任意在某一页上填写数据，系统会在该页的下面增加两页空白页，以供填写。

在某列表头处双击，可收缩/展开此列。双击表头最前面的空白区，可展开所有收缩的列。

（3）表中区编辑　插入/删除行，单击右键菜单的"插入行"或 ▤ 可在光标所在行前插入一行；单击右键菜单的"删除行"或 ▤ 后确定即可删除光标所在行。按住<Ctrl>键，用鼠标一一选中拟删除的多行，再单击 ▤ 后确定即可一次删除多行。

1）列计算

作用：计算某一列或某几列数据的和、积或平均值。

操作步骤：

① 选中目标列后，单击主菜单"编辑"→"列计算"或 Σ 。

② 在弹出的"计算"对话框中选择计算方式后，单击 计算-> 计算，结果将显示在编辑框中。

③ 对于所选中的列，如果某个单元格没有内容，则此格不参与计算。

④ 如果选中的列中包含非数值型的列，进行计算时，会弹出出错提示。

2）自动汇总工艺信息

作用：汇总表中区工艺信息，自动将计算结果填入表头区相应单元格。

在表中区相应区域填写内容，单击主菜单"编辑"→"自动汇总工艺信息"或 ➡ 。

光标单击其他任意格，所得到的汇总信息进入拟得到汇总工艺信息的单元格中。

4.6.4 工序设计

1. 申请工序卡

操作步骤：

1）在过程卡的"工序号"列填写序号（否则无法申请工序卡）。

2）光标单击需申请工序卡的行，单击主菜单"工序操作"→"申请工序卡"或▦即可。

2. 进入工序卡

操作步骤：光标单击需进入工序卡的行，单击主菜单"工序操作"→"进入工序卡"或▥即可。

3. 取消工序卡

操作步骤：光标单击需取消工序卡的行，单击主菜单"工序操作"→"取消工序卡"或▧，在弹出的对话框中单击"确定"按钮即可。

4. 工序号操作

自动生成工序号操作步骤：单击主菜单"工具"→"设置"，弹出"设置"对话框，单击"工序排序选项"选项卡，在其中设置工序号生成规律，有三个选项，在前面的复选框中打"√"，表示该选项被选中，如图 4-53 所示。

选项 1：用鼠标双击工序号栏，系统会根据所定义规则自动填写工序号。

选项 2：用鼠标双击工序号栏，该行工序号消失，后续工序号会按所定义规则递减。

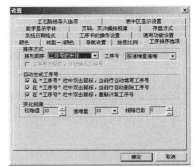

图 4-53　"设置"对话框的"工序排序选项"选项卡

选项 3：用鼠标双击工序号栏，系统会根据所定义规则重新生成工序号。

5. 工序排序

操作步骤：

1）在图 4-53 中设置排序方式。

2）单击主菜单"工序操作"→"工序排序"，在弹出的对话框中单击"是"即可。

6. 导入/导出工艺路线

（1）导入　作用：导入其他类型的文件（＊.mdb、＊.dbf、＊.xls、＊.mxb）后，在其基础上稍做修改，即可产生一条新的工艺路线。

操作步骤：

1）单击主菜单"工序操作"→"工艺路线"→"导入"子菜单。

2）在弹出的对话框中，找到拟导入文件（＊.mdb、＊.dbf、＊.xls、＊.mxb）后双击。

3）在弹出的"导入数据浏览框"对话框中浏览文件，确认后单击"确定"按钮。

4）在弹出的"导入工艺路线"对话框中选择替换方式，确认单击"确定"按钮。

5）执行完以上步骤后，导入工艺路线的操作完成。

（2）导出　单击主菜单"工序操作"→"工艺路线"→"导出"子菜单，可将表中区全部内容导出为＊.mdb、＊.dbf 或＊.xls 文件。

7. 编写工序卡

单击 图标，切换至工序卡的"0"页，即需要编制工艺的零件图。

8. 绘制工序简图

单击 图标从表格填写界面切换到绘图界面。

（1）从零件图中提取轮廓图

操作步骤：

1）单击"组"中 外轮廓，作框将轴全部选中，将光标放在基准点处（轴端中心线处），按<G>键，切换到第一张工序卡。

2）按<Alt>将黄色图缩（放）到所需大小，再用转动键、移动键或鼠标移动到工序卡中合适位置，单击左键图形生成。

3）单击右键菜单中的"重选"，光标上的黄色图消失。

（2）从零件图中提取加工面

操作步骤：

1）用"组"中合适的选择方式，选中所需加工面（图素），单击右键菜单中的"复制"，将光标放在基准点处单击左键即可。

2）按<G>键，翻到所需工序卡，选中的图素以黄色线重叠在已有的轮廓图上，单击左键，询问尺寸是否复制，单击"是"或"否"，即生成。单击右键菜单中的"重选"界面恢复原状。如复制了尺寸，应在"尺"状态下调整尺寸位置。

9. 完善工序简图

操作步骤：

1）用画、尺、主、剖四类绘图工具来修改草图。

2）从主菜单"图库"中选取所需图形，如从"夹具符号库"中调用夹具符号。

工序简图除了以上介绍的操作步骤外，还可以插入图形、图像及 OLE 对象，再对其进行编辑，可通过主菜单"图库"中的子菜单来完成插入。

10. 填写工序卡内容

单击 图标切换到表格填写界面，它的填写方法与过程卡的填写方法相同。

过程卡及它的所有工序卡为一个文件。

11. 工序卡操作

添加：单击主菜单"页面"→"工序卡"→"添加工序卡"，在弹出的对话框中选择拟增加的表格，如果列表中没有，可单击"增加表格"按钮进行选择。

插入：单击主菜单"页面"→"工序卡"→"插入工序卡"，其他操作同"添加"。

删除：单击主菜单"页面"→"工序卡"→"插入工序卡"，在弹出的对话框中单击"是"后确定，当前工序卡被删除。

复制：单击主菜单"页面"→"工序卡"→"复制工序卡"，在弹出的对话框中设定拟复制的页号范围，确定后选中的页面被粘贴到当前页的后面。

交换：单击主菜单"页面"→"工序卡"→"交换工序卡"，在弹出的对话框中设定拟交换的目标页号，确定后当前工序卡页面与目标页面交换。

更改工序卡格式：单击主菜单"页面"→"工序卡"→"更改工序卡格式"，其他操作同"添加"。

12. 自动续页和自动删除

（1）自动续页

作用：某一道工步内容在第一张工序卡末尾尚不能填写完时，不需每次手动添加工序卡附页，直接用设定的表格模板。

操作步骤：继续回车换行填写，结束编辑时会弹出询问对话框，选择"是"，在弹出的对话框中选择工序卡格式，在弹出的对话框中单击"是"即可。

（2）自动删除

作用：如果一道工序有多张工序卡，将前面工序卡关联块的内容删除后，后面工序卡相关内容会自动前移，当后面工序卡关联块中没有内容时会自动删除。

操作步骤：单击主菜单"工具"→"选项"，在图4-53中单击"工序卡的操作设置"选项卡，将其中两项选中即可。

13. 工步排序

操作步骤：单击主菜单"页面"→"工步操作"→"工步排序"，即可按工步号进行升序排序。

如果填写的工步号不为数值，或有的工步没有填写工步号，程序会给出相应提示。

操作步骤：单击主菜单"工具"→"工艺图"→"输出工序简图"，在弹出的对话框中设置完毕后单击"开始输出"即可。

4.6.5　文件储存

文件可储存为开目capp文件、开目capp信息文件和典型工艺，后缀名为 * . gxk。

1. 储存为开目 capp 文件

操作步骤：

1）单击 ▉ 图标，在对话框中确定路径、文件名后单击"保存"即可。

2）用户可以指定默认的存盘文件名方式，如将"零件图号"指定为默认文件名。

操作步骤：在进入capp的初始状态下，单击"文件"→"存盘名称来源（系统默认名称）"，在弹出的对话框中输入内容即可。

2. 储存为开目 capp 信息文件

信息文件只存储工艺文件的内容，不存储工艺文件的表格，后缀名为 * kmi。

操作步骤：同"储存为开目capp文件"，只是在选择保存类型时应选"开目capp信息文件（ * . kmi）"。

3. 储存为典型工艺

作用：新建工艺规程文件时，可按分类规则检索到相对应的典型工艺，适当修改后即可成为新的工艺文件。

操作步骤：

1）单击主菜单"工具"→"典型工艺库"→"存储典型工艺"子菜单，弹出的对话框有两张属性页。填写"当前工艺文件信息"页面如图4-54所示，填写"自定义信息"页面如图4-55所示。

2）参数名是以后检索典型工艺时的查询条件，其可直接输入，也可从旁边的下拉列表中选择。按  可删除参数名，有两个系统特定的参数名不可删除：

① 零件编码：按自创的编码规则，为该典型零件设置编码号填入"取值"区。

② 零件类别：对话框的右边列出零件类别库供选择，选择结果自动填入"取值"区。

3）单击"添至列表"按钮，定义的参数会填到"自定义信息列表"中。若要删除自定义的信息，选中拟删除的参数名后单击"删除自定义信息"，确认即可删除该信息。

4）填写完后单击"确定"，弹出的对话框提示"典型工艺储存成功"，单击"确定"即可。

5）单击主菜单"工具"→"典型工艺库"→"检索典型工艺"子菜单或 ，可检索典型工艺文件。

图 4-54　填写"当前工艺文件信息"页面

图 4-55　填写"自定义信息"页面

4.6.6　打印输出

1. 用工艺编制模块输出

单击主菜单"文件"→"打印预览"或 ，调出"设置输出选项"对话框，设置后单击"确认"即可打印。

2. 表格绘制

表格绘制过程，用开目 CAD 绘制表格的步骤是：画表→填表→建库，下面介绍如何用开目 CAPP 内置的 CAD 来进行绘制表格。

（1）进入绘图环境　操作步骤如下：

1）单击 ，任选一规程类型，新建一个工艺文件。

2）单击 切换至工序卡的"0"页面，即一张白图，单击 图标进入绘图界面。

（2）画表　操作步骤如下：

1）画表格的内外框：单击"画"的子工具 矩形图标，画内、外图框。

2）画表内的线：单击 黄光标画线。画等长等距线时，可先画其中一条线，用组选中后再单击右键菜单的"单向排列"来完成，等长非等距线用"移动复制"完成。

3）改线性质：用组选中表格全部，单击主菜单"编辑"→"改线性质"→"改为表格线"即可。

（3）填表　操作步骤如下：

1）进入表格填写界面：单击 **T** 图标，光标变为"Ⅰ"。

2）结束填写状态：单击设置工具栏中的 **OK** ，或在表外单击左键即可。

（4）建库　操作步骤如下：

1）进入绘图界面：单击 图标，光标变为画线黄光标。

2）表格入库：单击主菜单"图库"→"建表格库"，将光标移到表外图框的左下角点，单击左键指定标记点。在弹出的对话框中文件名处，输入表格名，单击"保存"即可。

思考题与习题

1. 什么是计算机辅助工艺过程设计？

2. 典型 CAPP 系统具有哪些功能？

3. 典型零件信息描述方法有哪些？

4. CAPP 系统的主要类型有哪些？各有什么特点？

5. 什么是工艺数据库？如何设计工艺数据库？

6. CAPP 系统的工艺决策技术有哪些？

第 5 章

计算机辅助数控编程

数控加工是指在数控机床上进行零件加工的一种工艺方法。数控机床工作时根据所输入的数控加工程序，由数控装置控制机床部件的运动形成零件的加工轮廓，从而满足零件形状的要求。机床运动部件的运动轨迹取决于所输入的数控加工程序。数控加工程序的编制即数控编程是指根据被加工零件的图样和技术要求、工艺要求等切削加工的必要信息，按数控系统所规定的指令和格式编制成加工程序文件的过程。数控加工程序的编制是数控加工的基础，数控加工程序直接影响零件的加工质量。

5.1 数控编程基础

在进行数控程序的编制之前，应了解数控机床坐标系及运动方向的规定，掌握数控加工程序结构以及常用的数控代码指令。

5.1.1 数控机床的坐标系

在数控机床上，为了保证刀具相对于工件的正确运动，按规定的程序加工工件，必须有一个确定的坐标系。国际标准化组织和我国有关部门对数控机床坐标系各坐标轴和运动方向都制定了相应的标准，并且两者是等效的。

1. 坐标轴的运动方向及其命名

机床标准坐标系采用笛卡儿直角坐标系，如图 5-1 所示，机床的一个直线进给运动或一个圆周进给运动定义一个坐标轴。其坐标轴命名为 X、Y、Z，绕 X、Y、Z 轴的旋转运动分别用 A、B、C 表示，X、Y、Z、A、B、C 的正方向按右手螺旋法则判定。

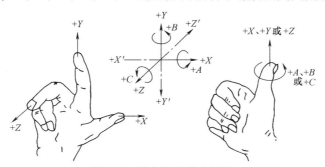

图 5-1　笛卡儿直角坐标系

数控机床的进给运动是相对运动，有的是刀具相对于工件运动，如数控车床，有的是工件相对于刀具运动，如数控铣床。所以标准统一规定：上述坐标轴的正方向，均是假定工件不动，刀具相对于工件做进给运动而确定的方向，即刀具运动坐标系。但在实际机床加工时，有很多都是刀具相对不动，而工件相对于刀具移动实现进给运动的情况。此时，应在各轴字母后加上"′"表示工件运动坐标系。按相对运动关系，工件运动的正方向恰好与刀具运动的正方向相反，即有：

$$+X = -X' + Y = -Y' + Z = -Z' + A = -A' + B = -B' + C = -C'$$

机床各坐标轴及其正方向的确定原则是：

1）先确定 Z 轴。以平行于机床主轴的刀具运动坐标为 Z 轴，若有多根主轴，则可选垂直于工件装夹面的主轴为主要主轴，Z 坐标则平行于该主轴轴线。若没有主轴，则规定垂直于工件装夹面的坐标轴为 Z 轴。Z 轴正方向是使刀具远离工件的方向，如立式铣床，主轴箱的上、下或主轴本身的上、下即可定为 Z 轴，且是向上为正；若主轴不能上、下动作，则工作台的上、下便为 Z 轴，此时工作台向下运动的方向定为正向。

2）然后确定 X 轴。X 轴为水平方向且垂直于 Z 轴并平行于工件的装夹面。对于工件旋转的机床（如车床、外圆磨床），X 轴的运动方向是径向的，与横向导轨平行。刀具离开工件旋转中心的方向是正方向。对于刀具旋转的机床，若 Z 轴为水平（如卧式铣床、卧式镗床），则沿刀具主轴后端向工件方向看，右手平伸出方向为 X 轴正向；若 Z 轴为垂直（如立式铣床、立式镗床、钻床），则从刀具主轴向床身立柱方向看，右手平伸出方向为 X 轴正向。

3）最后确定 Y 轴。在确定了 X、Z 轴的正方向后，即可按右手定则确定 Y 轴正方向。如图 5-2、图 5-3 所示为数控车床、数控铣床以及加工中心的标准坐标系。

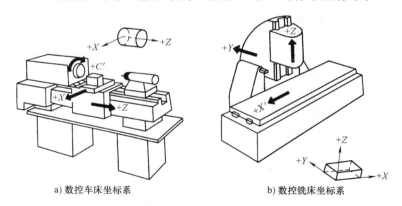

a) 数控车床坐标系　　　　b) 数控铣床坐标系

图 5-2　数控机床坐标系

事实上，不管是刀具运动还是工件运动，在进行编程计算时，一律都是假定工件不动，按刀具相对运动的坐标来编程。机床操作面板上的轴移动按钮所对应的正负运动方向，也应该是和编程用的刀具运动坐标方向相一致。例如，对立式数控铣床而言，按 $+X$ 轴移动钮或执行程序中 $+X$ 移动指令，应该是达到假想工件不动，而刀具相对工件往右（$+X$）移动的效果。但由于在 XOY 平面，刀具实际上是不移动的，所以相对于站立不动的人来说，真正产生的动作却是工作台带动工件在往左移动（即 $+X'$ 运动方向）。若按 $+Z$ 轴移动钮，对工作台不能升降的机床来说，应该就是刀具主轴向上回升；而对工作台能升降而刀具主轴不能上下调节的机床来说，则应该是工作台带动工件向下移动，即刀具相对于工件向上提升。

此外，如果在基本的直角坐标轴 X、Y、Z 之外，还有其他轴线平行于 X、Y、Z，则附加的直角坐标系指定为 U、V、W 和 P、Q、R。

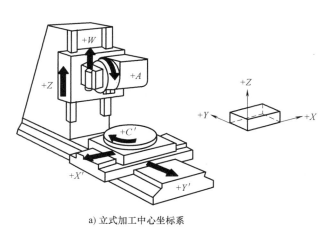

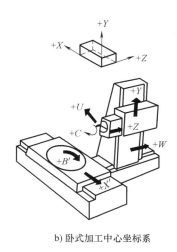

a) 立式加工中心坐标系　　　　　　　　　　　　b) 卧式加工中心坐标系

图 5-3　加工中心坐标系

2. 机床原点、参考点和工件原点

机床原点就是机床坐标系的原点。它是机床上的一个固定的点，由制造厂家确定。机床坐标系是通过回参考点操作来确立的，参考点是确立机床坐标系的参照点。

数控车床的机床原点多定在主轴前端面的中心，数控铣床的机床原点多定在进给行程范围的正极限点处，但也有的设置在机床工作台中心，使用前可查阅机床用户手册。

参考点是用于对机床工作台（或滑板）与刀具相对运动的测量系统进行定标与控制的点，一般都是设定在各轴正向行程极限点的位置上。该位置是在每个轴上用挡块和限位开关精确地预先调整好的，它相对于机床原点的坐标是一个已知数，一个固定值。每次开机起动后，或当机床因意外断电、紧急制动等原因停机而重新起动时，都应该先让各轴返回参考点，进行一次位置校准，以消除上次运动所带来的位置误差。

在对零件图形进行编程计算时，必须要建立用于编程的坐标系，其坐标原点即为程序原点。而要把程序应用到机床上，程序原点应该放在工件毛坯的什么位置，其在机床坐标系中的坐标是多少，这些都必须让机床的数控系统知道，这一操作就是对刀。编程坐标系在机床上就表现为工件坐标系，坐标原点就称之为工件原点。工件原点一般按如下原则选取：

1）工件原点应选在工件图样的尺寸基准上。这样可以直接用图样标注的尺寸，作为编程点的坐标值，减少数据换算的工作量。

2）能使工件方便地装夹、测量和检验。

3）尽量选在尺寸精度比较高、表面粗糙度值较小的工件表面上，这样可以提高工件的加工精度和同一批零件的一致性。

4）对于有对称几何形状的零件，工件原点最好选在对称中心点上。

车床的工件原点一般设在主轴中心线上，多定在工件的左端面或右端面。铣床的工件原点，一般设在工件外轮廓的某一个角上或工件对称中心处，进刀深度方向上的零点，大多取在工件表面。对于形状较复杂的工件，有时为编程方便可根据需要通过相应的程序指令随时改变新的工件坐标原点；对于在一个工作台上装夹加工多个工件的情况，在机床功能允许的条件下，可分别设定编程原点独立地编程，再通过工件原点预置的方法在机床上分别设定各自的工件坐标系。

对于编程和操作加工采取分开管理机制的生产单位，编程人员只需要将其编程坐标系和程序原点填写在相应的工艺卡片上即可。而操作加工人员则应根据工件装夹情况适当调整程序上建立工件坐标系的程序指令，或采用原点预置的方法调整修改原点预置值，以保证程序原点与工件原点的一致性。

3. 绝对坐标编程和相对坐标编程

数控编程通常都是按照组成图形的线段或圆弧的端点的坐标来进行的。当运动轨迹的终点坐标是相对于线段的起点来计量时，称之为相对坐标或增量坐标表达方式。若按这种方式进行编程，则称之为相对坐标编程。当所有坐标点的坐标值均从某一固定的坐标原点计量时，就称之为绝对坐标表达方式，按这种方式进行编程即为绝对坐标编程。编程时，可根据编程方便及加工精度要求来选用绝对坐标编程或相对坐标编程。

5.1.2　数控程序的结构及代码指令

1. 数控程序的结构

数控加工程序是根据数控机床规定的语言规则和程序格式编写的。要正确地编制数控加工程序，必须掌握相关的指令代码和程序格式。数控加工程序有多种格式，目前国际上最普遍采用的是地址数字格式。

数控加工程序主要由程序号（或程序头）、程序段和程序结束等组成。

在加工程序的开头一般有程序号，以便进行程序检索。程序号就是给零件加工程序一个编号，并说明该零件加工程序开始。常用字符"%"开始，下一行为字母"O"及其后 4 位十进制数表示，如 O1001。O0101 等效于 O101。

程序段组成加工程序的全部内容和机床的停/开信息。

程序结束可用辅助功能代码 M02（程序结束）、M30（纸带结束）或 M99（子程序结束，有的为 M17），用来结束零件加工。

例如，某一加工程序如下：

%

O0020；

N001 G01 X80 Z−30 F0.2 S300 T0101 M03 LF；

……

数控加工程序的最基本的单位可以称之为"字"，每个字由地址字符（英文字母）加上带符号的数字组成。各种指令字组合而成的一行即为程序段，整个程序则由多个程序段组成。一般地，一个程序段可按如下形式书写：

N04 G02 X43 Y−43…F3.2 S04 T02 M02；

程序行中：

N04——N 表示程序段号，一般 N 后最多可跟 4 位数，数字最前的 0 可省略不写。

G02——G 为准备功能字，其后一般最多可跟 2 位数，数字最前的 0 可省略不写。

X43，Y−43——坐标功能字，X、Y、Z 后跟的数字值有正负之分，正号可省略，负号不能省略。程序中作为坐标功能字的主要有作为第一坐标系的 X、Y、Z；平行于 X、Y、Z 的第二坐标字 U、V、W；第三坐标字 P、Q、R 以及表示圆弧圆心相对位置的坐标字 I、J、K；在五轴加工中心上可能还用到绕 X、Y、Z 旋转的对应坐标字 A、B、C 等。坐标数值单位由程序指令设定或系统参数设定。

F3.2——F 为进给速度指令字，单位可为 mm/min。

S04——S 为主轴转速指令字，数字最前的 0 可省略不写，单位可为 r/min。

T02——T 为刀具功能字，数字最前的 0 可省略不写。

M02——M 为辅助功能字，其后一般最多可跟 2 位数，数字最前的 0 可省略不写。

总体来说，在地址数字格式程序中代码字的排列顺序没有严格的要求，不需要的代码字可以不写。整个程序的书写相对来说是比较自由的。

此外，为了方便程序编写，有时也往往将一些多次重复用到的程序段，单独抽出编成子程序存放，这样就将整个加工程序做成了主-子程序的结构形式。在执行主程序的过程中，如果需要，可多次重复调用子程序，有的还允许在子程序中再调用另外的子程序，即所谓"多层嵌套"，从而大大简化了编程工作。

即使是广为应用的地址数字程序格式，不同的生产厂家，不同的数控系统，由于其各种功能指令的设定不同，所以对应的程序格式也有所差别。在加工编程时，一定要先了解清楚机床所用的数控系统及其编程格式后才能着手进行。

2. 准备功能代码指令

准备功能代码指令也称为 G 指令，是为数控机床建立工作方式，为数控系统的插补运算、刀补运算、固定循环等做好准备。G 指令一般由字母"G"和其后的 2 位数字组成，从 G00～G99。但随着数控系统功能的增加，G00～G99 已不能适应使用要求，因而不少数控系统的 G 指令已采用 3 位数。ISO 标准中规定的准备功能 G 代码见表 5-1。

表 5-1　准备功能 G 代码

代码	功能	代码	功能	代码	功能
G00	点定位	G41	左侧刀具补偿	G80	取消固定循环
G01	直线插补	G42	右侧刀具补偿	G81	钻孔循环
G02	顺时针圆弧插补	G43	左刀具偏置	G82	钻或扩孔循环
G03	逆时针圆弧插补	G44	右刀具偏置	G83	钻深孔循环
G04	暂停	G45～G52	用于刀具补偿	G84	攻螺纹循环
G05	不指定	G53	取消直线偏移	G85	镗孔循环 1
G06	抛物线插补	G54	X 轴直线偏移	G86	镗孔循环 2
G07	不指定	G55	Y 轴直线偏移	G87	镗孔循环 3
G08	自动加速	G56	Z 轴直线偏移	G88	镗孔循环 4
G09	自动减速	G57	XY 平面直线偏移	G89	镗孔循环 5
G10～G16	不指定	G58	XZ 平面直线偏移	G90	绝对值输入方式
G17	XY 平面选择	G59	YZ 平面直线偏移	G91	增量值输入方式
G18	ZX 平面选择	G60	准确定位（精）	G92	预置寄存
G19	YZ 平面选择	G61	准确定位（中）	G93	时间倒数进给率
G20～G32	不指定	G62	准确定位（粗）	G94	每分钟进给率
G33	等螺距螺纹切削	G63	攻螺纹	G95	主轴每转进给率
G34	增螺距螺纹切削	G64～G67	不指定	G96	恒线速度
G35	减螺距螺纹切削	G68	内角刀具偏置	G97	主轴转速
G36～G39	不指定	G69	外角刀具偏置	G98～G99	不指定
G40	取消刀具补偿	G70～G79	不指定		

3. 辅助功能代码指令

辅助功能代码指令也称为 M 指令，它与数控系统的插补运算无关，主要是为了数控加工和机床操作而设定的工艺性辅助指令，是数控编程必不可少的功能代码。它由字母"M"和其后的 2 位数字组成，从 M00 到 M99。ISO 标准中规定的辅助功能 M 代码见表 5-2。

表 5-2　辅助功能 M 代码

代码	功能	代码	功能	代码	功能
M00	程序停止	M15	正向快速移动	M49	手动速度修正失效
M01	计划结束	M16	反向快速移动	M50	3 号切削液开
M02	程序结束	M17~M18	不指定	M51	4 号切削液开
M03	主轴顺时针转动	M19	主轴定向停止	M52~M54	不指定
M04	主轴逆时针转动	M20~M29	永不指定	M55	刀具直线位移到位置 1
M05	主轴停止	M30	纸带结束	M56	刀具直线位移到位置 2
M06	换刀	M31	互锁机构暂时失效	M57~M59	不指定
M07	2 号切削液开	M32~M35	不指定	M60	更换工件
M08	1 号切削液开	M36	进给速度范围 1	M61	工件直线位移到位置 1
M09	切削液关	M37	进给速度范围 2	M62	工件直线位移到位置 2
M10	夹紧	M38	主轴速度范围 1	M63~M70	不指定
M11	松开	M39	主轴速度范围 2	M71	工件转动到角度 1
M12	不指定	M40~M45	不指定	M72	工件转动到确度 2
M13	主轴顺转,切削液开	M46~M47	不指定	M73~M99	不指定
M14	主轴逆转,切削液开	M48	注销 M49		

5.2　数控编程方法

一般来说，数控编程是在分析零件几何特征和工艺要求的基础上，确定合理的工艺方法和进给路线，进行刀具运动轨迹计算，最终形成所需的数控程序代码。

数控程序的编制方法有手工编程和自动编程两大类。

（1）手工编程（Manual Programming）　从零件图样分析及工艺处理、数值计算、书写程序单直至程序的校验等各个步骤，均由人工完成，则属于手工编程。对于点位加工或几何形状不太复杂的零件来说，编程计算较简单，程序量不大，手工编程即可实现。但对于形状复杂或轮廓不是由直线、圆弧组成的非圆曲线零件；或者是空间曲面零件即使由简单几何元素组成，但程序量很大，因而计算相当繁琐，手工编程困难且易出错，则必须采用自动编程的方法。手工编程的速度慢，精度低，对所编程序的检查也很困难，特别对某些形状复杂零件的编程问题，如曲面零件的三轴、五轴联动加工编程问题，用手工编程根本无法解决。

（2）自动编程（Automatic Programming）　编程工作的大部分或全部由计算机完成的过程称为自动编程。编程人员只要根据零件图样和工艺要求，用规定的语言编写一个源程序或者将图形信息输入到计算机中，由计算机自动地进行处理，计算出刀具中心的轨迹，编写出加工程序清单。由于走刀轨迹可由计算机自动绘出，所以可方便地对编程错误做及时修正。

自动编程适用于形状复杂的零件，或者零件形状虽不复杂但编程工作量很大的零件（如有数千个孔的零件），或者零件形状虽不复杂但计算工作量大的零件（如轮廓加工时，非圆曲线的计算）等。自动编程具有编程速度快、周期短、质量高、使用方便等优点，能完成用手工编程无法编制的复杂零件的数控加工程序，而且零件越是复杂，其经济效益越好。自动编程根据编程信息的输入与计算机对信息的处理方式不同，主要有两种方法，即以自动编程语言为基础的数控语言自动编程方法和以计算机绘图为基础的交互式自动编程方法（CAD/CAM 自动编程）。

5.2.1　手工编程

手工编程也称为人工编程，数控编程各方面的工作即从分析零件图样、制定零件工艺规程、计算刀具运动轨迹坐标值、编写加工程序单直至程序校核等都是靠人工来完成的。对于形状比较简单，数值计算不复杂的零件，比较适于采用手工编程。

手工编程通常需经历以下几个步骤：

1）分析零件图样。要分析零件的材料、形状、尺寸、精度及毛坯形状和热处理要求等，以便确定该零件是否适宜在数控机床上加工，或适宜在哪类数控机床上加工。有时还要确定在某台数控机床上加工该零件的哪些工序或哪几个表面。

2）确定工艺过程。确定零件的加工方法（如采用的工夹具、装夹定位方法等）和加工路线（如对刀点、走刀路线），并确定加工用量等工艺参数（如切削进给速度、主轴转速、切削宽度和深度等）。

3）数值计算。根据零件图样和确定的加工路线，计算出数控机床所需输入数据，如零件轮廓相邻几何元素的交点和切点，用直线或圆弧逼近零件轮廓时相邻几何元素的交点和切点等的计算。

4）编写数控加工程序。根据加工路线计算出的数据和已确定的加工用量，结合数控系统的程序格式编写零件加工程序单。此外，还应填写有关的工艺文件，如数控加工工序卡片、数控刀具卡片、工件安装和零点设定卡片等。

5）数控程序输入。通过数控系统操作面板将零件加工程序输入，或由网络或 USB 口将零件加工程序传输到数控系统。

6）程序调试和检验。可通过模拟软件来模拟实际加工过程，或将程序送到机床数控装置后进行空运行，或通过首件加工等多种方式来检验所编制出的程序，发现错误则应及时修正，一直到程序能正确执行为止。

例如，在某数控铣床上加工如图 5-4 所示的机械零件外形轮廓，零件厚度为 10mm，要求编写数控铣削加工程序。

首先对零件图样进行工艺分析，确定以工件上 $\phi20$mm 的中心孔进行装夹定位；以图中 A 点正上方 50mm 处为编程原点，并用 G54 进行定义；以 P0 点为加工起点，选用 $\phi10$mm 平底铣刀，主轴转速为 500r/min，采用左偏刀具半径补偿方

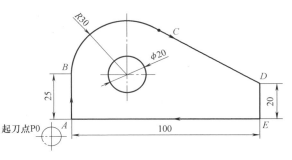

图 5-4　铣削外轮廓

式，其进给路线如图 5-4 所示。编写数控加工程序如下：

O0001；	第 0001 号程序，铣削零件外形轮廓
N0010 G54 G90 G00 X0 Y0 Z0；	建立工作坐标系，快速运动到编程原点
N0020 X-10 Y-10 Z-40 S500 M03 M08；	刀具移动到加工起点 P0 上方 10mm 处，主轴正转，开切削液
N0030 G01 Z-61 F30；	G01 下刀，伸出底面 1mm
N0040 G41 X0 Y0 D01 F100；	建立左偏刀具半径补偿，运动到 A 点
N0050 Y25；	运动到 B 点
N0060 G02 X45 Y51 I30 J0；	运动到 C 点，即圆弧与直线 CD 的切点
N0070 G01 X100 Y20；	运动到 D 点
N0080 X100 Y0；	运动到 E 点
N0090 X0 Y0；	运动到 A 点
N0100 G40 G00 X0 Y0 Z0 M05 M09；	取消刀补，快退回原点，主轴停，切削液停
N0100 M02；	程序结束

手工编程从工艺分析、数值计算，直到试切及数控程序的修改均由人工完成。这对几何形状不太复杂的简单零件，加工程序不多，计算较为简单，采用手工编程还是可行的。但对于形状复杂的零件，尤其是带有非圆曲面、自由曲面型面的零件加工常常需要三轴、四轴甚至五轴联动的数控加工，这时手工编程方法就很难胜任。据实践统计，数控加工时编程时间与机床加工时间之比往往达到 30∶1。可见，手工编程效率低，出错率高，不能胜任复杂零件的加工编程。因而，复杂零件加工时手工编程方法必然要被其他先进的数控编程方法所替代。

5.2.2 数控语言自动编程

数控语言自动编程原理如图 5-5 所示，编程人员根据零件图样和加工工艺要求，依据所用数控语言的编程手册，以数控语言（如 APT——Automatically Programmed Tools，自动编程工具）的形式描述零件的几何形状、尺寸大小、工艺路线、工艺参数以及刀具相对零件的运动关系等，表达出加工的全部内容，然后再把这些内容全部输入计算机中进行处理，制作出可以直接用于数控基础的 NC 加工程序，此种自动编程方法中最常用的自动编程语言是著名的 APT 语言。

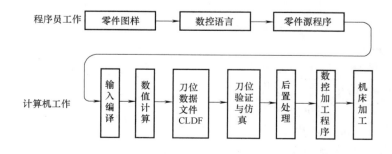

图 5-5 数控语言自动编程原理

数控语言的源程序由接近车间日常工艺用语的各类语句组成，它不能直接用来控制数控机床加工。零件加工源程序编好之后必须经过数控语言系统的编译，进行相关的计算，生成中性的刀位数据文件（Cutter Location Data File，CLDF），然后根据具体机床的数控指令格式要求进行后置处理，生成相应的机床数控加工程序，从而完成最终的自动编程工作。

在数控语言自动编程过程中，需要程序员做的工作仅仅是源程序的编写，其余的计算处理工作均由计算机系统自动完成。与手工编程相比较，数控编程的效率得到大幅提高，无须编程人员熟记具体数控机床的指令代码，可完成复杂型面的数控编程作业。

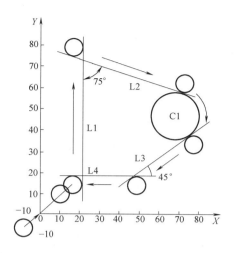

图 5-6　APT 语言编程实例

下面将结合具体实例，简要介绍 APT 语言源程序结构和编程方法。图 5-6 所示是一个由直线和圆弧组成的平板类零件图，加工该零件轮廓的 APT 语言源程序如下：

```
PARTNO/TEMPLATE；            初始语句,TEMPIATE 为程序名称
MACHINE/FANUC,6M；           后置处理程序的调用
CLPRNT；                     打印刀具轨迹数据文件
OUTTOL/0.002；               外轮廓逼近公差
INTOL/0.002；                内轮廓逼近公差
CUTTER/10；                  平头立铣刀,直径为 10mm
Ll=LINE/20,20,20,70；        定义直线 L1
L2=LINE/(POINT/20,70)ATANGL,75,L1；       定义直线 L2
L4=LINE/20,20,46,20；                      定义直线 L4
L3=LINE/(POINT/46, 20),ATANGL,45,L4；      定义直线 L3
C1=CIRCLE/YSMALL. L2,YLARGE,L3. RADIUS,10；   定义圆弧 C1
XYPL=PLANE/0,0,1,0；                       定义平面 XYPL
SETPT=POINT/-10,-10, 10；
FROM/SETPT；                 指定起刀点
FEDRAT/2400；                快速进给
GODLTA/20,20,-5；            增量进给
SPINDL/ON；                  主轴起动
COOLNT/ON；                  切削液开
FEDRAT/100；                 指定切削速度
GO/TO,L1,TO,XYPL,TO,L4；     初始运动指定
TLLFT,GOLFT/Ll,PAST L2；     沿直线 L1 左边切削直至超过直线 L2
GORGT/L2,TANTO,C1；          右转切削 L2 直至切于圆 C1
GOFWD/C1,PAST,L3；           沿圆 C1 切削直至超过 L3
```

GOFWD/L3,PAST,L4;	沿直线 L3 切削直至超过 L4
GORGT/L4,PAST,L1;	右转切削 L4 直至超过 L1
GODLTA/0,0,10;	增量进给
SPINDL/OFF;	主轴停止
FEDRAT/2400;	快速进给
GOTO/SETPT;	返回起刀点
END;	机床停止
FINI;	零件源程序结束

从上述编程实例可概略地看出，APT 语言源程序是由不同类型的语句组成的，它包含以下一些常用的基本语句：

（1）初始语句　如 PARTNO，表示零件源程序的开始，给出程序的名称标题。

（2）几何定义语句　如 POINT、LINE、CIRCLE、PLANE 等，对零件加工的几何要素进行定义和命名，便于刀具运动轨迹的描述。

（3）刀具定义语句　如 CUTTER，定义实际使用的刀具形状，这是计算刀位点坐标以及干涉校验所必须使用的信息。

（4）容许误差的指定　如 OUTTOL、INTOL，说明用小直线段逼近刀具曲线运动所容许误差的大小，其值越小，越接近理论曲线，但所需计算时间也随之增加。

（5）刀具起始位置的指定　如 FROM，在机床加工运动之前，要根据工件毛坯形状、工装夹具情况指定刀具的起始位置。

（6）初始运动语句　如 GO，在刀具沿控制面移动之前，先要指令刀具向控制面移动，直到容许误差范围为止，并指定下一个运动控制面。

（7）刀具运动语句　如 GOLFT（左转向）、GORGT（右转向）、GOFWD（直接前行）等，指定刀具所需的轨迹运动，以便加工出所要求的零件形状。

（8）后置处理语句　这类语句与具体机床有关，如 MACHINE、SPINDL、COOLNT、END等，指定所使用的机床和数控系统，指示主轴起停、进给速度的转换、切削液的开断等信息。

（9）其他语句　如打印 CLPRNT 语句、结束语句 FINI 等。

采用数控语言自动编程具有程序简练、走刀控制灵活等优点，使数控加工编程从面向机床指令的"汇编语言"级，上升到面向元素——点、线、面的"高级语言"级，解决了手工编程难以完成的复杂曲面编程问题，其编程效率也比手工编程有较大的提高，大大地促进了数控技术的发展。但零件的设计与加工之间用图样传递数据，阻碍了设计与制造的一体化。图样的解释、工艺过程规划要工艺人员完成，对用户的技术水平要求较高。数控语言的专有词汇及语句格式繁多，内容庞大，熟练运用绝非数日之功。对于型面复杂的零件，由于其几何结构和运动定义工作量大，即使是一个较熟练的编程员，也需花费较长时间才能完成其编程工作。此外，数控语言自动编程缺少对零件形状、刀具运动轨迹的直观图形显示和刀具轨迹的验证手段，编程过程不直观。因此，数控语言自动编程仍然未能解决编程效率与机床加工速度不匹配的矛盾。

5.2.3　CAD/CAM 自动编程

CAD/CAM 自动编程通过专门的计算机软件来实现，利用 CAD 的图形编辑功能将零件的几何图形绘制到计算机上，形成零件的图形文件；然后调用数控编程模块，采用人机交互的方式由编程者在计算机屏幕上指定被加工的部位，再输入相应的加工工艺参数，计算机便可自动进行必要的数学处理并编制出数控加工程序，同时在屏幕上动态显示刀具的加工轨迹，经后置处理转换为所需的数控加工指令代码。这种编程方法具有速度快、精度高、直观性好、使用简便、便于检查等优点，已成为国内外先进的 CAD/CAM 软件普遍采用的数控编程方法。

目前，商品化的 CAD/CAM 软件比较多，应用情况也各有不同，表 5-3 列出了国内应用比较广泛的 CAM 软件的基本情况。

表 5-3　国内应用比较广泛的 CAM 软件的基本情况

软件名称	基 本 情 况
CAXA	国内北航海尔软件有限公司出品的数控加工软件,功能齐全,符合中国人的习惯,价格便宜,许多学校都广泛使用此软件作为机械制造及 NC 程序编制的范例软件。欲了解更多情况请访问其网站。网址:http://www.caxa.com.cn
Pro/Engineer	美国 PTC 公司出品的 CAD/CAM/CAE 一体化的大型软件,功能强大,支持三轴到五轴的加工,同样由于相关模块比较多,学习掌握需要较多的时间。欲了解更多情况请访问其网站。网址:http://www.ptc.com
CATIA	IBM 下属的 Dassault 公司出品的 CAD/CAM/CAE 一体化的大型软件,功能强大,支持三轴到五轴的加工,支持高速加工,由于相关模块比较多,学习掌握的时间也较长。欲了解更多情况请访问其网站。网址:http://www-3.ibm.com/software/applications/plm/catiav5/
Ideas	美国 EDS 公司出品的 CAD/CAM/CAE 一体化的大型软件,由于目前与 UG 软件在功能方面有较多重复,EDS 公司准备将 Ideas 的优点融合到 UG 中,让两个软件合并成为一个功能更强的软件。欲了解更多情况请访问其网站。网址:http://www.eds.com/products/plm/ideas_nx/
Cimatron	以色列的 CIMATRON 公司出品的 CAD/CAM 集成软件,相对于前面的大型软件来说,是一个中端的专业加工软件,支持三轴到五轴的加工,支持高速加工,在模具行业应用广泛。欲了解更多情况请访问其网站。网址:http://www.cimatron.com
PowerMILL	英国的 Delcam Plc 出品的专业 CAM 软件,是目前唯一一个与 CAD 系统相分离的 CAM 软件,其功能强大,加工策略非常丰富,目前,支持三轴到五轴的铣削加工,支持高速加工。欲了解更多情况请访问其网站。网址:http://www.delcam.com.cn
MasterCAM	美国 CNCSoftware,INC 开发的 CAD/CAM 系统,是最早在微机上开发应用的 CAD/CAM 软件,用户数量较多。欲了解更多情况请访问其网站。网址:http://www.mastercam.com.cn
EdgeCAM	英国 Pathtrace 公司开发的一个中端的 CAD/CAM 系统,欲了解更多情况请访问其网站。网址:http://www.edgecam.com
Unigraphics (UG)	美国 EDS 公司出品的 CAD/CAM/CAE 一体化的大型软件,功能强大,支持三轴到五轴的加工,由于相关模块比较多,需要较多的时间来学习掌握。欲了解更多情况请访问其网站。网址:http://www.eds.com/products/plm/unigraphics_nx/

当然，还有一些 CAM 软件，因为目前国内用户数量比较少，所以没有出现在表 5-3 内，如 Cam-tool、WorkNC 等。

　　上述的 CAM 软件在功能、价格、服务等方面各有侧重，功能越强大，价格也越贵，对于使用者来说，应根据自己的实际情况，在充分调研的基础上，来选择购买合适的 CAD/CAM 软件。

　　掌握并充分利用 CAD/CAM 软件，可以帮助人们将微型计算机与 CNC 机床组成面向加工的系统，大大提高设计效率和质量，减少编程时间，充分发挥数控机床的优越性，提高整体生产制造水平。

　　由于目前 CAM 系统在 CAD/CAM 中仍处于相对独立状态，因此无论哪一个 CAM 软件都需要在引入零件 CAD 模型中几何信息的基础上，由人工交互方式，添加被加工的具体对象、约束条件、刀具与切削用量、工艺参数等信息，因而，虽然不同的 CAD/CAM 系统，其功能指令和编程操作环境不尽相同，但从总体上看，其编程的基本原理与步骤大体是一致的。如图 5-7 所示，可将 CAD/CAM 系统的编程过程归纳为如下几个步骤。

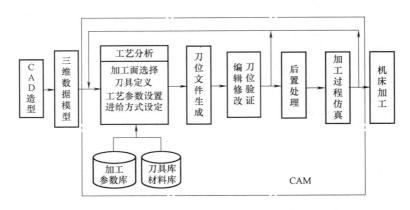

图 5-7　CAD/CAM 系统的编程过程

　　（1）几何造型　首先应用 CAD 模块对被加工零件进行几何造型，在系统内建立被加工零件的三维数据模型。也可借助于三坐标测量仪或激光扫描仪等测量设备获得零件形体表面数据点阵，经反求工程软件系统处理重构后形成零件的形体模型。

　　（2）加工工艺分析　这是 CAD/CAM 系统数控编程的重要环节，目前该项工作仍由编程员采用交互方式来完成。编程员根据被加工零件的几何特征和工艺要求，进行加工工艺分析，通过系统给定的用户界面，选择零件的加工表面及限制边界，定义刀具类型及其几何参数，指定装夹位置和工件坐标系统，确定对刀点，选择进给方式，给定合适的切削加工工艺参数等，从而完成数控编程中的加工工艺分析这一重要环节。

　　（3）刀位文件生成　加工工艺定义与分析作业完成后，系统将自动提取被加工零件型面信息，进行分析计算，自动生成刀具运动轨迹，并存入指定的刀位文件。

　　（4）刀位验证及刀具轨迹的编辑　对所生成的刀位文件进行加工过程仿真，检查验证进给路线是否正确合理，有否碰撞干涉或过切现象。如有需要，可对已生成的刀具轨迹进行编辑修改和优化处理，以得到正确的进给轨迹。若生成的刀具轨迹经验证存在干涉现象，或不满意，用户可修改加工工艺，重新进行刀具轨迹计算。

　　（5）后置处理　后置处理的目的是形成具体机床的数控加工代码。由于各机床使用的数控系统不同，其数控代码及其格式也不尽相同，为此必须经后置处理将刀位文件转换成具体数控机床所需的数控加工程序。

（6）加工过程仿真和数控程序的传输　数控加工程序生成后，可进行加工过程仿真，最终验证所编制的数控程序的正确性和合理性，检验是否存在刀具与机床夹具的干涉和碰撞。经仿真检验证实数控加工程序不存在问题后，可通过数控机床的 DNC 接口将数控程序传送给机床控制系统进行数控加工。

由于零件的难易程度各不相同，上述的操作步骤将会依据零件实际情况，而有所删减和增补。

与数控语言自动编程比较，利用 CAD/CAM 系统进行数控加工编程具有以下的特点：

1）在图形环境下将被加工零件的几何造型、刀位计算、后置处理和加工仿真等数控编程的作业过程结合在一起，有效地解决了编程的数据来源、图形显示、校验计算和交互修改等问题，弥补了数控语言自动编程存在的不足。

2）整个编程过程是面向零件几何图形交互进行的，不需要用户编制零件加工源程序，用户界面友好，使用简便、直观、准确，便于检查。

3）有利于实现系统的集成，不仅能够实现产品设计（CAD）与数控加工编程（NCP）的集成，还便于与工艺规程设计（CAPP）、刀夹量具设计等其他生产环节的集成。

5.3 节以 CAXA 为例介绍数控编程的实例。

CAXA（北京数码大方科技股份有限公司）是中国领先的工业软件和服务公司，主要提供数字化设计（CAD）、数字化制造、产品全生命周期管理（PLM）和工业云服务平台的产品和服务。数码大方是中国最大的 CAD/CAM 软件供应商，也是中国工业云的倡导者和领跑者。

CAXA 制造工程师是具有卓越工艺性的 2~5 轴数控编程 CAM 软件，它能为数控加工提供从造型、设计到加工代码生成、加工仿真、代码校验以及实体仿真等全面数控加工解决方案，具有支持多 CPU 硬件平台、多任务轨迹计算及管理、多加工参数选择、多轴加工功能、多刀具类型支持、多轴实体仿真六大先进综合性能。

5.3　基于 CAXA 的数控车削自动编程

5.3.1　数控车编程特点

数控车的主要编程特点如下：

1）可以采用绝对值编程（用 X、Z 表示）、增量值编程（用 U、W 表示）或者两者混合编程。

2）直径方向（X 方向）系统默认为直径编程，也可以采用半径编程，但必须更改系统设定。

3）X 向的脉冲当量应取 Z 向的一半。

4）采用固定循环，简化编程。

5）编程时，常认为车刀刀尖是一个点，而实际上为圆弧，因此，当编制加工程序时，需要考虑对刀具进行半径补偿。

在车削加工的数控程序中，X 轴的坐标值取为零件图样上的直径值，如图 5-8 所示，图中 A 点的坐标值为（30，80），B 点的坐标值为（40，60）。采用直径尺寸编程与零件图样中的尺寸标注一致，这样可避免尺寸换算过程中可能造成的错误，给编程带来很大方便。

对于车削加工，进刀时采用快速走刀接近工件切削起点附近的某个点，再改用切削进给，以减少空走刀的时间，提高加工效率。切削起点的确定与工件毛坯余量大小有关，应以刀具快速走到该点时刀尖不与工件发生碰撞为原则。切削起始点的确定如图 5-9 所示。

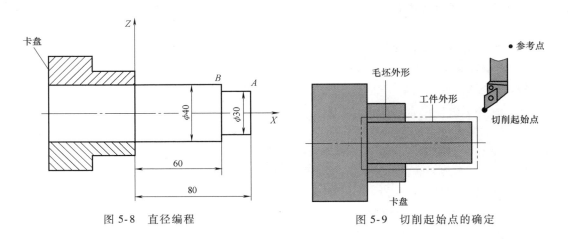

图 5-8　直径编程　　　　　　　图 5-9　切削起始点的确定

5.3.2　CAXA 数控车 2013 用户界面及功能

数控车削加工是现代制造技术的典型代表，在制造业的各个领域，如航空航天、汽车、模具、精密机械、家用电器等各个行业有着日益广泛的应用，已成为制造行业中不可缺少的加工手段。

CAXA 数控车 2013 是一种功能强大，易学易用的全中文二维复杂型面加工的 CAD/CAM 软件，通过二维图形的绘制可以实现产品的复杂加工。

CAXA 数控车 2013 用户界面如图 5-10 所示，Windows 风格，各种应用功能通过菜单条和工具条驱动；状态栏指导用户进行操作并提示当前状态和所处位置；绘图区显示各种绘图操作的结果。同时，绘图区和参数栏为用户实现各种功能提供数据的交互。

不同的用户有不同的工作习惯，不同的用户有不同的工作重点，不同的用户有不同的熟练程度，CAXA 数控车 2013 提供了自定义操作。可以根据用户不同的喜好定制不同的菜单、热键和工具条，也可以为特殊的按钮更换自己喜好的图标。单击"工具"主菜单下的"自定义"子命令，可以实现自定义界面布局，如图 5-11 所示。

CAXA 数控车 2013 采用菜单驱动、工具条驱动和热键驱动相结合的方式，根据用户对 CAXA 数控车 2013 运用的熟练程度，用户可以选择不同的驱动方式。

首先是主菜单，主菜单位于屏幕的顶部。它由一行菜单条及其子菜单组成，CAXA 数控车 2013 菜单条包括文件、编辑、视图、格式、幅面、绘制、标注、修改、工具、数控车、通信和帮助等。每个部分都含有若干个下拉菜单。

其次是弹出菜单。CAXA 数控车 2013 通过空格键弹出菜单是用来作为当前命令状态下的子命令。不同的命令执行状态可能有不同的子命令组，主要分为点工具组、矢量工具组、选择集拾取工具组、轮廓拾取工具组和岛拾取工具组。若子命令是用来设置某种子状态时，

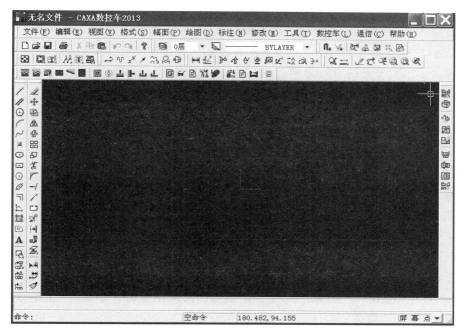

图 5-10　CAXA 数控车 2013 用户界面

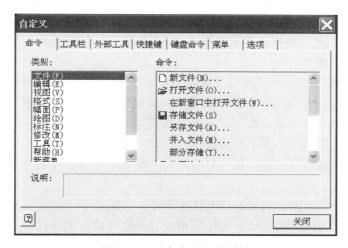

图 5-11　"自定义"对话框

CAXA 数控车 2013 会在状态条中显示提示用户。

●点工具组包括默认点、屏幕点、端点、中点、交点、圆心、垂足点、切点、最近点、控制点、刀位点和存在点等。

●矢量工具组包括直线方向、X 轴正方向、X 轴负方向、Y 轴正方向、Y 轴负方向、Z 轴正方向、Z 轴负方向和端点切矢等。

●选择集拾取工具组包括拾取添加、拾取所有、拾取取消、取消尾项和取消所有等。

●轮廓拾取工具组包括单个拾取、链拾取和限制链拾取等。

●岛拾取工具组包括单个拾取、链拾取和限制链拾取等。

此外，还有立即菜单。用户在输入某些命令以后，在绘图区的底部会弹出一行立即菜单。例如，输入一条画直线的命令（从键盘输入"line"或用鼠标在"绘图"工具栏单击"直线"按钮），则系统立即弹出一行立即菜单及相应的操作提示，如图 5-12 所示。

此菜单表示当前要画的直线为两点线方式，非正交的连续直线。在显示立即菜单的同时，在其下面显示如下提示："第一点（切点，垂足点）:"。括号中的"切点，垂足点"表示此时可输入切点或垂足点。需要说明

图 5-12　立即菜单示例

的是，在输入点时，如果没有提示（切点，垂足点），则表示不能输入工具点中的切点或垂足点。用户按要求输入第一点后，系统会提示"第二点（切点，垂足点）:"。用户再输入第二点，系统在屏幕上从第一点到第二点画出一条直线。

立即菜单的主要作用是可以选择某一命令的不同功能。可以通过鼠标单击立即菜单中的下拉箭头或用快捷键"Alt+数字键"进行激活，如果下拉菜单中有很多可选项，可以使用快捷键"Alt+重复数字键"进行选项的循环。如上例，如果想在两点间画一条正交直线，那么可以用鼠标单击立即菜单中的"3. 非正交"或用快捷键"Alt+3"激活它，则该菜单变为"3. 正交"。如果要使用"平行线"命令，那么可以用鼠标单击立即菜单中的"1. 平行线"或用快捷键"Alt+1"激活它。

CAXA 数控车 2013 与其他 Windows 应用程序一样，为用户提供了工具条命令驱动方式，把用户经常使用的功能分类组成工具组，放在显眼的地方以便用户使用。CAXA 数控车 2013 为用户提供了标准栏、草图绘制栏、显示栏、曲线栏、特征栏、曲面栏和线面编辑栏。同时，CAXA 数控车 2013 为用户提供了自定义功能，而用户可以把自己经常使用的功能编辑成组，放在最适当的地方。

下面介绍 CAXA 数控车 2013 系统中的鼠标键、键盘（回车键和数值键）和热键。

（1）鼠标键　鼠标左键可以用来激活菜单、确定位置点、拾取元素等。

例如，要运行画直线功能，要先把鼠标光标移动到"直线"图标上单击，激活画直线功能，这时，在命令提示区出现下一步操作的提示："第一点:"。

把鼠标光标移动到绘图区内，单击，输入一个位置点，再根据提示输入第二个位置点，就生成了一条直线。

鼠标右键用来确认拾取、结束操作和终止命令。

例如，在删除几何元素时当拾取完毕要删除的元素后单击鼠标右键，这时被选取的元素就被删除掉了。

又如，在生成样条曲线的功能中，当顺序输入一系列点完毕后，右击（即单击鼠标右键）就可以结束输入点的操作。因此，该样条曲线就生成了。

（2）回车键和数值键　在 CAXA 数控车 2013 中，当系统要求输入点时，回车键（Enter）和数值键可以激活一个坐标输入条，在输入条中可以输入坐标值。如果坐标值以 @ 开始，表示一个相对于前一个输入点的相对坐标，在一些情况下还可以输入字符串。

用户在输入任何一个坐标值时均可利用系统提供的表达式计算服务功能，直接输入表达式，如："25.3 * 3.2，55.45/5 * cos（30），80 * sin（80）"，而不必事先计算好每个分量的值。

CAXA 数控车 2013 具有计算功能，它不仅能进行加、减、乘、除、平方、开方和三角

函数等常用的数值计算，还能完成复杂表达式的计算。

下面列出在系统中能够应用的一些运算方式及其用法：

+：加号；-：减号；*：乘号；/：除号；

sin：正弦函数，用法：$\sin(x)$；

cos：余弦函数，用法：$\cos(x)$；

tan：正切函数，用法：$\tan(x)$；

arctan：反正切函数，用法：$\arctan(x)$，值域 $[-\pi/2，\pi/2]$；

arcsin：反正弦函数，用法：$\arcsin(x)$；

arccos：反余弦函数，用法：$\arccos(x)$；

sinh：双曲正弦函数，用法：$\sinh(x)$；

cosh：双曲余弦函数，用法：$\cosh(x)$；

tanh：双曲正切函数，用法：$\tanh(x)$；

sqrt：开平方，用法：$\mathrm{sqrt}(x)$；

ln：计算自然对数值，用法：$\ln(x)$；

lg：以 10 为底的对数值，用法：$\lg(x)$；

fabs：求绝对值，用法：$\mathrm{fabs}(x)$。

需要说明的一点是：在涉及角度的输入时，系统规定要按角度输入，而不是弧度。

（3）热键　对于熟练的 CAXA 数控车 2013 用户，热键的使用极大地提高了工作效率，用户还可以自定义想要的热键。

在 CAXA 数控车 2013 中设置了以下几种功能热键：

方向键（↑↓→←）：在输入框中用于移动光标的位置，其他情况下用于显示平移图形。

PageUp 键：显示放大。

PageDown 键：显示缩小。

Home 键：在输入框中用于将光标移至行首，其他情况下用于显示复原。

End 键：在输入框中用于将光标移至行尾。

Delete 键：删除。

Shift+鼠标左键：动态平移。

Shift+鼠标右键：动态缩放。

F1 键：请求系统的帮助。

F2 键：拖画时切换动态拖动值和坐标值。

F3 键：显示全部。

F4 键：指定一个当前点作为参考点，用于相对坐标点的输入。

F5 键：当前坐标系切换开关。

F6 键：点捕捉方式切换开关，它的功能是进行捕捉方式的切换。

F7 键：三视图导航开关。

F8 键：正交与非正交切换开关。

F9 键：全屏显示和窗口显示切换开关。

在 CAXA 数控车 2013 中，工作坐标系是用户建立模型时的参考坐标系。系统默认的坐标系称为"绝对坐标系",用户定义的坐标系称为"工作坐标系"。

系统允许同时存在多个坐标系。其中正在使用的坐标系称为"当前坐标系",其坐标轴为红色,其他坐标的坐标轴为白色。用户可以任意设定当前工作坐标系。

CAXA 数控车 2013 的接口是指与其他 CAD/CAM 文档和规范的衔接能力。CAXA 数控车 2013 充分考虑数据的冗余度,优化成特有的 MEX 文件,同时,对 CAXA-ME1.0, 2.0, 3.0 版无限兼容。

CAXA 数控车 2013 接口能力非常出色,不仅可以直接打开 X-T 和 X-B 文件 (PARASOLID 的实体数据文件),而且可以输入 DXF 数据文件(一种标准数据接口格式文件)、IGES 数据文件(一种标准数据接口格式文件)、DAT 数据文件(自定义数据文本文件格式)为 CAXA 数控车使用,也可以输出 DXF、IGES、X-T、X-B、SAT、WRL、EXB 为其他应用软件所使用,为 Internet 的浏览和数据传输服务。

5.3.3 CAXA 数控车 2013 的基本概念

用 CAXA 数控车 2013 实现数控车削加工自动编程的过程如下:

首先,必须配置好机床,这是正确输出代码的关键。

其次,看懂图样,用曲线表达工件。

然后,根据工件形状,选择合适的加工方式,生成刀具轨迹。

最后,生成数控程序,传给机床。

在 CAXA 数控车 2013 中,一般是采用两轴加工,机床坐标系的 Z 轴即绝对坐标系的 X 轴,平面图形均指投影到绝对坐标系的 XOY 面的图形。

应用 CAXA 数控车 2013 时,有时需要指定被加工工件表面轮廓和毛坯轮廓。轮廓是一系列首尾相接曲线的集合,如图 5-13 所示为被加工工件表面轮廓示例。针对粗车,需要制定被加工体的毛坯。毛坯轮廓是一系列首尾相接曲线的集合,如图 5-14 所示。

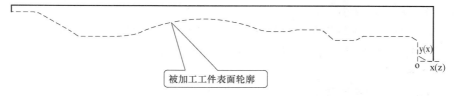

图 5-13　被加工工件表面轮廓示例

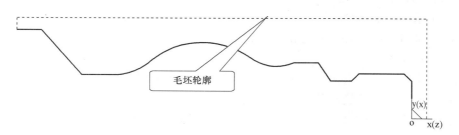

图 5-14　毛坯轮廓示例

在进行数控编程,交互指定待加工图形时,常常需要用户指定毛坯的轮廓,用来界定被加工的表面或被加工的毛坯本身。如果毛坯轮廓是用来界定被加工表面的,则要求指定的轮廓是闭合的；如果加工的是毛坯轮廓本身，则毛坯轮廓也可以不闭合。

轮廓拾取方式有链拾取、限制链拾取和单个拾取。其中链拾取是指自动搜索连接的曲线；限制链拾取是指将起始段和最后一段拾取，中间自动连接；而单个拾取是指一个一个地拾取。

数控车床的速度参数包括主轴转速、接近速度、进给速度和退刀速度，如图 5-15 所示。主轴转速是切削时机床主轴转动的角速度；进给速度是正常切削时刀具行进的线速度（r/mm）；接近速度为从进刀点到切入工件前刀具行进的线速度，又称为进刀速度；退刀速度为刀具离开工件回到退刀位置时刀具行进的线速度。

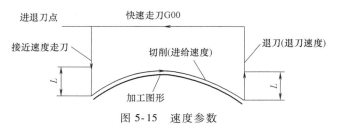

图 5-15　速度参数

这些速度参数的给定一般依赖于用户的经验，原则上讲，它们与机床本身、工件的材料、刀具材料、工件的加工精度和表面粗糙度要求等相关。

刀具轨迹是系统按给定工艺要求生成的对给定加工图形进行切削时刀具行进的路线，如图 5-16 所示。系统以图形方式显示。刀具轨迹由一系列有序的刀位点和连接这些刀位点的直线（直线插补）或圆弧（圆弧插补）组成。

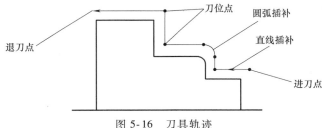

图 5-16　刀具轨迹

CAXA 数控车 2013 系统的刀具轨迹是按刀尖位置来显示的。

车削加工是一个去除余量的过程，即从毛坯开始逐步除去多余的材料，以得到需要的零件。这种过程往往由粗加工和精加工构成，必要时还需要进行半精加工，即需经过多道工序的加工。在前一道工序中，往往需给下一道工序留下一定的余量。实际的加工模型是指定的加工模型按给定的加工余量进行等距的结果，如图 5-17 所示。

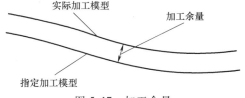

图 5-17　加工余量

加工误差是指刀具轨迹和实际加工模型的偏差，可以通过控制加工误差来控制加工的精度。用户给出的加工误差是刀具轨迹同加工模型之间的最大允许偏差，系统保证刀具轨迹与实际加工模型之间的偏离不大于加工误差。

应根据实际工艺要求给定加工误差，如在进行粗加工时，加工误差可以较大，否则加工效率会受到不必要的影响；而在进行精加工时，需根据表面要求等给定加工误差。

加工干涉是指切削被加工表面时刀具切到了不应该切的部分，又称为过切。

5.3.4　CAXA 数控车 2013 的基本操作

对于 CAM 软件来说，需要先有加工零件的几何模型，而后才能形成用于加工的刀具轨迹。几何模型的来源主要有两种：一是 CAM 软件附带的 CAD 模块直接建立；二是由外部文件导入。对于导入的外部文件，可能出现图线散乱或曲面接合位置产生破损，这些修补工作只能由 CAM 软件来完成。而对于直接在 CAM 软件中建立的模型，则不需要转换文件，只需要结合不同的模型建立方式，产生刀具轨迹。因此，CAM 软件大多附带完整的 CAD 模块。

CAXA 数控车 2013 软件提供了 CAD 模块。在 CAXA 数控车 2013 中，点、直线、圆弧、样条、组合曲线的曲线绘制或编辑，其功能意义相同，操作方式也一样。由于不同种类曲线组合的目的不一样，不同状态的曲线功能组合也不尽相同。

1. 基本图形绘制

CAXA 数控车 2013 中，基本图形可由点、直线、圆弧、样条、组合曲线等组成。

（1）点　在绘制图形过程中，经常需要绘制辅助点，以帮助曲线、特征、加工轨迹等定位。CAXA 数控车 2013 提供了多种点的绘制方式。

1）单个点。

● 工具点：利用点工具菜单生成单个点。此时不能利用切点和垂足点生成单个点。

● 曲线投影点：对于两条不相交的空间曲线，如果它们在当前平面的投影有个交点，则生成该投影交点，生成的点在拾取的第一条线上。

● 曲面上的投影点：对于一个给定位置的点，通过矢量工具菜单给定一个投射方向，则可以在一张曲面上得到一个投影点。

● 曲线曲面交点：可以求一条曲线和一张面的交点。

2）批量点。

● 等分点：生成曲线上按照弧长等分点。

● 等距点：生成曲线上间隔为给定弧长距离的点。

● 等角度点：生成圆弧上等圆心角间隔的点。

（2）直线　在绘图工具条中，单击"直线"按钮（菜单操作：选择主菜单条中的"绘图"，在其下拉菜单中单击"直线"），便激活了直线的生成功能。通过立即菜单的设置，可以用以下几种方式生成直线：两点线、平行线、角度线、曲线切线/法线、角等分线、水平/铅垂线。

（3）圆和圆弧　在绘图工具条中，单击"圆"按钮或"圆弧"按钮（菜单操作：选择主菜单条中的"绘图"，在其下拉菜单中单击"圆"或"圆弧"），便激活了圆或圆弧的生成功能。

● 圆的生成方式：圆心+半径、三点和两点+半径等。

● 圆弧的生成方式：三点圆弧、圆心+起点+圆心角、圆心+半径+起终角、两点+半径、起点+终点+圆心角和起点+半径+起终角。

（4）其他曲线　CAXA 数控车 2013 还提供了除一般曲线外的其他曲线操作，如样条曲线、公式曲线、正多边形、等距曲线、二次曲线等多种曲线生成方式。

2. 曲线编辑

利用基本图形绘制功能虽然可以生成复杂的几何图形，但却非常麻烦和浪费时间。如同大多数 CAD/CAM 软件一样，CAXA 数控车 2013 提供了曲线编辑功能，可有效地提高绘图速度。

（1）曲线裁剪　曲线裁剪是指利用一个或多个几何元素（曲线或点）对给定曲线进行修整，裁掉曲线不需要的部分，得到新的曲线。曲线裁减共有快速裁剪、拾取边界裁剪和批量裁剪三种方式。

快速裁剪时，允许用户在各交叉曲线中进行任意裁剪的操作。其操作方法是直接用光标拾取要被裁剪掉的线段，系统根据与该线段相交的曲线自动确定出裁剪边界，待按下鼠标左键后，将被拾取的线段裁剪掉，如图 5-18 所示。快速裁剪在相交较简单的边界情况下可发挥巨大的优势，它具有很强的灵活性，在实践过程中熟练掌握将大大提高工作的效率。

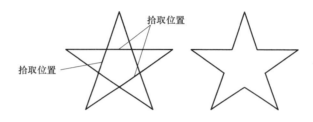

图 5-18　快速裁剪示例

对于相交情况复杂的边界，数控车提供了拾取边界的裁剪方式。拾取一条或多条曲线作为剪刀线，构成裁剪边界，对一系列被裁剪的曲线进行裁剪。系统将裁剪掉所拾取到的曲线段，保留在剪刀线另一侧的曲线段，如图 5-19 所示。另外，剪刀线也可以被裁剪。拾取边界操作方式可以在选定边界的情况下对一系列的曲线进行精确的裁剪。此外，拾取边界裁剪与快速裁剪相比，省去了计算边界的时间，因此执行速度比较快，这一点在边界复杂的情况下更加明显。

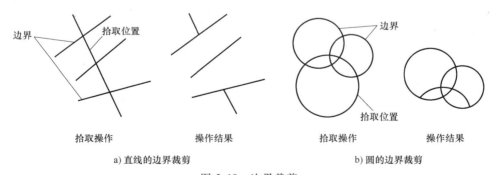

a) 直线的边界裁剪　　　　　　　　　　b) 圆的边界裁剪

图 5-19　边界裁剪

当曲线较多时，可以对曲线进行批量裁剪。单击并选择"修改"下拉菜单中的"裁剪"命令或在"编辑"工具条单击"裁剪"按钮；然后在立即菜单中选择"批量裁剪"项；之后拾取剪刀链，可以是一条曲线，也可以是首尾相连的多条曲线；再用窗口拾取要裁剪的曲线，按右键确认；最后选择要裁剪的方向，裁剪完成。

（2）曲线过渡

1）曲线过渡的作用：对指定的两条曲线进行圆角过渡、尖角过渡和对两条直线进行倒角过渡。

2）曲线过渡的说明：对尖角、倒角及圆角过渡中需要裁剪的情形，拾取的曲线段均是需要保留的曲线段。

3）曲线过渡的形式：圆角过渡、尖角过渡和倒角过渡。

（3）曲线打断　曲线打断的作用是把拾取到的一条曲线在指定点处打断，生成两条曲线。

（4）曲线组合

1）曲线组合的作用：把首尾相连的多条直线、圆弧和样条线组成一条曲线。

2）曲线组合的方式：保留原曲线和删除原曲线。

把多条曲线用一条样条曲线表示，这种表示要求首尾相连的曲线是光滑的。如果首尾相连的曲线有尖点，系统会自动生成一条光滑的样条曲线。

（5）曲线拉伸　曲线拉伸的作用是将指定曲线拉伸到指定点。

3. 几何变换

曲线的几何变换方式包括镜像、旋转、平移、比例缩放和阵列。在编辑工具条中有曲线几何变换相应的工具按钮。工具条上的功能按钮在主菜单的"修改"菜单中都有相应的选项。

（1）镜像　镜像是对拾取到的曲线以某一条直线为对称镜像或对称复制。通过设置其立即菜单，平面镜像包括镜像和移动两种操作，镜像后原图形保留，而进行移动操作后原图形将不再存在。

（2）旋转　旋转是对拾取到的曲线以平面中某一点进行旋转和旋转复制。通过设置其立即菜单，旋转包括复制和移动两种操作，复制后原图形保留，而进行移动操作后原图形将不再存在。

（3）平移　平移是对拾取到的曲线图形相对于原址进行平移和复制。

（4）比例缩放　比例缩放是对拾取到的曲线图形按比例进行缩小和放大。

（5）阵列　阵列的目的是通过一次操作同时生成若干个相同的图形，以提高作图速度，它分为圆形阵列、矩形阵列和曲线阵列三种。

5.3.5　CAXA 数控车 2013 的绘图实例

本节将绘制一个如图 5-20 所示的简单图形，以加深对 CAXA 数控车 2013 图形概念和操作规范的理解。

1. 水平线的绘制

单击主菜单"绘图"中的"直线"命令或在工具条中单击"直线"图标，在屏幕左下方的状态栏出现直线的立即菜单，如图 5-12 所示。

此时，系统提示："第一点（切点，垂足点）："，键入坐标为（-60, 0, 0），状态条提示："第二点（切点，垂足点）："，输入第二点坐标（40, 0, 0）便生成一条直线，右击结束。

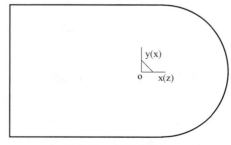

图 5-20　绘图实例

单击主菜单"绘图"中的"平行线"，并把平行线的
"两点方式"改为"偏移"方式，单击立即菜单"2：单向"，
其内容由"单向"变为"双向"，在双向条件下可以画出与
已知线段平行、长度相等的双向平行线段。此时，系统提示：
"拾取直线"，用鼠标拾取一条已生成的线段，拾取后，该提
示改为"输入距离或点（切点）"。在移动鼠标时，在已知线
段两侧各有一条与已知线段平行、并且长度相等的线段被鼠
标拖动着。输入 30 后，按下鼠标左键，两条平行线段被画出，如图 5-21 所示。

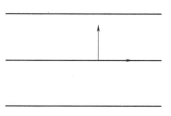

图 5-21　绘制水平线

2. 直线的删除

单击"删除"图标或执行"修改"菜单下的"删除"命令，系统提示："拾取添加"。
单击中间的直线，单击右键后，删除该直线。

3. 垂直线的绘制

将立即菜单切换成"两点线"方式后，系统提
示："第一点（切点，垂足点）："，单击上面直线的
左端点，系统又提示："第二点（切点，垂足点）："，
再单击下面直线的左端点，生成一条垂直线，右键结
束绘制直线。重复上述操作，画出右边的直线。连续
按两次鼠标右键，结束直线绘制命令，结果如图 5-22
所示。

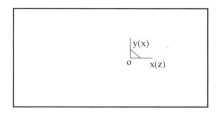

图 5-22　绘制垂直线

4. 圆的绘制

单击工具条上的"圆"图标或主菜单"绘图"菜单下的"圆"命令，从立即菜单上
选择"三点"方式。按空格键弹出点工具菜单，选择"切点"。然后根据提示依次选择最
上面的直线、最右面的直线和下面的直线，便生成与这三条直线相切的圆，如图 5-23
所示。

5. 曲线的裁剪

单击工具条上的"裁剪"图标或主菜单"修改"菜单下的"裁剪"命令，立即菜单显
示"快速裁剪"，系统提示："拾取要裁剪的曲线"。根据提示，用鼠标选取上面直线的右
段，然后单击下面直线的右段，裁剪掉右段。裁剪结果如图 5-24 所示。

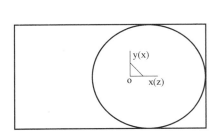

图 5-23　绘制圆

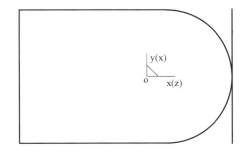

图 5-24　裁剪结果

6. 曲线的删除

单击选择图 5-24 中右边的直线，按 <Delete> 键，结果如图 5-20 所示。

5.3.6　CAXA 数控车 2013 加工操作

CAXA 数控车 2013 提供了多种数控车加工功能，如轮廓粗车、轮廓精车、切槽加工、螺纹加工、钻孔加工和机床设置等，数控车削加工工具条如图 5-25 所示。

图 5-25　数控车削加工工具条

1. 加工方式

（1）轮廓粗车　轮廓粗车功能用于实现对工件外轮廓表面、内轮廓表面和端面的粗车加工，用来快速清除毛坯的多余部分。

进行轮廓粗车时要确定被加工轮廓和毛坯轮廓，被加工轮廓就是加工结束后的工件表面轮廓，毛坯轮廓就是加工前毛坯的表面轮廓。被加工轮廓和毛坯轮廓两端点相连，两轮廓共同构成一个封闭的加工区域，在此区域的材料将被加工去除。被加工轮廓和毛坯轮廓不能单独闭合或自相交。

（2）轮廓精车　实现对工件外轮廓表面、内轮廓表面和端面的精车加工。进行轮廓精车时要确定被加工轮廓，被加工轮廓就是粗车结束后的工件表面轮廓，被加工轮廓不能闭合或自相交。

（3）切槽加工　切槽功能用于在工件外轮廓表面、内轮廓表面和端面切槽。切槽时要确定被加工轮廓，被加工轮廓就是加工结束后的工件表面轮廓，被加工轮廓不能闭合或自相交。

（4）螺纹加工　螺纹加工分为螺纹固定循环和车螺纹。

● 螺纹固定循环采用固定循环方式加工螺纹，输出的代码适用于西门子 840C/840 控制器。

● 车螺纹为非固定循环方式加工螺纹，可对螺纹加工的各种工艺条件、加工方式进行更为灵活的控制。

（5）钻孔加工　钻中心孔用于在工件的旋转中心钻中心孔。该功能提供了多种钻孔方式，包括高速啄式深孔钻、左攻螺纹、精镗孔、钻孔、镗孔和反镗孔等。

因为车削加工中的钻孔位置只能是工件的旋转中心，所以，最终所有的加工轨迹都在工件的旋转轴上，也就是系统的 X 轴（机床的 Z 轴）上。

2. 代码生成

代码生成就是按照当前机床类型的配置要求，把已经生成的加工轨迹转化成 G 代码数据文件，即 CNC 数控程序。有了数控程序就可以直接输入机床进行数控加工。

3. 查看代码

查看代码功能是查看、编辑生成代码的内容。

4. 代码反读

代码反读就是把生成的 G 代码文件反读出来，生成刀具轨迹，以检查生成的 G 代码的正确性。如果反读的刀位文件中包含圆弧插补，需用户指定相应的圆弧插补格式，否则可能得到错误的结果。若后置文件中的坐标输出格式为整数，且机床分辨率不为 1 时，反读的结果是不对的，也即系统不能读取坐标格式为整数且分辨率为非 1 的情况。

反读代码要对圆弧控制进行设置。圆弧控制设置主要设置控制圆弧的编程方式，即采用圆心编程方式还是采用半径编程方式。当采用圆心编程方式时，圆心坐标（I，J，K）有以下三种含义：

1）绝对坐标。采用绝对编程方式，则圆心坐标（I，J，K）的坐标值为相对于工件零点绝对坐标系的绝对值。

2）圆心相对起点。圆心坐标以圆弧起点为参考点取值。

3）起点相对圆心。圆弧起点坐标以圆心坐标为参考点取值。

按圆心坐标编程时，圆心坐标的各种含义是针对不同的数控机床而言的。不同机床之间，其圆心坐标编程的含义也不同，但对于特定的机床其含义只有其中的一种。

当采用半径编程方式时，采用半径正负区别的方法来控制圆弧是劣圆弧还是优圆弧。圆弧半径 R 的含义有以下两种：

1）劣圆弧。圆弧小于 180°，R 为正值。

2）优圆弧。圆弧大于 180°，R 为负值。

另外，X 值的表示也应进行设置，有以下两种方式：

1）X 值表示半径。软件系统采用半径进行编程。

2）X 值表示直径。软件系统采用直径进行编程。

5. 参数修改

参数修改功能是对生成的轨迹不满意时，可以用参数修改功能对轨迹的各种参数进行修改，以生成新的加工轨迹。

6. 轨迹仿真

当系统生成刀具加工曲线后，用户想对加工曲线进行进一步了解，看到加工的效果时，可采用轨迹仿真功能。轨迹仿真对已有的加工轨迹进行加工过程模拟，以检查加工轨迹的正确性。对系统生成的加工轨迹，仿真时用生成轨迹时的加工参数，即轨迹中记录的参数；对从外部反读进来的刀具轨迹，仿真时用系统当前的加工参数。轨迹仿真分为动态仿真、静态仿真和二维仿真，仿真时可指定仿真的步长来控制仿真的速度，也可以通过调节速度条来控制仿真速度。当步长设为 0 时，步长值在仿真中无效；当步长大于 0 时，仿真中每一个切削位置之间的间隔距离即为所设的步长。

- 动态仿真：仿真时模拟动态的切削过程，不保留刀具在每一个切削位置的图像。
- 静态仿真：仿真过程中保留刀具在每一个切削位置的图像，直至仿真结束。
- 二维仿真：仿真前先渲染实体区域，仿真时刀具不断抹去它切削掉部分的染色。

7. 机床设置

机床设置就是针对不同的机床、不同的数控系统，设置特定的数控代码、数控程序格式及参数，并生成配置文件。生成数控程序时，系统根据该配置文件的定义生成用户所需要的特定代码格式的加工指令。

机床设置给用户提供了一种灵活方便的设置系统配置的方法。对不同的机床进行适当的配置，具有重要的实际意义。通过设置系统配置的参数，后置处理生成的数控程序可以直接输入数控机床或加工中心进行加工，而无须进行修改。如果已有的机床类型中没有所需的机床，可增加新的机床类型以满足使用要求，并可对新增的机床进行设置。

机床类型设置包括主轴控制、数值插补方法、补偿方式、冷却控制、程序启停以及程序首尾控制符等，如图 5-26 所示。

在机床类型设置对话框中可对机床的行号地址（N＊＊＊＊）、行结束符（；）、插补方式控制、主轴控制指令、冷却液开关控制、坐标设定、补偿、延时控制、程序停止（M02）等指令进行设置。

另外，还应对机床的程序格式进行设置。程序格式设置就是对 G 代码各程序段格式进行设置。可以对以下程序段进行格式设置：程序起始符号、程序结束符号、程序说明、程序头、程序尾和换刀段等。程序格式的设置方式为字符串或宏指令@字符串或宏指令。其中宏指令为：＄+宏指令串，系统提供的宏指令串有：

- 当前后置文件名：POST_ NAME；
- 当前日期：POST_ DATE；
- 当前时间：POST_ TIME；
- 当前 X 坐标值：COORD_ Y；
- 当前 Z 坐标值：COORD_ X；
- 当前程序号：POST_ CODE；

图 5-26 "机床类型设置" 对话框

以下宏指令内容与 "机床类型设置" 对话框中的设置内容一致：

- 行号指令：LINE_ NO_ ADD；
- 行结束符：BLOCK_ END；
- 直线插补：G01；

- 顺圆弧插补：G02；
- 逆圆弧插补：G03；
- 绝对指令：G90；
- 相对指令：G91；
- 冷却液开：COOL_ON；
- 冷却液关：COOL_OFF；
- 程序止：PRO_STOP；
- 左补偿：DCMP_LFT；
- 右补偿：DCMP_RGH；
- 补偿关闭：DCMP_OFF；

@ 号为换行标志。若是字符串则输出它本身。

$ 号输出空格。

程序的说明部分是对程序的名称、与此程序对应的零件名称编号、编制日期和时间等有关信息的记录。程序说明部分是为了管理的需要而设置的。有了这个功能项目，用户可以很方便地进行管理。例如，要加工某个零件时，只需要从管理程序中找到对应的程序编号即可，而不需要从复杂的程序中去逐个寻找需要的程序。N126-60231，$ POST_NAME，$ POST_DATE，$ POST_TIME，在生成的后置程序中的程序说明部分输出如下说明：（N126-60231，O1261，2014/2/12，15：09：30）。

针对特定的数控机床来说，其数控程序开头部分都是相对固定的，包括一些机床信息，如机床回零、工件零点设置、开走丝及冷却液开启等。例如，直线插补指令内容为G01，那么，$ G1 的输出结果为 G01，同样 $ COOL_ON 的输出结果为 M7，$ PRO_STOP 的输出结果为 M02，以此类推。

例如，$ COOL_ON@ $ SPN_CW@ $ G90 $ $ G0 $ COORD_Y $ COORD_X@ G41 在后置文件中的输出内容为：

M07；

M03；

G90 G00 X10.000 Z20.0000；

G41；

8. 后置处理设置

后置处理设置就是针对特定的机床，结合已经设置好的机床配置，对后置输出的数控程序的格式进行设置。本功能可以设置程序段行号、程序大小、数据格式、编程方式和圆弧控制方式等，如图 5-27 所示。

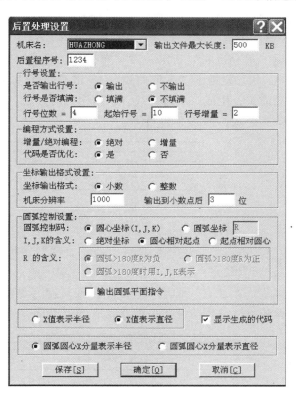

图 5-27　"后置处理设置"对话框

5.3.7 CAXA 数控车 2013 加工实例

下面以手柄的数控车削加工程序的自动生成为例，来讲解 CAXA 数控车 2013 的应用。

要求利用 CAXA 数控车 2013 软件，完成如图 5-28 所示手柄的加工，包括外轮廓、外槽和外螺纹的加工。

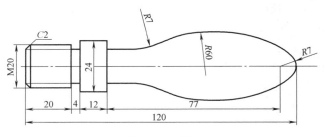

图 5-28 手柄

操作步骤如下：

1. 轮廓建模

1）单击"绘图"工具栏中的"直线"图标，在立即菜单中单击"两点线""连续""正交""点方式"。根据状态栏提示，输入直线的"第一点（切点，垂足点）："，用鼠标捕捉原点；状态栏提示"第二点（切点，垂足点）或长度"，输入坐标"113，0"，绘制第一条直线如图 5-29 所示。

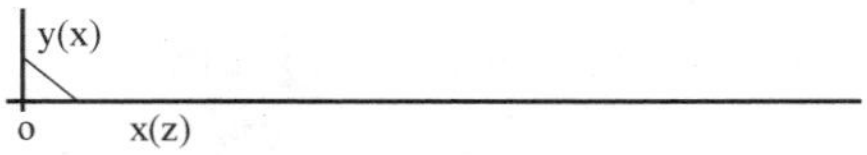

图 5-29 绘制第一条直线

2）作第一条直线的等距线。单击"绘图"工具栏中的"等距线"图标，在立即菜单中选择"单个拾取""指定距离""单向""空心"，在距离栏中输入"12"后按回车键，"份数"为 1。状态栏提示"拾取曲线"，单击第一条直线；状态栏提示"请拾取所需方向"，单击向上箭头，生成第二条直线；采用同样的方法，作与第一条直线距离分别为 8mm、10mm 的两条等距线，如图 5-30 所示。

图 5-30 绘制等距线

3）单击"绘图"工具栏中的"直线"图标，在立即菜单中单击"两点线"中的"单个"，根据状态栏提示，输入直线的"第一点（切点，垂足点）："，用鼠标捕捉原点；状态栏提示"第二点（切点，垂足点）或长度"，拾取第一条直线的左端点，画出垂直线。用等距线的方法，作与第一条垂直线距离为 20mm、24mm 和 36mm 的等距线，如图 5-31 所示。

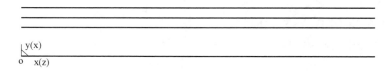

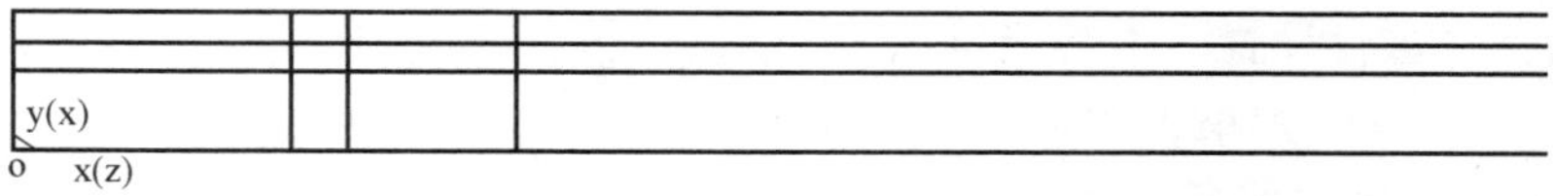

图 5-31 绘制垂直线和等距线

4）单击"修改"工具栏中的"裁剪"图标，在立即菜单中选择"快速裁剪"，根据状态栏的提示，用鼠标拾取要裁剪的线段。对剪切不掉的线，可单击"修改"工具栏中的"删除"图标，根据状态栏的提示，用鼠标拾取要删除的线，结果如图 5-32 所示。

图 5-32　裁剪与删除

5）单击"绘图"工具栏中的"圆"图标，在立即菜单中选择"圆心_半径""半径""无中心线"，以点"113，0"为圆心作半径为 7mm 的圆，结果如图 5-33 所示。

作与直线相切的圆。单击"绘图"工具栏中的"圆"图标，在立即菜单中选择"圆心_半径"。根据状态栏提示，输入"圆心点"，输入坐标"48，15"；根据状态栏提示，"输入半径或圆上一点"，输入 7，结果如图 5-34 所示。

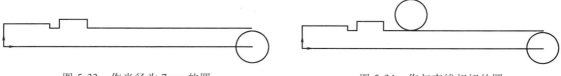

图 5-33　作半径为 7mm 的圆　　　　　　图 5-34　作与直线相切的圆

作与两圆相切的弧。单击"绘图"工具栏中的"圆弧"图标，在立即菜单中选择"两点_半径"。根据状态栏提示，输入"第一点（切点）"，按空格键，弹出点拾取工具菜单，选取"切点"，则在状态栏中将"屏幕点"切换到"切点"，拾取其中一个圆；状态栏提示"第二点（切点）"，按"T"键，拾取另一个圆，然后拖动鼠标，可以看到一个半径可以变动的圆弧，状态栏提示"第三点（切点）或半径"，输入圆弧半径60mm，得到另一条圆弧，如图 5-35 所示。

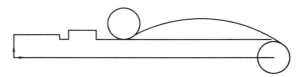

图 5-35　作与两圆相切的弧

6）单击"修改"工具栏中的"拉伸"图标，按键盘上的"E"键，单击选取最下边直线的右端点，然后选择右边的圆，将直线延伸到与该圆相交。之后单击"修改"工具栏中的"裁剪"图标，在立即菜单中选择"快速裁剪"，根据状态栏提示，用鼠标拾取被裁剪的线段即可。如果还有剪不掉的曲线，可采用删除的方法，删除不需要的线，结果如图 5-36 所示。

图 5-36　手柄轮廓的上半部分

至此，手柄轮廓图形的上半部分已经完成。

7）单击"直线"按钮，在立即菜单中单击"两点线"中的"连续""正交""点方式"。根据状态栏提示，输入直线的"第一点（切点，垂足点）："，用鼠标捕捉图 5-36 中的左边直线的上端点；状态栏提示"第二点（切点，垂足点）："，输入坐标"0，20"；继续输入"120，20""120，0"，作图结果如图5-37所示。

图 5-37　被加工轮廓和毛坯轮廓

2. 生成加工轨迹

（1）轮廓粗车　单击"数控车"工具栏中的"轮廓粗车"图标，系统弹出"粗车参数表"对话框，系统提示："请填写加工参数表"，填写各参数如图 5-38 所示。

单击"进退刀方式"选项卡，填写进退刀方式参数如图 5-39 所示。

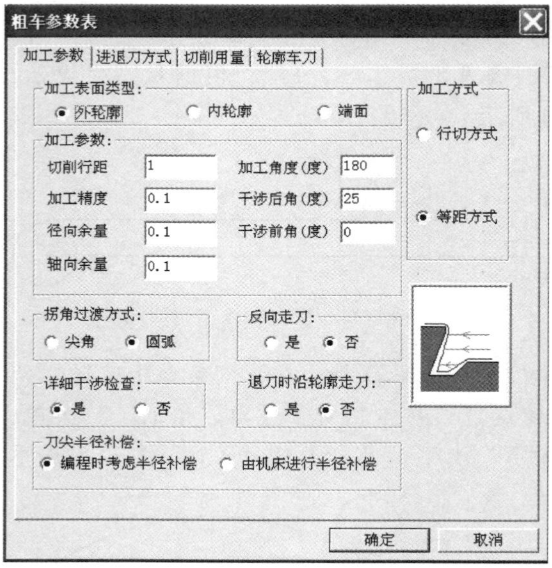

图 5-38　"粗车参数表"对话框　　　　图 5-39　粗车进退刀参数设定

单击"轮廓车刀"选项卡，选择刀具及确定刀具参数如图 5-40 所示，单击"确定"按钮。

系统提示"拾取被加工工件表面轮廓："，采用"限制链拾取"，先拾取左边水平直线轮廓线，系统提示"请拾取所需方向："，拾取向右的箭头，系统提示"拾取限制曲线"，拾取右面 R7 圆弧部分的轮廓线，系统自动拾取该两条限制轮廓线之间连接的被加工工件表面轮廓线，且该段轮廓线变成红色的虚线，如图 5-41 所示（因本书非彩印，图中为浅灰色，计算机操作中为相应颜色，后面类似情况不再说明）。当轮廓线是由多条连续曲线组成时，可以采用限制链拾取。

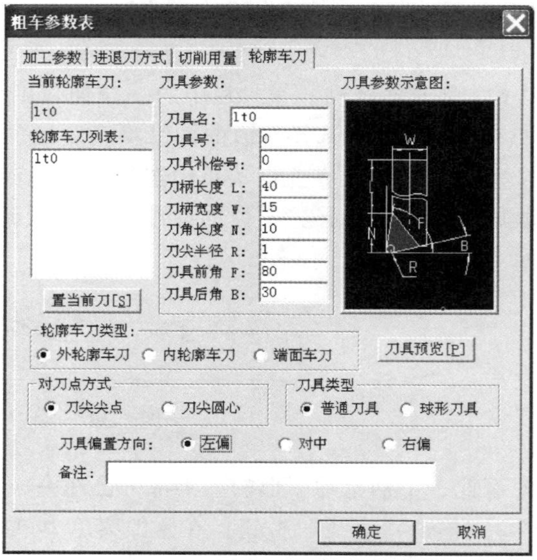

图 5-40　刀具参数设定

系统提示"拾取毛坯轮廓:",毛坯轮廓的拾取方法与拾取被加工工件表面轮廓类似,如图 5-42 所示。

图 5-41 拾取被加工工件表面轮廓

指定一点为刀具加工前和加工后所在的位置(进退刀点),当确定进退刀点之后,系统生成绿色的刀具轨迹,如图 5-43 所示。

图 5-42 拾取结果

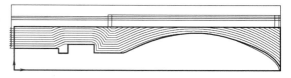

图 5-43 粗车加工轨迹

单击主菜单"数控车"下面的"轨迹仿真",可以查看粗车加工轨迹仿真,如图 5-44 所示为用"二维实体"方式的仿真过程截图。

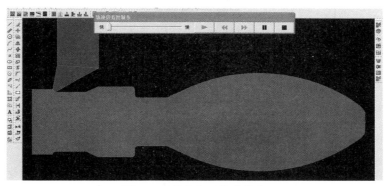

图 5-44 粗车加工轨迹仿真

如果对加工轨迹不满意,可以通过主菜单"数控车"下面的"参数修改"来修改所生成轨迹的加工参数,确定后,系统会根据新的加工要求来自动生成加工轨迹。

(2)切槽加工 单击"数控车"工具栏中的"切槽"图标,系统弹出"切槽参数表"对话框,确定各加工参数如图 5-45 所示,然后分别设置切削用量和切槽刀具。

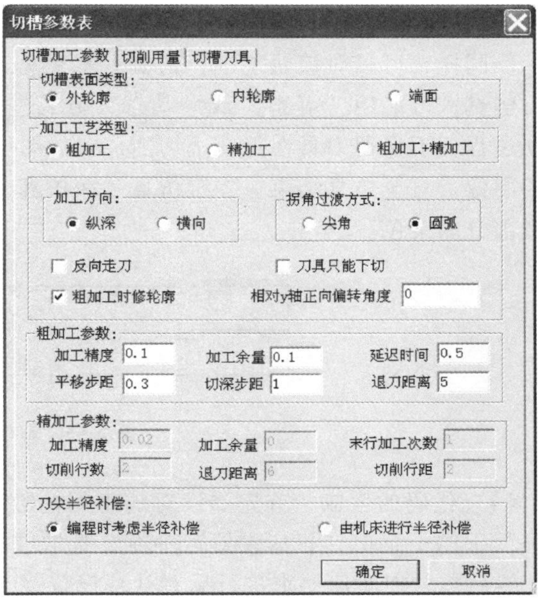

单击"确定"按钮后拾取被加工工件表面轮廓,输入进退刀点或忽略进退刀点输入后,CAXA 数控车系统可以自动生成槽加工轨迹,如图 5-46 所示。同样,可以对该轨迹进行仿真及参数修改等。

(3)螺纹加工 单击"数控车"工

图 5-45 "切槽参数表"对话框

具栏中的"车螺纹"图标，根据系统提示，
依次拾取螺纹起点、终点。拾取完毕，弹出
"螺纹参数表"对话框，前面拾取的点的坐
标也显示在参数表中，设置对话框中其他各
参数，如图5-47所示。

图 5-46 槽加工轨迹

图 5-47 "螺纹参数表"对话框

单击"确定"，输入进退刀点后，CAXA数控车系统自动生成螺纹加工轨迹，如图5-48
所示。同样，可以对该轨迹进行仿真及参数修改等。但螺纹加工不能用"二维实体"方式
进行仿真，可能用"静态"或"动态"方式进行螺纹加工的仿真。动态仿真时模拟动态的
切削过程，不保留刀具在每一个切削位置的图像。静态仿真过程中保留刀具在每一个切削位
置的图像，直至仿真结束。二维仿真是在仿真前先渲染实体区域，仿真时刀具不断抹去它切
削掉部分的染色。

图 5-48 螺纹加工轨迹

（4）代码的生成 首先要针对加工用的数控机床进行机床设置。单击主菜单中的"数
控车"下的子菜单"机床设置"命令，选取或按要求设置加工所用数控车床，如图5-49所
示。然后按数控车床要求进行后置处理设置（单击主菜单中的"数控车"下的子菜单"后
置设置"命令），如图5-50所示。

图 5-49　"机床类型设置"对话框

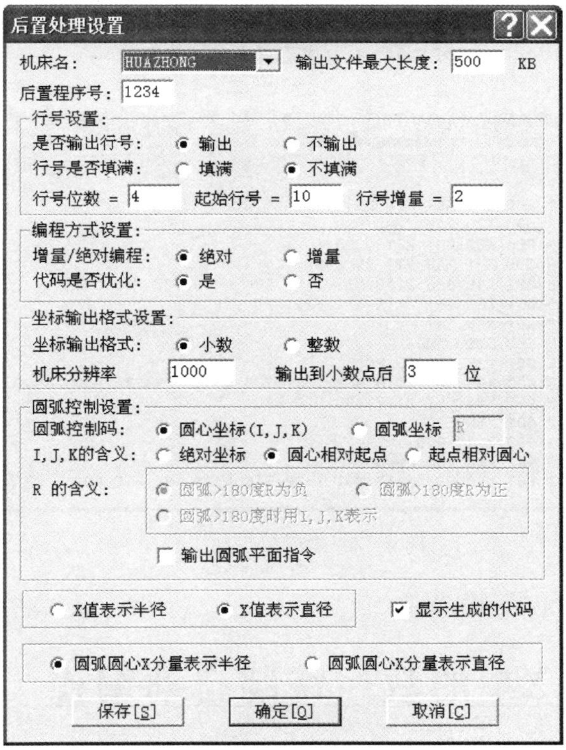

图 5-50　"后置处理设置"对话框

机床类型和后置处理设置正确后，再单击主菜单中的"数控车"下的子菜单"代码生成"命令，或单击"数控车"工具栏中的"代码生成"图标，系统弹出"生成后置代码"对话框，如图 5-51 所示。单击"确定"按钮后，系统提示"拾取刀具轨迹！"，可依加工顺序依次拾取轮廓粗车、切槽加工和螺纹加工轨迹，按回车键后系统自动生成数控加工程序，如图 5-52 所示。

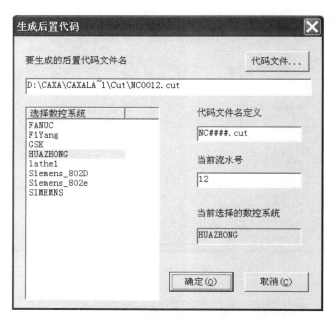

图 5-51　"生成后置代码"对话框

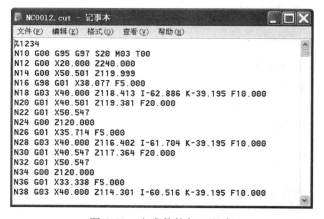

图 5-52　生成数控加工程序

至此，整个加工程序编制结束。

5.4　基于 CAXA 的数控铣削自动编程

数控铣削加工的零件几何形状多种多样，不像数控车、线切割加工的零件，轮廓基本上是平面图形。因此适应于数控铣削加工的工件几何形状计算机化工作必须要用三维 CAD/CAM 软件，只有极少数工件用二维绘图软件可以完成其建模。

　　CAXA 制造工程师 2013 是一种功能强大，易学易用的全中文三维复杂型面加工的 CAD/CAM 软件，具有灵活、强大的实体曲面混合造型功能和丰富的数据接口，可以实现复杂产品的三维造型设计。通过加工工艺参数和机床后置的设定，选取需加工的部分，可以自动生成适用于任何数控系统的加工程序；并且可以通过直观的加工仿真和代码反读来验证加工轨迹是否合理。

5.4.1　CAXA 制造工程师 2013 用户界面及功能

　　用户界面是交互式 CAD/CAM 软件与用户进行信息交流的媒介。系统通过用户界面反映当前信息状态要执行的操作，用户按照界面提供的信息做出判断，并经由输入设备进行下一步的操作。

　　CAXA 制造工程师 2013 用户界面如图 5-53 所示，和其他 Windows 风格的软件一样，各种应用功能通过菜单、工具条驱动；状态栏指导用户进行操作并提示当前状态和所处位置；特征/轨迹树记录了历史操作和相互关系；绘图区显示各种功能操作的结果。同时，绘图区和特征/轨迹树为用户提供了数据交互的功能。CAXA 制造工程师 2013 工具条中每一个按钮都对应一个菜单命令，单击按钮和单击菜单命令是完全一样的。

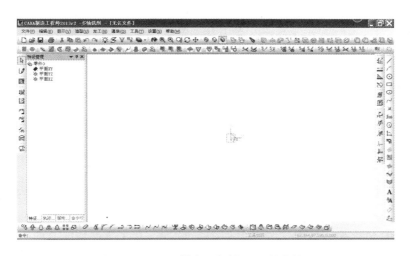

图 5-53　CAXA 制造工程师 2013 用户界面

1. 绘图区

　　绘图区是进行绘图设计的工作区域，如图 5-53 所示的空白区。它们位于屏幕的中心，并占据了屏幕的大部分面积。在绘图区的中央有一个三维直角坐标系，它的坐标原点为（0.000，0.000，0.000）。用户在操作过程中的所有坐标均以此坐标系的原点为基准。

2. 主菜单

　　主菜单是用户界面最上方的菜单条，单击菜单条中的任意一个菜单项，都会弹出一个下拉式菜单，指向某一个菜单项会弹出其子菜单。主菜单包括文件、编辑、显示、造型、加工、通信、工具、设置和帮助。每个部分都含有若干个下拉菜单。

单击主菜单中的"造型",指向下拉菜单中的"曲线生成",然后单击其子菜单中的"直线",界面左侧会弹出一个立即菜单,并在状态栏显示相应的操作提示即将执行的命令状态。对于立即菜单和工具菜单以外的其他菜单来说,某些菜单选项要求用户以对话形式予以回答。用鼠标单击这些菜单时,系统会弹出一个对话框,用户可根据当前操作做出响应。

3. 立即菜单

立即菜单描述了该项命令执行的各种情况和使用条件。用户根据当前的作图要求,正确地选择某一选项,即可得到准确的响应。在立即菜单中,用鼠标选取其中的某一项(如"两点线"),便会在下方出现一个选项菜单或者改变该项的内容。

4. 快捷菜单

光标处于不同的位置,单击鼠标右键有时会弹出不同的快捷菜单。熟练使用快捷菜单,可以提高绘图速度。

5. 对话框

某些菜单选项要求用户以对话框的形式回答,单击这些菜单时,系统会弹出一个对话框,用户可根据当前操作做出响应。

6. 工具条

在工具条中,可以通过鼠标左键单击相应的按钮进行操作。可以自定义工具条,界面上的工具条包括标准工具、显示工具、状态工具、曲线工具、几何变换、线面编辑、曲面工具和特征工具等。

1)标准工具包含了标准的"打开文件""打印文件"等 Windows 按钮,也有制造工程师 2013 的"线面可见""层设置""拾取过滤设置""当前颜色"按钮。

2)显示工具包含了"缩放""移动""视向定位"等选择显示方式的按钮。

3)状态工具包含了"终止当前命令"和"草图状态开关"两个常用按钮。

4)曲线工具包含了"直线""圆弧""公式曲线"等丰富的曲线绘制工具。

5)几何变换包含了"平移""镜像""旋转""阵列"等几何变换工具。

6)线面编辑包含了曲线的裁剪、过渡、拉伸和曲面的裁剪、过渡、缝合等编辑工具。

7)曲面工具包含了"直纹面""旋转面""扫描面"等曲面生成工具。

8)特征工具包含了"拉伸""导动""过渡""阵列"等丰富的特征造型手段。

7. 特征树

图 5-53 所示用户界面中右侧的"特征管理"中显示有特征树,特征树记录了零件生成的操作步骤,用户可以直接在特征树中对零件特征进行编辑。

8. 点工具菜单

工具点是在操作过程中具有几何特征的点,如圆心点、切点、端点等。点工具菜单是用来捕捉工具点的菜单。用户进入操作命令,需要输入特征点时,只要按下空格键,系统即在屏幕上弹出点工具菜单,主要有以下选项,括号中为快捷键。

默认点(S):屏幕上的任意位置点:

端点(E):曲线的端点:

中点(M):曲线的中点:

交点（I）：两曲线的交点：

圆心（C）：圆或圆弧的圆心：

切点（T）：曲线的切点：

垂足点（P）：曲线的垂足点：

最近点（N）：曲线上距离捕捉光标最近的点：

型值点（K）：样条特征点：

刀位点（O）：刀具轨迹上的点：

存在点（G）：用曲线生成中的点工具生成的点：

曲面上点（F）：曲面上的某一点：

9. 矢量工具

矢量工具主要用来选择方向，在曲面生成时经常要用到。

10. 选择集拾取工具

拾取图形元素（点、线、面）的目的就是根据作图的需要在已经完成的图形中，选取作图所需要的某个或某几个元素。选择集拾取工具就是用来方便地拾取需要的元素的工具。拾取元素的操作是经常要用到的操作，应当熟练地掌握它。

5.4.2　CAXA 制造工程师 2013 的基本概念

用 CAXA 制造工程师 2013 实现数控铣削加工的过程如下：

1）在后置设置中必须配置好机床，这是正确输出代码的关键。

2）看懂图样，用曲线、曲面和实体表达工件。

3）根据工件形状，选择合适的加工方式，生成刀具轨迹。

4）生成 G 代码，传给机床。

- 两轴加工：机床坐标系的 X、Y 轴两轴联动，而 Z 轴固定，即机床在同一高度下对工件进行切削。两轴加工适合于铣削平面图形。在 CAXA 制造工程师 2013 软件中，机床坐标系的 Z 轴即是绝对坐标系的 Z 轴，平面图形均指投影到绝对坐标系的 XOY 面的图形。

- 两轴半加工：在两轴的基础上增加了 Z 轴的移动，当机床坐标系的 X、Y 轴固定时，Z 轴可以有上下的移动。利用两轴半加工可以实现分层加工，每层在同一高度（指 Z 向高度，下同）上进行两轴加工，层间有 Z 向的移动。

- 三轴加工：机床坐标系的 X、Y 和 Z 轴三轴联动。三轴加工适合于进行各种非平面图形即一般的曲面的加工。

- 轮廓：一系列首尾相接曲线的集合。在进行数控编程，交互指定待加工图形时，常常需要用户指定图形的轮廓，用来界定被加工的区域或被加工的图形本身。如果轮廓是用来界定被加工区域的，则要求指定的轮廓是闭合的；如果加工的是轮廓本身，则轮廓也可以不闭合。由于 CAXA 制造工程师 2013 对轮廓作到当前坐标系的当前平面投影，所以组成轮廓的曲线可以是空间曲线。但要求指定的轮廓不应有自交点。

- 区域和岛：由一个闭合轮廓围成的内部空间，其内部可以有"岛"。岛也是由闭合轮廓界定的。区域指外轮廓和岛之间的部分。由外轮廓和岛共同指定待加工的区域，外轮廓用来界定加工区域的外部边界，岛用来屏蔽其内部不需加工或需保护的部分。

- 刀具：CAXA 制造工程师 2013 主要针对数控铣加工提供三种铣刀：球刀（$r = R$）、端刀（$r=0$）和 R 刀（$r<R$），其中 R 为刀具半径、r 为刀角半径。刀具参数中还有刀杆长度和刀刃长度。

在三轴加工中，端刀和球刀的加工效果有明显区别，当曲面形状复杂有起伏时，建议使用球刀，适当调整加工参数可以达到好的加工效果。在两轴中，为提高效率建议使用端刀，因为相同的参数，球刀会留下较大的残留高度。选择刀刃长度和刀杆长度时请考虑机床的情况及零件的尺寸是否会发生干涉。

● 刀具轨迹和刀位点：系统按给定工艺要求生成的对给定加工图形进行切削时刀具行进的路线，系统以图形方式显示。刀具轨迹由一系列有序的刀位点和连接这些刀位点的直线（直线插补）或圆弧（圆弧插补）组成。CAXA 制造工程师 2013 的刀具轨迹是按刀尖位置来计算和显示的。

● 干涉：在切削被加工表面时，如果刀具切到了不应该切的部分，则称为出现干涉现象，或者称为过切。在 CAXA 制造工程师 2013 系统中，干涉分为自身干涉和面间干涉两种情况。其中，自身干涉指被加工表面中存在刀具切削不到的部分时存在的过切现象。面间干涉指在加工一个或一系列表面时，可能会对其他表面产生过切的现象。

● 模型：系统存在的所有曲面和实体的总和（包括隐藏的曲面或实体）。造型时模型的曲面是光滑连续（法矢连续）的，如球面是一个理想的光滑连续的面。这样的理想模型称为几何模型。但在加工时，是不可能完成这样一个理想的几何模型。因此，一般会把一张曲面离散成一系列的三角片。由这一系列三角片所构成的模型称为加工模型。加工模型与几何模型之间的误差称为几何精度。加工精度是按轨迹加工出来的零件与加工模型之间的误差，当加工精度趋近于 0 时，轨迹对应的加工件的形状就是加工模型（忽略残留量）。

由于系统中所有曲面及实体（隐藏或显示）的总和为模型，所以在增删面时，一定要小心，因为删除曲面或增加实体元素都意味着对模型的修改，这样已生成的轨迹可能会不再适用于新的模型了，严重的会导致过切。建议在使用加工模块过程中不要增删曲面，如果一定要这样做，可以重新计算所有的轨迹。

5.4.3　CAXA 制造工程师 2013 的基本操作

文件管理方面包括新建、打开、保存、打印、并入文件等。

1）新建文件即创建新的图形。建立一个新的文件后，用户就可以应用图形绘制和实体造型等各项功能随心所欲地进行各种操作了。但是，用户必须记住当前所有操作结果都记录在内存中，只有在存盘后，用户的设计成果才会永久地保存下来。

2）打开文件即打开一个已有的 CAXA 制造工程师 2013 存储的数据文件，并为非 CAXA 制造工程师 2013 的数据文件格式提供相应接口，使在其他软件上生成的文件也可以通过此接口转换成制造工程师 2013 的文件格式，并进行处理。在制造工程师 2013 中可以读入 ME 数据文件 .mxe，零件设计数据文件 .epb，ME1.0、2.0 数据文件 .csn，Parasolid 的 .x_t 文件，Parasolid 的 .x_b 文件，DXF 文件，IGES 文件和 DAT 文件。

3）保存文件可将当前绘制的图形以文件形式存储到软盘上。而保存图片是将 CAXA 制造工程师 2013 的实体图形导出为 bmp 类型的图像。另存文件是将当前绘制的图形另取一个文件名存储到软盘上。

4）打印文件即由输出设备输出图形。CAXA 制造工程师 2013 的打印功能，采用了 Windows 的标准输出接口，因此可以支持任何 Windows 支持的打印机，在 CAXA 制造工程师 2013 系统内无须单独安装打印机，只需在 Windows 下安装即可。用户可在打印设置中根据当前绘制输出的需要从中选择纸张大小、设备型号、图纸方向等一系列相关内容。

5）并入文件是指并入一个实体或者线面数据文件（DAT、IGES、DXF），或在文件菜单中单击"并入文件"菜单与当前图形合并成为一个图形。

除此之外，还有读入草图、输出视图和样条输出。读入草图是将已有的二维图作为草图读入到 CAXA 制造工程师 2013 中。输出视图是指输出三维实体的投影视图和剖视图。样条输出则是将样条线输出为 ∗.dat 文件。文件中记录每根样条线型值点的个数和坐标值。

另外，通过"系统设置"可以更改系统的一些基本参数，包括当前颜色、层设置、拾取过滤设置、系统设置、光源设置、材质设置和自定义等操作。

图形绘制是构造零件几何模型的基本手段，CAXA 制造工程师 2013 系统提供了功能齐全的作图方式。利用它，可以绘制各种各样复杂的几何零件造型。CAXA 制造工程师 2013 系统的图形绘制模式可分为基本曲线绘制和高级曲线绘制两大部分。CAXA 制造工程师 2013 将常用的基本图形元素，如点、直线、圆弧等统称为基本曲线。基本曲线绘制模式主要包括直线、圆弧、圆、矩形、中心线、样条线、轮廓线、等距线、剖面线共九大功能。单击主菜单"造型"下的"曲线生成"选项，可以绘制基本曲线。

1. 基本曲线绘制

（1）点　在绘制图形过程中，经常需要绘制辅助点，以帮助曲线、特征、加工轨迹等定位。CAXA 制造工程师 2013 提供了多种点的绘制方式。

1）单个点。

● 工具点：利用点工具菜单生成单个点。此时不能利用切点和垂足点生成单个点。

● 曲线投影点：对于两条不相交的空间曲线，如果她们在当前平面的投影有个交点，则生成该投影交点，生成的点在拾取的第一条线上。

● 曲面上的投影点：对于一个给定位置的点，通过矢量工具菜单给定一个投射方向，则可以在一张曲面上得到一个投影点。

● 曲线曲面交点：可以求一条曲线和一张面的交点。

2）批量点。

● 等分点：生成曲线上按照弧长等分点。

● 等距点：生成曲线上间隔为给定弧长距离的点。

● 等角度点：生成圆弧上等圆心角间隔的点。

（2）直线　在曲线生成工具条中，单击"直线"按钮，也可选择主菜单条"造型"中的"曲线生成"，在其中单击"直线"选项，便激活了直线的生成功能。通过立即菜单的设置，可以用两点线、平行线、角度线、曲线切线/法线、角等分线、水平/铅垂线等方式生成直线。

（3）圆、圆弧和椭圆　在曲线生成工具条中，单击"圆"按钮、"圆弧"按钮或"椭圆"按钮，也可选择主菜单条"造型"中的"曲线生成"，在其中单击"圆""圆弧"或

"椭圆"，便激活了圆、圆弧或椭圆的生成功能。

- 圆的生成方式：圆心_半径、三点和两点_半径。
- 圆弧的生成方式：三点圆弧、圆心_起点_圆心角、圆心_半径_起终角、两点_半径、起点_终点_圆心角和起点_半径_起终角。
- 椭圆的生成需输入给定参数，画一个任意方向的椭圆，用鼠标或键盘输入椭圆中心，即可完成绘制。

（4）其他曲线　CAXA 制造工程师 2013 除了以上一些基本曲线、点的绘制外，还提供了样条曲线、等距曲线、投射线、相关线、圆弧样条、文字、正多边形、二次曲线、公式曲线等多种绘制方式。这些曲线的操作与基本曲线、点的操作相类似。

2. 运用几何变换对图形进行编辑

几何变换对于编辑图形和曲面有着极为重要的作用，可以极大地方便用户。几何变换是指对线、面进行变换，对造型实体无效，而且几何变换前后线、面的颜色、图层等属性不发生变换。几何变换有平面镜像、平面旋转、镜像、平移、缩放、旋转、阵列七种功能。使用时，可单击屏幕左下角的"几何变换"工具栏，或单击"造型"菜单下的"几何变换"菜单，选取相应的工具按钮。

5.4.4　CAXA 制造工程师 2013 的零件造型

1. 曲面与三维造型的绘制与编辑

（1）曲面生成　CAXA 制造工程师 2013 提供了丰富的曲面造型手段，构造完决定曲面形状的关键线框后，就可以在线框基础上，选用各种曲面的生成和编辑方法，在线框上构造所需定义的曲面来描述零件的外表面。根据曲面特征线的不同组合方式，可以组织不同的曲面生成方式。曲面生成方式共有 10 种：直纹面、旋转面、扫描面、边界面、放样面、网格面、导动面、等距面、平面和实体表面。单击"造型"菜单下的"曲面生成"子菜单，可在菜单上选取相应的功能。

- 直纹面：由一根直线两端点分别在两曲线上匀速运动而形成的轨迹曲面。有三种方式生成：曲线+曲线、点+曲线和曲线+曲面。
- 旋转面：按给定的起始角度、终止角度将曲线绕一旋转轴旋转而生成的轨迹曲面。选择方向时，箭头方向与曲面旋转方向两者遵循右手螺旋法则。
- 扫描面：按照给定的起始位置和扫描距离将曲线沿指定方向以一定的锥度扫描生成曲面。
- 等距面：按给定距离与等距方向生成与已知平面（曲面）等距的平面（曲面）。
- 导动面：让特征截面线沿着特征轨迹线的某一方向扫动生成的曲面。有六种生成方式：平行导动、固接导动、导动线+平面、导动线+边界线、双导动线、管道曲面。
- 平面：利用多种方式生成所需平面。平面是一个实际存在的面。
- 边界面：由已知曲面围成的边界区域上生成的曲面。有四边面和三边面两种类型。
- 放样面：以一组不相交、方向相同、形状相似的特征线（截面线）为骨架进行形状控制，过这些曲线生成的曲面称为放样面。有截面曲线和曲面边界两种类型。拾取时，注意点的对应。
- 网格面：以网格曲线为骨架，蒙上自由曲面生成的曲面称为网格曲面。网格曲线是由特征线组成的横竖相交的线。

● 实体表面：把通过特征生成的实体表面剥离出来而形成一个独立的面。

（2）曲面编辑　曲面编辑是曲面造型不可缺少的组成部分，CAXA 制造工程师 2013 具有较强的曲面编辑功能。它可以对曲面进行裁剪、过渡、拼接、缝合、优化、重拟合和延伸等处理。单击主菜单中的"造型"菜单下的"曲面编辑"选取相应的编辑功能。

● 曲面裁剪：对生成的曲面进行修剪，去掉不需要的部分。有四种方式：投射线裁剪、线裁剪、等参数线裁剪和裁剪恢复。

● 曲面过渡：在给定的曲面之间以一定的方式作给定半径或半径规律的圆弧过渡面，以实现曲面之间的光滑过渡。曲面过渡就是用截面是圆弧的曲面将两张曲面光滑地连接起来，过渡面不一定过原曲线的边界。有七种方式：两面过渡、三面过渡、系列面过渡、曲线曲面过渡、参考线过渡、曲面上线过渡和两线过渡。曲面过渡支持等半径过渡和变半径过渡。半径过渡是指沿着过渡面半径是变化的过渡方式。不管是线性变化半径还是非线性变化半径，系统都能够提供有力的支持。用户可以通过给定导引边界线或半径变化规律的方式来实现变半径过渡。

● 曲面缝合：将两张曲面光滑连接为一张曲面。有两种方式：一是通过第一张曲面的切矢进行光滑过渡连接，即曲面切矢；二是通过两曲面的平均切矢进行光滑过渡连接，即平均切矢。

● 曲面拼接：曲面光滑连接的一种方式，它可以通过多个曲面的对应边界，生成一张曲面与这些曲面光滑相接。有三种方式：两面拼接、三面拼接和四面拼接。

● 曲面延伸：在应用中所作的曲面有可能短或窄，无法满足要求，需要把一张曲面从某条边延伸出去。曲面延伸就是把原曲面按所给定长度沿相切的方向延伸出去，扩大曲面，以帮助用户进行下一步操作。有两种方式：长度延伸和比例延伸。

● 曲面优化：在实际应用中，有时生成的曲面的控制顶点很密、很多，会导致对这样的曲面处理起来很慢，甚至会出现问题。曲面优化功能就是在给定的精度范围内，尽量去掉多余的控制顶点，使曲面的运算效率大大提高。曲面优化功能不支持裁剪曲面。

● 曲面重拟合：在很多情况下，生成的曲面是通过 NURBS 表达的（即控制顶点的权因子不全为 1），或者有重节点，这样的曲面在某些情况下不能完成运算。这时，需要把曲面修改为 B 样条表达形式，即没有重节点，控制顶点权因子全部是 1。曲面重拟合功能就是把 NURBS 曲面在给定的精度条件下拟合为 B 样条曲面。曲面重拟合功能不支持裁剪曲面。

2. 实体特征生成

特征设计是零件设计模块的重要组成部分。CAXA 制造工程师 2013 的零件设计采用精确的特征实体造型技术，它完全抛弃了传统的体素合并和交、并、差的繁琐方式，将设计信息用特征术语来描述，使整个设计过程直观、简单、准确。

通常的特征包括孔、槽、型腔、点、凸台、圆柱体、块、锥体、球体、管子等，CAXA 制造工程师 2013 的零件设计可以方便地建立和管理这些特征信息。

● 拉伸增料：将一个轮廓曲线根据指定的距离做拉伸操作，用以生成一个增加或移出材料的特征。拉伸类型包括固定深度、双向拉伸和拉伸到面。

● 拉伸除料：通过一个轮廓曲线根据指定的距离做拉伸操作，用以生成一个减去材料的特征。其操作与拉伸增料大致相同，但需在实体上进行。拉伸类型包括固定深度、双向拉伸、拉伸到面和贯穿。

- 旋转增料：通过围绕一条空间直线旋转一个或多个封闭轮廓，增加生成一个特征。旋转类型包括单向旋转、对称旋转和双向旋转。
- 旋转除料：通过围绕一条空间直线旋转一个或多个封闭轮廓，移除生成一个特征。旋转类型包括单向旋转、对称旋转和双向旋转。
- 放样增料：根据多个截面线轮廓（截面线应为草图轮廓）生成一个实体。
- 放样除料：根据多个截面移出一个实体。
- 导动增料：将某一截面曲线或轮廓线沿着另外一条轨迹线运动生成一个特征实体。截面线应为封闭的草图轮廓，截面线的运动形成了导动曲面。
- 导动除料：将某一截面曲线或轮廓线沿着另外一条轨迹线运动移出一个特征实体。截面线应为封闭的草图轮廓，截面线的运动形成了导动曲面。
- 曲面加厚增料：对指定曲面按照给定的厚度和方向进行增加的特征修改。
- 曲面加厚除料：对指定曲面按照给定的厚度和方向进行移除的特征修改。
- 曲面裁剪：用生成的曲面对实体进行修剪，去掉不需要的部分。
- 过渡：指以给定半径或半径规律在实体间做光滑过渡。
- 倒角：指对实体棱边进行光滑过渡。
- 孔：在平面上直接去除材料，生成各种类型的孔的一种特征。
- 拔模：保持中性面与拔模面的交轴不变（即以此交轴为旋转轴），对拔模面进行相应拔模角度的旋转操作，此功能用来对几何面的倾斜角进行修改。
- 抽壳：根据指定壳体的厚度将实心物体抽成内空的薄壳体。
- 筋板：在指定位置增加加强筋。
- 线性阵列：通过线性阵列可以沿一个方向或多个方向快速进行特征的复制。
- 环形阵列：绕某基准轴旋转，将特征阵列为多个特征，构成环形阵列。基准轴应为空间直线。
- 基准面：基准面是草图和实体赖以生存的平面，它的作用是确定草图在哪个基准面上绘制。基准面可以是特征树中已有的坐标平面，也可以是实体中生成的某个平面，还可以是通过某特征构造出的面。构造平面的方法包括：等距平面确定基准面；过直线与平面成夹角确定基准面；生成曲面上某点的切平面；过点且垂直于直线确定基准平面；过点且平行于平面确定基准平面；过点和直线确定基准平面；三点确定基准平面；根据当前坐标系构造基准平面。构造条件中，主要是需要拾取各种元素。
- 缩放：给定基准点对零件进行放大或缩小。
- 型腔：以零件为型腔生成包围此零件的模具。
- 分模：型腔生成后，通过分模，使模具按照给定的方式分成几个部分。
- 实体布尔运算：将另一个实体并入，与当前零件实现并、交、差的运算。

5.4.5　CAXA 制造工程师 2013 铣削加工操作

1. 数控加工管理

（1）定义毛坯　一般而言，实际生产中工件加工前一定是毛坯件，所以仿真加工前一定要定义毛坯，即用户能够根据所要加工工件的形状选择或定义毛坯的形状，给出毛坯的各项参数。CAXA 制造工程师 2013 的毛坯形状分为矩形、柱面和三角片三种毛坯方式。其中三角片方式为自定义毛坯方式。在如图 5-54 所示左侧的 "轨迹管理" 轨迹树中用鼠标右键单击 "毛坯"，再从快捷菜单中用鼠标左键单击 "定义毛坯"；或者直接在 "轨迹管理" 轨迹树中双击 "毛坯"，系统弹出如图 5-54 中所示的 "毛坯定义" 对话框。CAXA 制造工程师 2013 提供了以下三种毛坯定义的方式：

- 两点方式：通过拾取毛坯的两个角点（与顺序、位置无关）来定义毛坯。
- 参照模型：系统自动计算模型的包围盒，以此作为毛坯。
- 基准点：毛坯在世界坐标系（.sys.）中的左下角点。长度、宽度、高度是毛坯在 X 方向、Y 方向、Z 方向的尺寸。

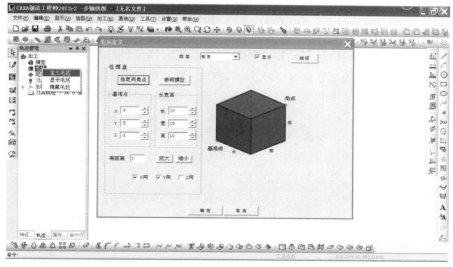

图 5-54　"毛坯定义" 对话框

（2）起始点　设置全局刀具起始点的位置。CAXA 制造工程师 2013 计算轨迹时默认以全局刀具起始点作为刀具起始点，可以对该轨迹的刀具起始点进行修改。在 "轨迹管理" 轨迹树中双击 "起始点"，系统弹出如图 5-55 所示的 "全局轨迹起始点" 对话框，可以通过输入或者单击 "拾取点" 按钮来设定刀具起始点。

（3）刀具库设置　刀具库主要是定义、确定刀具的有关数据，以便用户从刀具库中调用信息和对刀具库进行维护。用鼠标双击 "轨迹管理" 轨迹树的 "刀具库" 图标，系统弹出如图 5-56 所示的 "刀具库" 对话框。

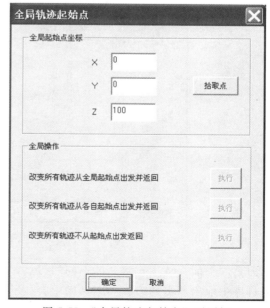

图 5-55　"全局轨迹起始点" 对话框

刀具库 共22把 　　增加　清空　导入　导出

类型	名称	刀号	直径	刃长	全长	刀杆类型	刀杆直径	半径...	长度...
立铣刀	EdML_0	0	10.000	50.000	80.000	圆柱	10.000	0	0
立铣刀	EdML_0	1	10.000	50.000	100.000	圆柱+圆	10.000	1	1
圆角铣刀	BulML_0	2	10.000	50.000	80.000	圆柱	10.000	2	2
圆角铣刀	BulML_0	3	10.000	50.000	100.000	圆柱+圆	10.000	3	3
球头铣刀	SphML_0	4	10.000	50.000	80.000	圆柱	10.000	4	4
球头铣刀	SphML_0	5	12.000	50.000	100.000	圆柱+圆	10.000	5	5
燕尾铣刀	DvML_0	6	20.000	6.000	80.000	圆柱	20.000	6	6
燕尾铣刀	DvML_0	7	20.000	6.000	100.000	圆柱+圆	10.000	7	7
球形铣刀	LoML_0	8	12.000	12.000	80.000	圆柱	12.000	8	8
球形铣刀	LoML_1	9	10.000	10.000	80.000	圆柱+圆	10.000	9	9
倒角铣刀	ChmML_0	10	2.000	40.000	80.000	圆柱	2.000	10	10
倒角铣刀	ChmML_1	11	2.000	40.000	100.000	圆柱+圆	10.000	11	11
鼓形铣刀	BlML_0	12	20.000	18.000	80.000	圆柱	20.000	12	12
鼓形铣刀	BlML_1	13	20.000	18.000	100.000	圆柱+圆	10.000	13	13

确定　取消

图 5-56　"刀具库"对话框

刀具库有系统刀具库和机床刀具库两种类型。系统刀具库是与机床无关的刀具库。可以把所有要用到的刀具的参数都建立在系统刀具库中，再利用这些刀具对机床进行编程。机床刀具库是与不同机床控制系统相关联的刀具库。系统中每一种机床都有自用的刀具，也可以针对每一种机床建立该机床自己的刀具库。当改变机床时，相应的刀具库会自动切换到与该机床相对应的刀具库。这种刀具库可以用来对多个加工中心编程。

（4）刀具轨迹生成通用参数设置　在各种轨迹生成功能中，要设置一些通用的选项，如加工参数、切削用量、刀具参数、几何等。

在每一个加工功能的参数表中，都有刀具参数设置，如图 5-57 所示。

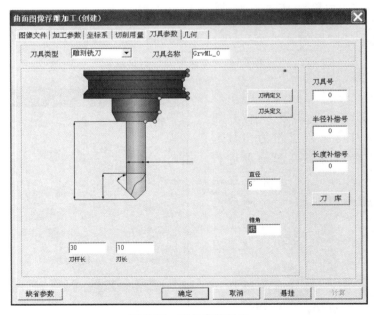

图 5-57　刀具参数设置

刀具库中能存放用户定义的不同的刀具，包括钻头、铣刀等，使用中用户可以很方便地从刀具库中取出所需的刀具。刀具库中会显示这些刀具的主要参数的值，如刀具类型、刀具名称、刀具号、刀具半径、圆角半径、切削刃长度等。刀具主要由刀刃、刀杆、刀柄三部分组成，如图 5-58 所示。其中，刀具类型为铣刀或钻头。刀具名称指刀具的名称。刀具号指刀具在加工中心里的位置编号，便于加工过程中换刀。刀具补偿号指刀具半径补偿值对应的编号。刀具半径指刀刃部分最大截面圆的半径大小。圆角半径指刀刃部分球形轮廓区域半径的大小，只对铣刀有效。刀柄半径指刀柄部分截面圆半径的大小。刀尖角度只对钻头有效，指钻尖的圆锥角。切削刃长度指刀刃部分的长度。刀柄长度指刀柄部分的长度。刀具全长指刀杆与刀柄长度的总和。

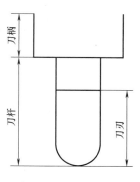

图 5-58　刀具示意图

在每一个加工功能的参数表中，都有几何设置，如图 5-59 所示。用于拾取和删除在加工中所有需要选择的曲线和曲面以及加工方向和进退刀点等参数。

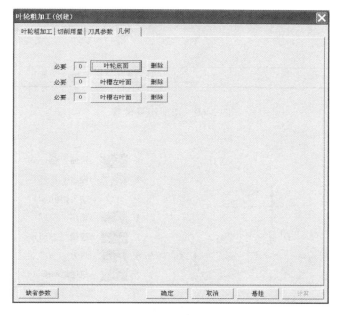

图 5-59　几何设置

在每一个加工功能的参数表中，都有切削用量设置，如图 5-60 所示。用于设定轨迹各位置的相关进给速度及主轴转速。其中，主轴转速用来设定主轴转速的大小，单位为 r/min。慢速下刀速度（F0）用于设定慢速下刀轨迹段的进给速度的大小，单位为 mm/min。切入切出连接速度（F1）用于设定切入轨迹段、切出轨迹段、连接轨迹段、接近轨迹段、返回轨迹段的进给速度的大小，单位为 mm/min。切削速度（F2）用于设定切削轨迹段的进给速度的大小，单位为 mm/min。退刀速度（F3）用于设定退刀轨迹段的进给速度的大小，单位为 mm/min。对于不同的速度，在生成的刀具轨迹中，系统分别用不同的颜色表示，如图 5-61 所示。

2. 粗加工

CAXA 制造工程师 2013 提供了平面区域粗加工和等高线粗加工两种粗加工方法，另外对于多轴加工还提供了叶轮粗加工和叶片粗加工两种不同的粗加工方法。

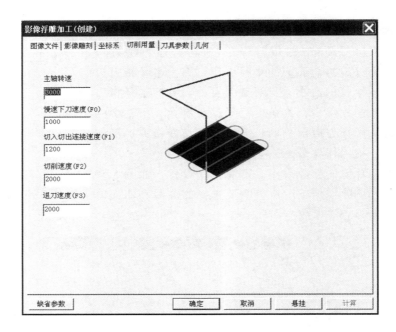

图 5-60 切削用量设置

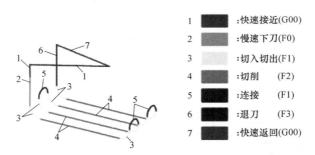

1 ■:快速接近(G00)
2 ■:慢速下刀(F0)
3 ■:切入切出(F1)
4 ■:切削 (F2)
5 ■:连接 (F1)
6 ■:退刀 (F3)
7 ■:快速返回(G00)

图 5-61 不同的速度用不同的颜色显示
1—浅红 2—浅蓝 3—黄 4—绿 5—深蓝 6—棕 7—红

（1）平面区域粗加工 不必有三维模型，只要给出零件外轮廓和岛屿，就可以生成加工轨迹。主要应用于铣平面和铣槽。可进行斜度的设定，自动标记钻孔点。该功能支持轮廓和岛屿的分别清根设置，可以单独设置各自的余量、补偿及上下刀信息，轨迹生成速度较快。

单击主菜单"加工"下的"常用加工"，单击其中的"平面区域粗加工"菜单项，弹出如图 5-62 所示的对话框。

其中，走刀方式有环切加工和平行加工两种方式。平行加工是指刀具以平行走刀方式切削工件，可改变生成的刀位行与 X 轴的夹角，如图 5-63a 所示。可以选择单向还是往复方式，单向指刀具以单一的顺铣或逆铣方式加工工件，往复指刀具以顺逆混合方式加工工件。环切加工是指刀具以环状走刀方式切削工件，可选择从里向外或从外向里的方式，如图 5-63b 所示。

平面区域粗加工（创建）

加工参数｜清根参数｜接近返回｜下刀方式｜切削用量｜坐标系｜刀具参数｜几何｜

走刀方式
- ○ 环切加工　　● 从里向外
- 　　　　　　　○ 从外向里
- ● 平行加工　　● 单向　　角度 0
- 　　　　　　　○ 往复

拐角过渡方式　　拔模基准　　　　　区域内抬刀
● 尖角　○ 圆弧　● 底层为基准　○ 顶层为基准　　○ 否　● 是

加工参数
顶层高度	1	拾取	行距	5
底层高度	0	拾取	加工精度	0.1
每层下降高度	1		□ 标识钻孔点	

轮廓参数　　　　　　　　　　　岛参数
余量 0.1　斜度 0　　　　　　余量 0.1　斜度 0
补偿 ○ ON ● TO ○ PAST　　补偿 ● ON ○ TO ○ PAST

缺省参数　　　　确定　　取消　　悬挂　　计算

图 5-62　"平面区域粗加工"对话框

a) 平行加工　　　　　　　　　　　　　b) 环切加工

图 5-63　走刀方式

每种加工方式的对话框中都有"确定""取消""悬挂"三个按钮，按"确定"按钮确认加工参数，开始随后的交互过程；按"取消"按钮取消当前的命令操作；按"悬挂"按钮表示加工轨迹并不马上生成，交互结束后并不计算加工轨迹，而是在执行轨迹生成批处理命令时才开始计算，这样就可以将很多计算复杂、耗时的轨迹生成任务准备好，直到空闲的时间，如夜晚才开始真正计算，大大提高了工作效率。

（2）等高线粗加工　生成分层等高式粗加工轨迹。它是一种较普通的粗加工方式，适合范围广。可进行稀疏化加工、指定加工区域，优化空切轨迹。轨迹拐角可以设定圆弧或 S 形过渡，生成光滑轨迹，支持高速加工设备。

单击主菜单"加工"下的"常用加工"，单击其中的"等高线粗加工"菜单项，弹出如图 5-64 所示的对话框。

其中，加工方向设定有顺铣和逆铣两种选择，加工顺序设定有区域优先和深度优先两种选择。层高指 Z 向每加工层的切削深度，行距则是 X 或 Y 方向的切入量。插入层数指在两层之间插入轨迹。拔模角度则指加工轨迹会出现角度。平坦部的等高补加工表明要对平坦部位进行两次补充加工。切削宽度自适应指自动内部计算切削宽度。

图 5-64   "等高线粗加工"对话框

加工精度指模型的加工精度。计算模型的加工轨迹的误差应小于此值。加工精度越大，模型形状的误差也增大，模型表面越粗糙。加工精度越小，模型形状的误差也减小，模型表面越光滑，但是，轨迹段的数目增多，轨迹数据量变大。加工余量是指相对加工区域的残余量。

3. 其他加工方法

CAXA 制造工程师 2013 除了"粗加工"的加工方法之外，还提供等高线、扫描线、参数线、投射线等多种精加工方法和补加工、孔加工等多种加工方法。

（1）平面轮廓精加工   平面轮廓精加工适合两轴和两轴半精加工，不必有三维模型，只要给出零件的外轮廓和岛屿，就可以生成加工轨迹。支持具有一定拔模斜度的轮廓轨迹生成，可以为每次的轨迹定义不同的余量。生成轨迹速度较快。轮廓线可以是封闭的，也可以是不封闭的。轮廓既可以是 XOY 面上的平面曲线，也可以是空间曲线。若是空间轮廓线，则系统将轮廓线投影到 XOY 面之后生成刀具轨迹。可以利用该功能完成分层的轮廓加工。通过指定"当前高度""底面高度"及"每层下降高度"，即可定出加工的层数，进一步通过指定"拔模角度"，可以实现具有一定锥度的分层加工。

（2）轮廓导动精加工   轮廓导动精加工利用二维轮廓线和截面即可生成轨迹，是平面轮廓法平面内的截面线沿平面轮廓线导动生成加工轨迹，也可以理解为平面轮廓的等截面导动加工。生成轨迹方式简单快捷，加工代码较短，加工时间短、精度高，支持残留高度模式。可用于加工规则的圆弧、倒角或凹球类零件。其特点如下：

1）做造型时，只作平面轮廓线和截面线，不用作曲面，简化了造型。

2）作加工轨迹时，因为它的每层轨迹都是用二维的方法来处理的，所以拐角处如果是圆弧，那么它生成的 G 代码中就是 G02 或 G03，充分利用了机床的圆弧插补功能。因此它生成的代码最短，但加工效果最好。例如，加工一个半球，用导动加工生成的代码长度是用其他方式（如参数线）加工半球生成的代码长度的几十分之一到几百分之一。

3）生成轨迹的速度非常快。

4）能够自动消除加工的刀具干涉现象。无论是自身干涉还是面干涉，都可以自动消除，因为它的每一层轨迹都是按二维平面轮廓加工来处理的。

5）加工效果最好。由于使用圆弧插补，而且刀具轨迹沿截面线按等弧长分布，所以可以达到很好的加工效果。

6）截面线由多段曲线组合，可以分段来加工。

7）沿截面线由下往上还是由上往下加工，可以根据需要任意选择。

使用该方法要注意的是截面线必须在轮廓线的法平面内且与轮廓线相交于轮廓的端点。

（3）曲面轮廓精加工　曲面轮廓精加工生成沿一个轮廓线加工曲面的刀具轨迹。如图 5-65 所示，其中有两个参数要特别说明一下：行距和刀次。行距是指每行刀位之间的距离，而刀次是指产生的刀具轨迹的行数。一般来说，在其他的加工方式中，刀次和行距是单选的，最后生成的刀具轨迹只使用其中的一个参数，而在曲面轮廓加工中刀次和行距是关联的，生成的刀具轨迹由刀次和行距两个参数决定，如图 5-66 所示，该图中刀次为 4，行距为 5mm。如果想将轮廓内的曲面全部加工，又无法给出合适的刀次数，可以给一个大的刀次数，系统会自动计算并将多余的刀次删除。如图 5-67 所示刀具轨迹给定的刀次数为 100，但实际刀具轨迹的刀次数为 9。

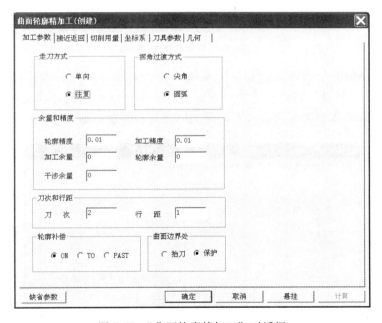

图 5-65　"曲面轮廓精加工"对话框

另一个要说明的参数是轮廓补偿。轮廓补偿有以下三种方式：

● ON：刀心线与轮廓重合。

● TO：刀心线未到轮廓一个刀具半径。

● PAST：刀心线超过轮廓一个刀具半径。

（4）曲面区域精加工　曲面区域精加工生成加工曲面上的封闭区域的刀具轨迹。主要用于曲面的局部加工，大大提高了曲面局部加工精度，也可以用于曲面上的铣槽、文字等。

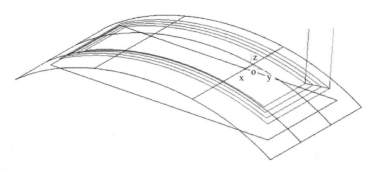

图 5-66   刀具轨迹 1

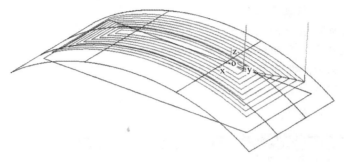

图 5-67   刀具轨迹 2

（5）参数线精加工　参数线精加工主要是一种针对面（曲面、实体面）的加工方式，生成沿参数线的加工轨迹，可以设定限制面，进行干涉检查等，也可以实现径向走刀方式。如图 5-68 所示，其中需要说明的参数有切入切出方式和限制曲面。

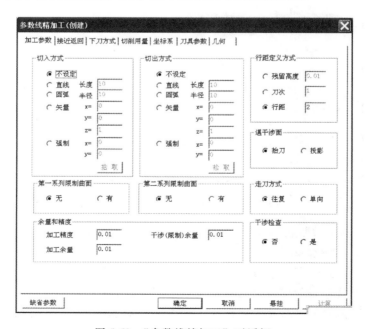

图 5-68   "参数线精加工"对话框

切入切出方式有以下几种：
- 不设定：不使用切入切出。
- 直线：沿直线垂直切入切出。长度指直线切入切出的长度。
- 圆弧：沿圆弧切入切出。半径指圆弧切入切出的半径。
- 矢量：沿矢量指定的方向和长度切入切出。X、Y、Z 是指矢量的三个分量。
- 强制：强制从指定点直线水平切入到切削点，或强制从切削点直线水平切出到指定点。X、Y、Z 是指与切削点相同高度的指定点的水平位置分量。

图 5-69 所示为四种不同的切入切出方式。

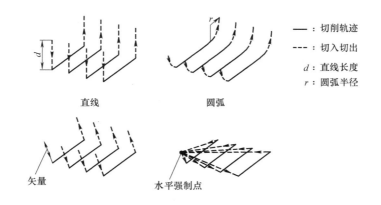

图 5-69　切入切出方式

限制曲面是用来限制加工曲面范围的边界面，作用类似于加工边界，通过定义第一和第二系列限制曲面可以将加工轨迹限制在一定的加工区域内。

（6）投射线精加工　投射线精加工可以将已有的刀具轨迹投射到曲面上而生成刀具轨迹。其具体操作过程如下：

1）拾取刀具轨迹。一次只能拾取一条刀具轨迹。拾取的轨迹可以是二维轨迹，也可以是三维轨迹。

2）拾取加工面。允许多个曲面。

3）拾取干涉曲面。干涉曲面也允许多个，也可以不拾取。用鼠标右键中断拾取。

如图 5-70 所示，可以先生成直纹面，然后用参数线加工方式加工此直纹面，生成刀具轨迹。之后选择投射线精加工，填写参数表，单击"确定"按钮。根据系统提示拾取轨迹，拾取已有刀具轨迹。系统提示拾取曲面，选取下面待加工的曲面，

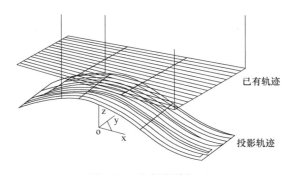

图 5-70　投射线精加工

也可以拾取多个曲面。系统提示拾取干涉曲面，如果没有，鼠标右键确认即可。单击鼠标右键，系统生成曲面的加工轨迹。

（7）等高线精加工　等高线精加工生成等高线加工轨迹。可以用加工范围和高度限定进行局部等高加工；可以自动在轨迹尖角拐角处增加圆弧过渡，保证轨迹的光滑，使生成的加工轨迹适合于高速加工；可以通过输入角度控制对平坦区域的识别，并可以控制平坦区域的加工先后次序。

（8）扫描线精加工　扫描线精加工增加了自动识别竖直面并进行补加工的功能，提高了加工效果和效率。同时可以在轨迹尖角处增加圆弧过渡，保证生成的轨迹光滑，适用于高速加工机床。

（9）平面精加工　平面精加工可用来在平坦部生成平面精加工轨迹。能自动识别零件模型中平坦的区域，针对这些区域生成精加工刀具的轨迹，大大提高了零件平坦部分的精加工精度和效率。

精加工的方法还有很多，这里不一一列举。精加工生成加工轨迹的效率高，可以识别平坦部分和陡峭部分，根据不同部分的加工特性自动选择最合适的走刀方式进行加工。

除此之外，CAXA制造工程师2013还有多轴加工、雕刻加工、知识加工等多种不同的加工方式，如图5-71所示。

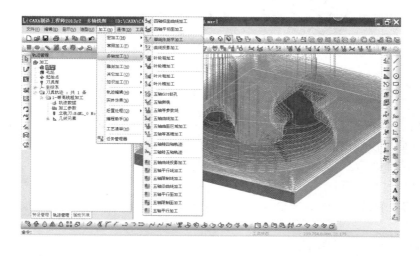

图 5-71　多轴加工选项

4. 轨迹编辑和实体仿真

轨迹编辑是对所生成的刀具轨迹进行编辑，包括轨迹裁剪、轨迹反向、插入刀位点、删除刀位点、清除抬刀、两刀位点间抬刀、轨迹连接和轨迹打断。

实体仿真是模拟刀具沿刀具轨迹走刀，实现对毛坯切削的动态图像显示过程。单击主菜单"加工"下的"实体仿真"后，系统提示"拾取刀具轨迹"，用鼠标左键在工作区中或加工管理窗口区中依次拾取要进行仿真的刀具轨迹，右键确认后系统自动调入轨迹仿真器进行实体仿真。当然，也可以先在工作区中或加工管理窗口区中依次拾取待仿真的刀具轨迹，然后在加工管理窗口区中单击鼠标右键弹出快捷菜单，单击其中的"实体仿真"，系统即可自动调入轨迹仿真器进行实体仿真，如图5-72所示。

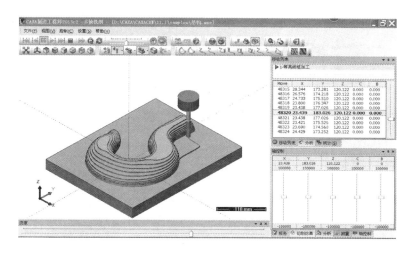

图 5-72　实体仿真

5. 后置处理

后置处理就是结合数控加工所用的机床把系统生成的二轴或三轴刀具轨迹转化成机床代码指令，生成的指令可以直接输入该数控机床用于加工。考虑到生成程序的通用性，CAXA 制造工程师 2013 针对不同的机床，可以设置不同的机床参数和特定的数控代码程序格式，同时还可以对生成的机床代码的正确性进行校核。

后置处理模块包括后置设置、生成 G 代码、校核 G 代码等功能。CAXA 制造工程师 2013 后置设置有两方面的作用：设置机床信息和后置处理两部分。选择主菜单"加工"下的"后置处理"选项，从中单击"后置设置"，系统弹出如图 5-73 所

图 5-73　"选择后置配置文件"对话框

示的对话框，由此可见系统已内置了许多数控系统的后置配置文件，其中不少是四轴或五轴数控系统。从中选取与加工机床相同的数控系统（如没有相同的，可以选取相似系统），单击"编辑"按钮，系统弹出如图 5-74 所示的对话框，可以对其进行浏览和编辑。

5.4.6　CAXA 制造工程师 2013 加工实例

以连杆为例，介绍用特征生成、刀具轨迹生成及数控加工程序生成的全过程。连杆零件的俯视图如图 5-75 所示，连杆零件的 A—A 剖视图如图 5-76 所示。

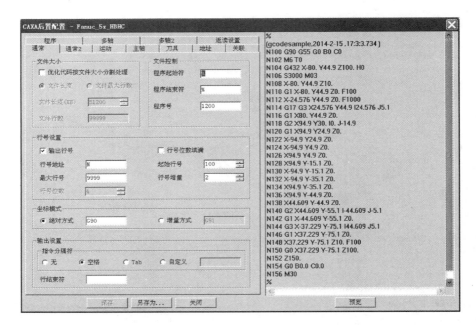

图 5-74 "后置配置"对话框

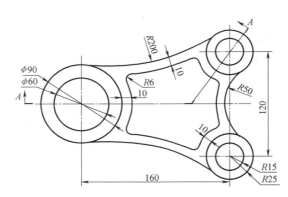

图 5-75 连杆零件的俯视图

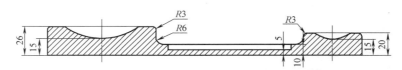

图 5-76 连杆零件的 A—A 剖视图

图 5-77 所示为连杆零件的三维效果图。

1. 作基本拉伸体的草图

1）单击零件"特征管理"特征树的"平面 XOY"，选定该平面为草图基准面。单击 F2 键，进入草图状态。

2）作圆。单击"曲线生成"工具栏上的"整圆"按钮，在立即菜单中选择"圆心_半径"方式，输入大圆圆心坐标为（0，0，0）回车，输入半径 R = 45 回车，系统生成大圆；同理作小圆 1 和小圆 2，小圆 1 的圆心坐标为（160，60，0），半径 $R=25$；小圆 2 的圆心坐标为（160，-60，0），半径 $R=25$。绘制结果如图 5-78 所示。

图 5-77　连杆零件的三维效果图

3）作相切圆弧。单击"曲线生成"工具栏上的"圆弧"按钮，选择立即菜单"两点_半径"模式，系统提示"第一点："，按空格键，从立即菜单中选择"切点"，用鼠标左键单击大圆右上角，系统提示"第二点："，单击小圆 1 的左上角，系统提示"第三点或半径"，输入设定半径 $R=200$ 回车，系统绘制出上部圆弧。同理可绘制出下部圆弧。然后仍用"两点_半径"模式和"切点"方式，作右侧圆弧，这时选取的是右边两个小圆的右侧，该段圆弧半径 $R=50$。绘制结果如图 5-79 所示。

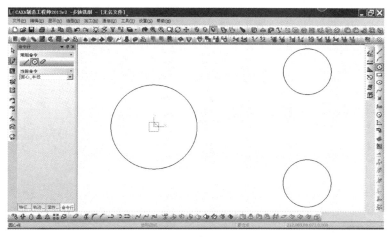

图 5-78　绘制草图上的圆

4）选择"曲线编辑"工具栏上的"曲线裁剪"按钮，在立即菜单中选择"快速裁剪"和"正常裁剪"方式，拾取内侧圆弧边线，裁掉多余的圆弧段，形成一个封闭的图形作为拉伸的草图，如图 5-80 所示。

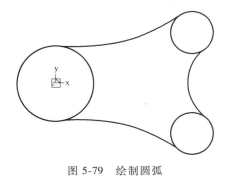

图 5-79　绘制圆弧　　　　　　　　　　　图 5-80　绘制完成后的草图

5）单击"状态控制"工具栏中的"绘制草图"图标，退出草图状态，完成草图绘制。

按 F8 键，在轴侧图中观察。

2. 基本拉伸体生成

单击"特征生成"工具栏中的"拉伸增料"图标，在对话框中选择"固定深度"，输入深度值 10，拉伸对象选择"草图 0"，如图 5-81 所示，单击"确定"按钮。

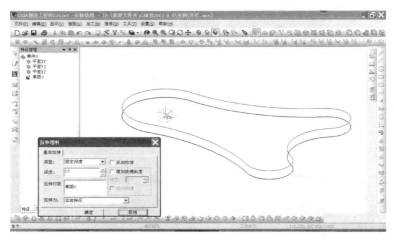

图 5-81　拉伸增料

3. 大凸台的生成

1）选择基本拉伸体的上表面，单击鼠标右键，在立即菜单中选取"创建草图"。单击"曲线生成"工具栏上的"整圆"按钮，在立即菜单中选择"圆心_半径"方式，输入大圆圆心坐标为（0，0，0）回车，输入半径 $R=45$ 回车，系统生成大圆；按 F2 键退出草图模式。

2）单击"特征生成"工具栏中的"拉伸增料"图标，在对话框中选择"固定深度"，输入深度值 15，拉伸对象选择"草图 1"，单击"确定"按钮，结果如图 5-82 所示。

4. 小凸台的生成

小凸台的生成与大凸圆台的做法相同。

1）选择基本拉伸体的上表面，单击鼠标右键，在立即菜单中选取"创建草图"。单击"曲线生成"工具栏上的"整圆"按钮，在立即菜单中选择"圆心_半径"方式，输入小圆圆心坐标为（160，60，0）回车，输入半径 $R=25$ 回车，系统生成小圆 1；按 F2 键退出草图模式。

2）单击"特征生成"工具栏中的"拉伸增料"图标，在对话框中选择"固定深度"，输入深度值 10，拉伸对象选择"草图 2"，单击"确定"按钮。

3）同样的方式生成另一小凸圆台，如图 5-83 所示。

图 5-82　大凸圆台

图 5-83　小凸圆台

5. 大凸圆台球碗的生成

1）选定"XZ"平面为视图平面，按 F2 键作草图。按 F5 键转换显示平面；单击"造型"主菜单下的"曲线生成"，从中选择"相关线"选项，在立即菜单中选择"实体边界"选项，单击左边界线以及大圆柱顶面的边线；单击"直线"按钮，在立即菜单中选择"两点线""单个""正交"方式，拾取原点，绘制一条水平线；单击"等距线"按钮，在立即菜单中选择"单根曲线"和"等距"方式，在"距离"中输入 30，拾取水平线，向上等距；拾取水平线，向下等距；将"距离"值改为 15，拾取左边线，向右等距。

图 5-84　绘制圆弧

2）作圆弧。单击"圆弧"按钮，在立即菜单中选择"三点圆弧"方式绘制圆弧，拾取刚生成的三个点，绘制出的圆弧如图 5-84 所示。

3）编辑删除多余曲线。利用"删除"和"曲线裁剪"按钮，删除草图中多余的线，编辑后的草图如图 5-85 所示，圆中有一圆弧和一条线段。

4）按 F2 键退出草图状态。

5）绘制球面的旋转轴线。按 F7 键切换到 XZ 平面；单击"点"按钮，在立即菜单中选择"单个点"和"工具点"选项，按空格键，在弹出的菜单中选择"圆心"命令，拾取圆弧线，该点绘制完成；单击"直线"按钮，在立即菜单中选择"两点线""单个"和"正交"选项，按空格键，在弹出的菜单中选择"默认点"命令，拾取圆心，绘制一条水平线，如图 5-86 所示。

图 5-85　编辑后的图形

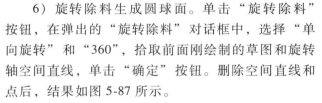

图 5-86　绘制旋转轴线

6）旋转除料生成圆球面。单击"旋转除料"按钮，在弹出的"旋转除料"对话框中，选择"单向旋转"和"360"，拾取前面刚绘制的草图和旋转轴空间直线，单击"确定"按钮。删除空间直线和点后，结果如图 5-87 所示。

6. 小凸台球碗的生成

1）构造条件选择"平面 XZ"，这时"构造基准面"对话框（见图 5-88）中的构造条件变为"平面准备好"。单击"确定"按钮，生成基准平面。

图 5-87　旋转除料生成球面

2）绘制小圆柱上的圆弧线。拾取上一步生成的平面作为草绘平面，按 F2 键进入草图绘制状态；按 F5 键转换显示平面；单击"造型"主菜单下的"曲线生成"，从中选择"相关线"选项，在立即菜单中选择"实体边界"选项，单击左边界线以及小圆柱顶面的边线；

单击"直线"按钮,在立即菜单中选择"两点线""单个""正交"方式,输入（0,160,
0）,绘制一条水平线;单击"等距线"按钮,在立即菜单中选择"单根曲线"和"等距"
方式,在"距离"中输入15,拾取水平线,向上等距;拾取水平线,向下等距;拾取左边
线,向右等距。

3) 作圆弧。单击"圆弧"按钮,在立即菜单中选择"三点圆弧"方式绘制圆弧,拾取
刚生成的三个点,绘制出的圆弧如图 5-89 所示。

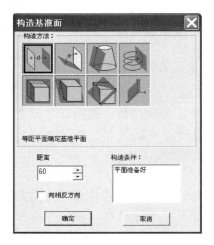

图 5-88 "构造基准面"对话框

图 5-89 绘制圆弧

4) 编辑删除多余曲线。利用"删除"和"曲线裁剪"按钮,删除草图中多余的线,编
辑后的草图如图 5-90 所示,圆中有一圆弧和一条线段。

5) 按 F2 键退出草图状态。

6) 绘制球面的旋转轴线。按 F7 键切换到 XZ 平面;单击"点"按钮,在立即菜单中选
择"单个点"和"工具点"选项,按空格键,在弹出的菜单中选择"圆心"命令,拾取刚
绘制的圆弧线,该点绘制完成;单击"直线"按钮,在立即菜单中选择"两点线""单个"
和"正交"选项,按空格键,在弹出的菜单中选择"默认点"命令,拾取圆心,绘制一条
水平线,如图 5-91 所示。

图 5-90 编辑后的图形

图 5-91 绘制旋转轴线

7) 旋转除料生成圆球面。单击"旋转除料"按钮,在弹出的"旋转除料"对话框中,
选择"单向旋转"和"360",拾取前面刚绘制的草图和旋转轴空间直线,单击"确定"按
钮。删除空间直线和点后,结果如图 5-92 所示。

8) 用相同的方法绘制另一小圆的球面,绘制完成后如图 5-93 所示。

图 5-92　旋转除料生成球面

图 5-93　小凸台球碗

7. 基本拉伸体上表面凹坑

1）绘制外轮廓边线。单击基本拉伸体的上表面，单击鼠标右键，在弹出的快捷菜单中选择"创建草图"命令，进入草图状态。

2）单击"曲线生成"工具栏中的"相关线"按钮，在立即菜单中选择"实体边界"，拾取大圆柱与底板上平面的前锋线、两个小圆柱与底板上平面的前锋线及三条大圆弧线，得到各边界线，如图 5-94 所示。

3）等距线生成。单击"等距线"按钮，在立即菜单中选择"单根曲线"和"等距"方式，在"距离"中输入 10，依次拾取上一步中的边

图 5-94　拾取边界

界线，拾取向内的箭头，分别作刚生成的边界线的等距线，如图 5-95 所示。

4）进行曲线编辑生成草图。单击"曲线过渡"按钮，在立即菜单中选择"圆弧过渡"，输入半径值 6，对等距生成的曲线过渡。删除得到的各边界线，如图 5-96 所示。

图 5-95　生成等距线

图 5-96　凹坑草图

5）按 F2 键，退出草图状态。

6）单击"拉伸除料"按钮，在弹出的"拉伸除料"对话框中选择"固定深度"选项，设置深度为 5，拉伸对象选择刚绘制的草图，单击"确定"按钮，结果如图 5-97 所示。

8. 连杆倒角生成

1）单击"造型"主菜单，选取其中的"特征生成"下的"过渡"选项，在弹出如图 5-98 所示的"过渡"对话框中输入半径值 6，过渡方式为"等半径"，单击大凸圆台和底板上平面的相交处，单击"确定"按钮，其结果如图 5-99 所示。

2）单击"造型"主菜单，选取其中的"特征生成"下的"过渡"选项，在弹出的"过渡"对话框内输入半径值 3，过渡方式为"等半径"，拾取底板的三条圆弧边，拾取三个圆柱的环形平面，单击"确定"按钮。单击"过渡"按钮，在对话框内输入半径值 5，

单击小凸圆台和基本拉伸体的交线，单击"确定"按钮。结果如图 5-100 所示。

图 5-97　凹坑

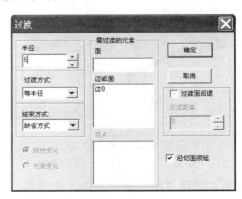

图 5-98　"过渡"对话框

图 5-99　过渡结果

图 5-100　最终实体

连杆零件的三维造型完成，现拟采用等高线粗加工的方法对该零件进行粗加工，然后用参数加工的方法对其进行精加工。

9. 设定加工毛坯

设定毛坯步骤如下：

1）在"轨迹管理"轨迹树中双击"毛坯"，系统弹出如图 5-101 所示的"毛坯定义"对话框。

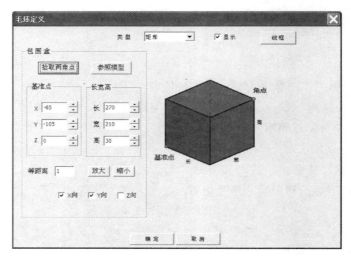

图 5-101　"毛坯定义"对话框

2）可以在对话框中单击"参照模型"按钮，这时的毛坯是参照三维模型自动给出的，也可以自定义毛坯，单击"确定"按钮，结果如图 5-102 所示，所定义的毛坯用线框表示。

图 5-102　定义好的毛坯

10. 选用等高线粗加工方法

1）用鼠标单击主菜单"加工"，选取"常用加工"子菜单下的"等高线粗加工"，系统弹出"等高线粗加工"对话框。系统提示："填写加工参数表"，填写各参数如图 5-103 所示。

图 5-103　加工参数设置

2）根据零件的曲面过渡半径，选用合适的刀具，修改切削参数表，填写如图 5-104 所示的表单。

3）单击"确定"退出对话框后，系统提示："请拾取加工曲面"，拾取连杆实体，系统将拾取到的所有曲面变为红色，然后系统又提示："请拾取加工曲面"，单击鼠标右键结束，这时，系统提示："正在准备曲面请稍候""处理曲面"等，然后系统不断提示处理的进度，处理和计算时间的长短与加工组合曲面的复杂程度、曲面数量及计算机的处理速度有关，一般不会太长，之后系统自动生成等高线粗加工刀具轨迹，如图 5-105 所示。

4）单击"加工"主菜单下的

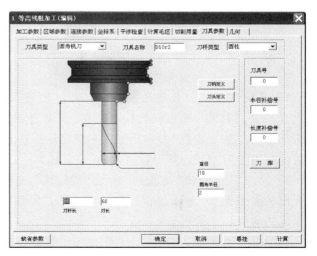

图 5-104　刀具参数设置

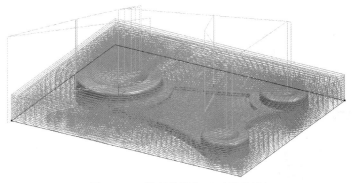

图 5-105　等高线粗加工刀具轨迹

"实体仿真"选项，系统提示"请拾取加工轨迹"，拾取刚生成的加工轨迹，已被拾取的刀具轨迹变为红色显示，然后单击鼠标右键结束，系统自动过渡到仿真器，单击工具条中的"运行"按钮，可以观看加工过程的实体仿真，如图 5-106 所示。观看结束后可以单击如图 5-106 所示的第一排工具条上的最右边的"退出"按钮退出仿真器，系统自动返回到制造工程师 2013 的界面。

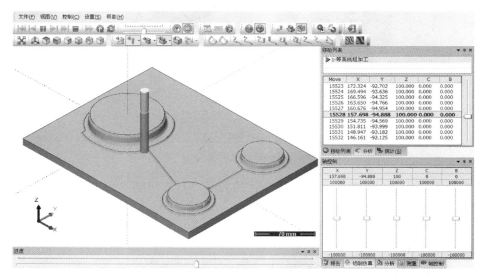

图 5-106　实体仿真

5）系统在生成刀具轨迹的同时，在"轨迹管理"轨迹树中自动生成"1-等高线粗加工"文件夹。如果对生成的轨迹不满意，可以单击此文件夹前面的"+"号将其展开，然后双击其中的"加工参数"，调出加工参数对话框重新设置各加工参数，确定后系统会根据修改后的加工参数重新计算刀具轨迹。

6）在"轨迹管理"轨迹树中单击"1-等高线粗加工"文件夹，然后单击鼠标右键，可从弹出的如图 5-107 所示的快捷菜单中选择"隐藏"命令隐藏所生成的刀具轨迹，以方便后面生成其他的加工轨迹。

11. 扫描线精加工

1）用鼠标单击主菜单"加工"，选取"常用加工"子菜单下的"扫描线精加工"，系统弹出"扫描线精加工"对话框。设置各参数如图 5-108 所示。

图 5-107　"轨迹管理"
树中的快捷菜单

图 5-108　设置"扫描线精加工"参数

2）单击"扫描线精加工"对话框中的"刀具参数"选项页，按如图 5-109 所示设置"扫描线精加工"刀具参数，单击"确定"按钮退出该对话框。

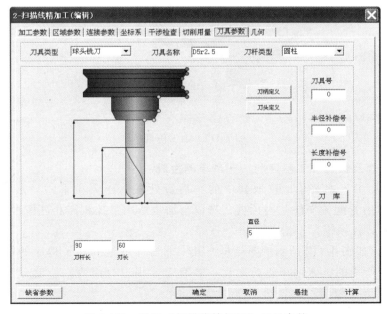

图 5-109　设置"扫描线精加工"刀具参数

3）系统提示"请拾取加工曲面"，拾取实体，单击鼠标右键确定。

4）系统提示"正在准备曲面请稍候"，之后系统自动生成扫描线精加工刀具轨迹，如图 5-110 所示。

12. 实体仿真

1）在"轨迹管理"轨迹树中单击"1-等高线粗加工"文件夹，然后单击鼠标右键，可从弹出的如图 5-107 所示的快捷菜单中选择"显示"命令显示精加工刀具轨迹。

2）单击"加工"主菜单下的"实体仿真"选项，系统提示"请拾取加工轨迹"，依次拾取粗加工轨迹和精加工轨迹（可以在"轨迹管理"轨迹树中依次单击相应的粗加工和精加工），已被拾取的刀具轨迹变为红色显示，然后单击鼠标右键结束，系统自动过渡到仿真器，单击工具条中的"运行"按钮，

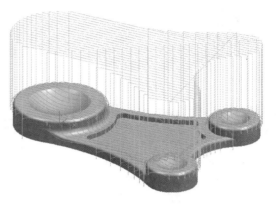

图 5-110　扫描线精加工刀具轨迹

可以观看加工过程的实体仿真，如图 5-111 所示。观看结束后可以单击"退出"按钮退出仿真器，系统自动返回到制造工程师 2013 的界面。

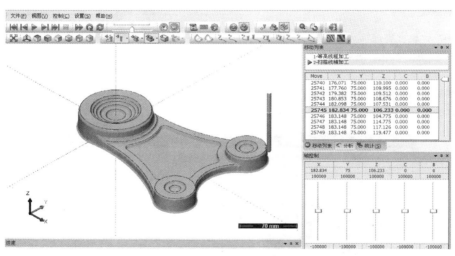

图 5-111　加工仿真

13. 后置处理及数控加工程序和工艺清单的生成

1）单击"加工"主菜单，选取其中的"后置处理"子菜单下的"后置设置"选项，系统弹出"选择后置配置文件"对话框，选取与加工所用数控机床相匹配的后置配置文件，此处选择 Fanuc 数控系统，单击"编辑"按钮。

2）系统弹出如图 5-112 所示的对话框，其中非常详细地列出了程序的格式及所用代码等信息，与加工所用的机床逐项进行对比，若有差异则进行修改，若没有差异则单击"关闭"退出，再单击"退出"返回。

3）系统弹出如图 5-113 所示的"生成后置代码"对话框，在此设置要生成的数控程序

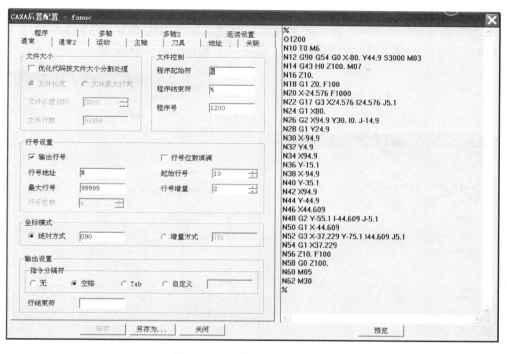

图 5-112　"后置配置"对话框

名称及存放路径，然后单击"确定"按钮退出。

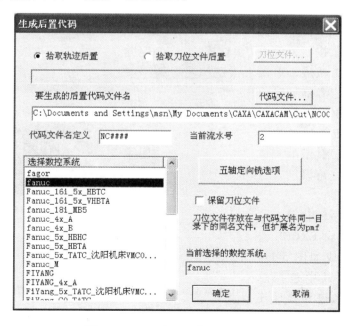

图 5-113　"生成后置代码"对话框

4）系统提示"拾取刀具轨迹"，依次拾取粗加工和精加工轨迹，然后单击鼠标右键确定，系统提示"生成刀位文件""后置处理"等信息，之后系统弹出如图 5-114 所示的数控加工程序。

5）选择"加工"主菜单下的"工艺清单"选项，系统弹出如图 5-115 所示的"工艺清单"对话框，输入零件名称、零件图图号、设计、工艺和校核等内容。

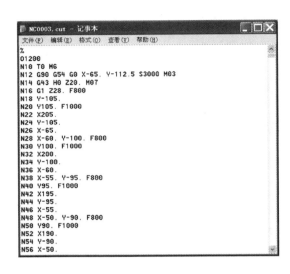

图 5-114 数控加工程序

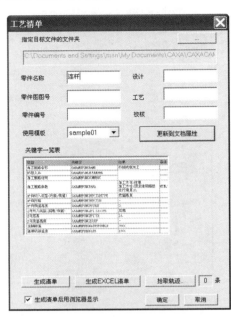

图 5-115 "工艺清单"对话框

6）单击"工艺清单"对话框中的"拾取轨迹"按钮，依次拾取粗加工和精加工轨迹，单击鼠标右键返回"工艺清单"对话框，单击"生成清单"按钮，系统生成如图 5-116 所示的工艺清单，此时是用浏览器显示的，单击其中相关的超链接可以进入各项清单。

7）如果想用 Excel 显示工艺清单，则单击"生成 EXCEL 清单"按钮，系统生成如图 5-117所示的工艺清单，其中包括总括、功能、刀具、轨迹和统计等部分。

图 5-116 工艺清单文件列表

数控编程的核心工作是生成刀具轨迹，然后将其离散成刀位点，经后置处理产生数控加工程序。数控加工程序是数控机床的指令文件，将其传送给数控机床，指挥数控机床进行加工。

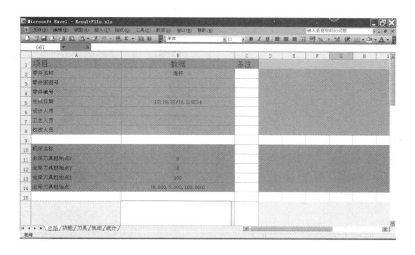

图 5-117　Excel 工艺清单

思考题与习题

1. 简要说明数控机床坐标轴的确定原则。

2. 绝对值编程和增量值编程有什么区别？

3. 什么是两轴半加工和三轴加工？分别用于什么加工场合？

4. G00 和 G01 都是从一点移到另一点，它们有什么不同？各适用于什么场合？

5. 后置处理的作用是什么？如何进行后置设置？

6. 数控车床的机床原点、参考点及工件原点之间有何区别？

7. 什么是对刀点、刀位点、换刀点？

8. 数控编程有哪几种方法？各有什么特点？

9. 准备功能 G 代码和辅助功能 M 代码在数控编程中的作用如何？

10. 数控车削编程有哪些特点？

11. 零件如图 5-118 和图 5-119 所示，材料为 45 钢，分析零件加工工艺，编写加工程序。

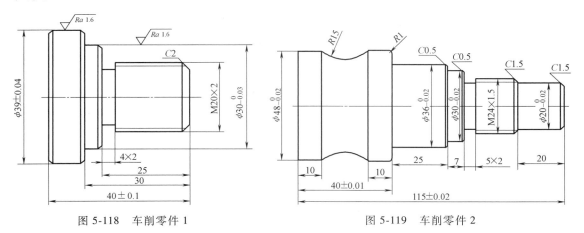

图 5-118　车削零件 1　　　　　　　　　　图 5-119　车削零件 2

12. 零件如图 5-120 所示，已知椭圆方程为 $\dfrac{x^2}{A^2}+\dfrac{y^2}{B^2}=1$，其中 $A=12$，$B=8$，编写加工程序。

13. 端盖零件如图 5-121 所示，试编写加工程序。

14. 零件图分别如图 5-122、图 5-123、图 5-124、图 5-125、图5-126、图 5-127 所示，从中选择一个零件完成零件造型，并生成零件的加工轨迹和数控加工程序。

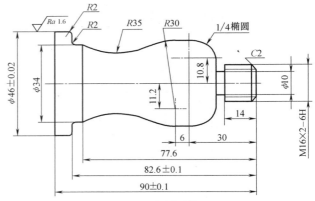

图 5-120　车削零件 3

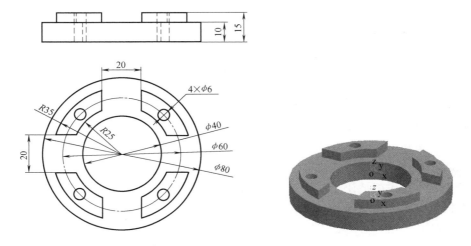

图 5-121　端盖零件图

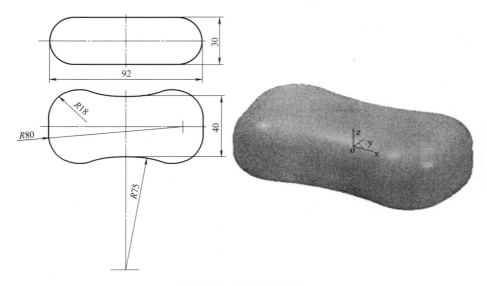

图 5-122　铣削零件图 1

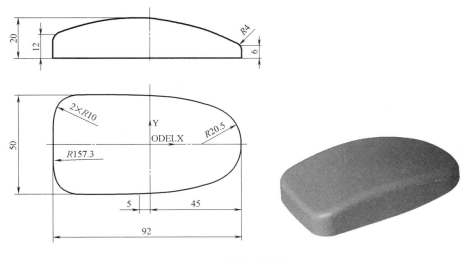

图 5-123　铣削零件图 2

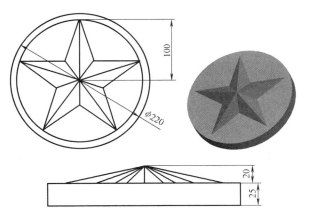

图 5-124　铣削零件图 3

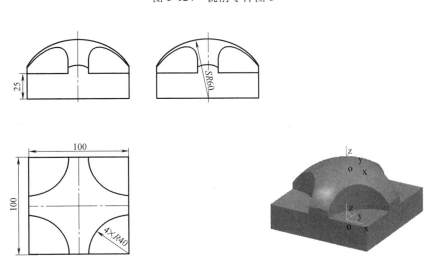

图 5-125　铣削零件图 4

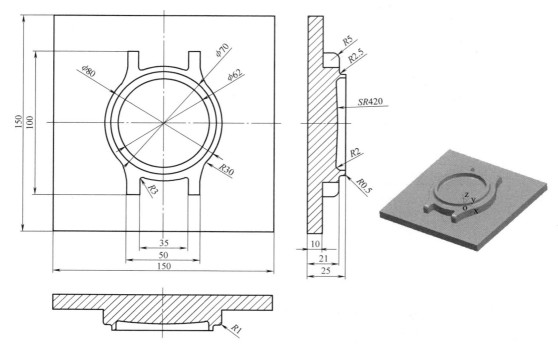

图 5-126　铣削零件图 5

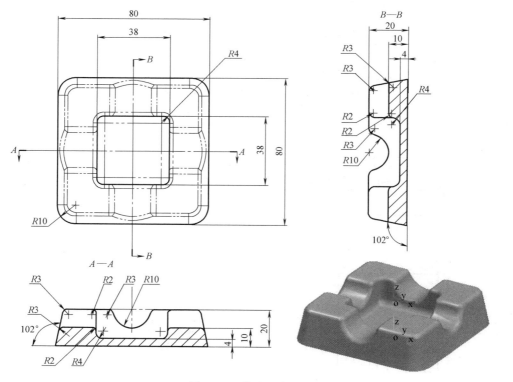

图 5-127　铣削零件图 6

第 6 章

计算机辅助质量系统

现在，产品质量是制造企业赖以生存和发展的关键。随着社会经济和生产力的发展，国际市场竞争已由价格竞争为主转向全面质量竞争，包括品种、价格、交货期、可靠性、售后服务等方面。质量竞争已成为企业取得成功的关键因素，成为国家经济发展的重要问题。

6.1 计算机辅助质量系统的基本概念

质量是反映实体（产品或服务）满足明确或隐含需要能力的特征和特性的总和。也就是说，产品或服务必须满足规定或潜在的需要，这种"需要"可能是技术规范中明确规定的，也可能是技术规范中未明确注明、但用户在使用过程中实际存在的需要。

根据质量所涉及的范围不同，质量的概念又可分为狭义质量和广义质量。狭义质量是指产品质量，广义质量不仅指最终产品的质量，而且包括产品或服务形成和实现过程的质量。它要求人们在"正确的时间""正确的地点"，做"正确的事情"，这三个"正确"中只要有一个不正确，则质量不合格。

质量管理涉及确定质量方针、目标和职责及在质量体系中通过诸如质量计划、质量控制、质量保证和质量改进等实施的管理职能的所有活动，它是企业管理的重要组成部分。

质量保证是为使人们确信某个产品或某项服务能满足规定的产品质量要求所必需的全部有计划的活动。它不是仅仅针对某项具体质量要求的活动，其核心是"使人们确信"。

质量保证分为内部质量保证和外部质量保证，前者是为使企业的领导者确信本企业提供的产品和服务满足质量要求进行的活动，后者是为了使产品或服务的需求方确信供应方提供的产品或服务满足产品质量要求所进行的活动。

质量控制是指为达到产品或服务的质量要求所采取的作业技术和活动。它强调"质量要求"应转化为质量特性，这些特性应用定量或定性的规范来表示，以便作为质量控制时的依据。所采取的作业技术和活动应贯穿于产品形成的全过程，包括营销和市场调查、过程策划与开发、产品设计与采购、提供生产或服务、验证、安装和储存、销售和分发、安装和投入运行、技术支持和服务、用后处置等各个环节或阶段的质量控制。

质量体系为实施质量管理所需要的组织结构、程序、过程和资源。也就是说，质量体系是为了实施质量管理而建立和运行的由组织机构、程序、过程和资源组成的有机整体，每一个企业都客观存在着质量体系。企业领导者的职责是站在系统的高度将影响产品或服务质量的因素作为质量体系的组成部分，使其相互配合、相互促进，实现系统的整体优化，建立和健全企业的质量体系，使之更为完善、科学和有效。

事实上，制造业的生产方式和市场竞争焦点会随着社会生产力的发展水平和科学技术的进步而不断改变。在工业化初期，由于生产力水平低下，市场上产品短缺，企业生产什么顾客就买什么，"皇帝的女儿不愁嫁"，企业就拼命扩大产量、降低成本，形成以"规模效益第一"为特点的少品种、大批量的生产方式。而当生产力进一步发展，产量达到一定水平后，企业的生产模式转变为多品种小批量的生产模式，企业的竞争也由"价廉、物美"转变为"物美、价廉"，即"质量第一"。这里的质量一般指的是产品性能。各个企业都加强了质量管理，质量得到了广泛的重视。从此以后，在制造业中，质量被生产组织者所高度重视，只有具备良好的质量管理、控制和保证体系，才能保证产品或服务达到质量要求。

同样，质量管理也经历了质量检验、统计质量控制和全面质量管理三个阶段。质量检验阶段是从 20 世纪初至 20 世纪 30 年代末，以美国工程师泰勒（F. w. Taylor）创建的"泰勒制度"为代表。统计质量控制阶段是从 20 世纪 40 年代至 50 年代末，以美国数理统计学家休哈特（W. A. Shewhart）创建的休哈特控制图为代表。全面质量管理阶段是从 20 世纪 60 年代至今，以美国通用电气公司费根堡姆（A. V. Feigonbaum）于 20 世纪 60 年代初提出"总体质量控制"的思想和朱兰（J. M. Juran）提出"全面质量管理"的概念为代表。全面质量管理是企业管理的中心内容，全面开展质量管理有利于提高产品或工程的质量，减少废品、次品，降低消耗，赢得市场，从而获得明显的经济效益。随着质量管理的发展，极大地促进了社会经济的发展，特别是对许多工业发达的国家做出了巨大的贡献。

计算机辅助质量（Computer Aided Quality，CAQ）就是利用计算机的高效、快捷和方便性，提高质量管理与控制的反馈速度，提高产品的质量，适应现代的生产要求。随着计算机的普及，CIMS 的广泛应用，计算机辅助质量系统也逐步向智能化、网络化方向发展。

6.1.1 计算机辅助质量系统的基本功能

计算机辅助质量系统包括了企业采用计算机支持的各种质量保证和管理活动。在实际应用中，计算机辅助质量系统可以分为质量保证、质量控制和质量检验等几个部分。其中，质量保证贯穿了整个产品形成的过程，是企业质量管理中最为重要的部分。

一般地，企业计算机辅助质量系统包括以下功能：

1）数据处理。能够对企业质量活动的各种原始质量记录、数据进行收集、整理、存储和传输，将质量信息及时传递到需要的各个环节和各个部门，以便向管理者及时、全面、准确地提供所需要的各类质量信息。

2）质量策划。能对各种具体的质量活动做出合理的策划和安排，根据不同的管理要求提供相应的质量信息，质量决策快速、准确，以提高质量管理的效率。

3）质量控制。能对企业质量活动的整体规划和各部门的计划执行情况进行监控和检查，并根据实际差异进行调整，以达到预期的质量目标。

4）质量预测。利用数学方法和预测模型，依据质量管理中的历史数据对各过程的未来质量情况进行预测。

5）质量评价。能对质量管理体系的运行情况进行评价，包括管理评审、内部质量审核、自我评价、外部认证机构的审核。

6）对质量体系能够部分实现远程审核和评价，能根据企业内外部环境变化而进行适应性调整，并与企业其他管理信息系统实现平稳连接和集成，使企业质量成本不断下降，同时产品质量不断得到改进和提高。

为了建立企业级的质量管理体系和集成化质量管理系统，需要由基本的数据模型、角色模型、组织模型和过程模型加以保证。产品形成过程中质量保证的所有步骤必须与产品数据和过程数据紧密地联系起来，同时与企业其他的应用系统有机地集成。

6.1.2 计算机辅助质量系统的系统框架

计算机辅助质量系统的系统框架如图 6-1 所示。企业环境通过质量信息采集系统把质量信息经硬件及网络、分布式数据库传输到质量信息系统，最后经过信息交换协议接口传输到各用户系统，同时用户系统反馈的信息最终返回到企业环境。

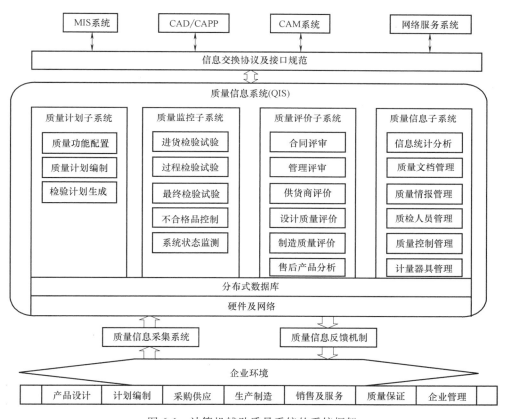

图 6-1 计算机辅助质量系统的系统框架

质量计划子系统主要是利用计算机系统和 CAD/CAM 及 MRP 系统等提供的有关产品和生产过程的信息，完成产品质量计划编制和质检计划的生成。编制产品质量计划时，计算机辅助质量系统以产品的历史质量状况、生产技术状况为基础，以 CAD/CAM、MRP 等提供的产品设计和生产要求为依据，确定要达到的质量目标（包括产品的特性、规范、一致性、可靠性等），明确产品设计制造各阶段与质量有关的职责、权限及资源分配，制定达到质量目标应采取的程序、方法和作业规程，编制质量手册和质量程序手册等。生成质检计划时，CAQ 系统根据检测对象的质量要求和质检规范、产品模型及质检资源状况，制定具体的检测对象（包括产品、部件、零件、外购件等）的质检规程与规范，确定具体检测项目、检测方法、检测设备、检测时间与地点等。

质量检测及质量数据采集子系统的功能就是在质量计划子系统的指导下，采集制造过程不同阶段与产品质量有关的数据，包括外购的原材料及零部件检测数据、零件制造过程检测数据和最终检验数据、制造系统运行状态数据、装配过程检测数据、成品试验数据及产品使用过程故障数据等。质量信息的采集方法主要有手工采集法、半自动采集法、自动采集法。

手工采集法是质检人员使用手动量仪（如卡尺、千分表等）获取要求的质量数据，填写相应的质检单，然后用计算机输入工具（如键盘）将相应的质量数据输入计算机进行处理。这种方法费工费时，且易于出错，但操作简单、经济。

半自动采集法是质检人员使用具有电信号输出能力的量仪进行质检操作，检验结果通过量仪与计算机接口，以人机交互方式直接输入计算机，不需要质检人员输入检测结果。这种检测方法符合传统的作业习惯，又克服了手工检测易于出错的缺点，使用灵活方便，不受地点、条件限制。

自动采集法是用自动化量仪或设备（如坐标测量机）与计算机相联接，自动完成检验操作和数据获取的方法，其采集方式可以是在线的，也可以是离线的。这种检测方法精度高、自动化程度高、可靠性高，可完成各种复杂零件及复杂曲面零件的检测。但成本高，使用受到设备和检测场所的限制，一般主要用于高精度、复杂结构、复杂曲面零件的检测。

数据采集系统的基本组成如图 6-2 所示。制造过程及设备把模拟信号输入计算机，经计算机再输出控制制造过程及设备。

制造过程质量评价、诊断与控制子系统是一个闭环的反馈控制系统。生产系统在被控状态下完成从原材料到成品的转变，该过程受到来自人、机器、材料、加工方法等方面的干扰。质量数据采集系统检测成品的实际质量和制造过程的状态信息，将被控变量与预定的质量规范或质量标准进行比较，在众多影响质量的干扰因素中诊断出主要因素，通过控制器和执行机构实现对制造过程的控制，以修正实际质量与质量标准的偏离，确定新的操作变量或调整加工过程。制造过程质量评价与控制（见图 6-3）可以在制造过程的不同阶段进行，包括零件的制造过程、部件装

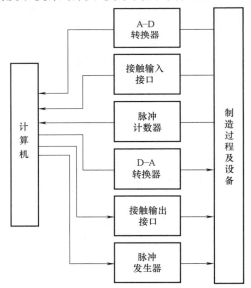

图 6-2　数据采集系统的基本组成

配、成品最终试验等。质量的评价和控制可以是在线的，也可以是离线的。进货（外购原材料及零部件）及供货商的评价与控制，对企业产品的质量起着重要作用。因为越来越多的企业不再是由其自身生产所有的零部件，而是由供应商或协作厂来提供部分零部件。进货质量评价与控制应该是"动态"的，也就是说要根据进货的质量、供应商的历史状况来更改检测计划。对于长期供货并且质量稳定的供货商，可以减小抽检范围；而对新的、供货质量不稳定的供货商所提供的零部件的抽检范围则要扩大。

质量综合管理包括质量成本管理，计量器具质量管理，质量指标综合统计分析及质量决

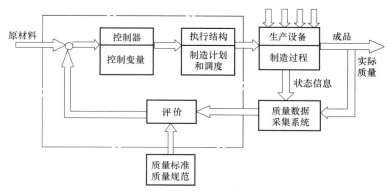

图 6-3　制造过程质量评价与控制

策支持，工具、工装和设备质量管理，质量检验人员资格印章管理和产品使用过程质量信息管理。

1）质量成本管理。质量成本管理包括质量成本发生点和成本负担者的确定、质量成本计划和质量成本月核算、从成本优化角度解决质量问题的可能性、成本分类预算和核算。

2）计量器具质量管理。计量器具包括在产品开发、制造、安装和维修中所使用的量具、仪器、专门的试验设备等。计量器具的质量管理覆盖计量器具计划、设计、采购、待用、监控及投入使用等各个阶段，并形成闭环系统。

3）质量指标综合统计分析及质量决策支持。质量指标综合统计分析主要完成指标数据的收集、综合和分析，质量指标的分解、下达和各类指标执行状况的考核奖惩处理等。指标执行情况的汇总统计结果，作为质量计划部门确定质量目标和方针的决策支持。

4）工具、工装和设备质量管理。这种管理包括工具、工装和设备定检计划制订，定检计划执行情况记录，工具、工装和设备规格及质量信息的存储、维护和更新，出入库质量状况及使用过程质量状况跟踪，异常情况处理等。

5）质量检验人员资格印章管理。这种管理包括质检人员基本信息、资格、权限及印章更新等。

6）产品使用过程质量信息管理。这种管理包括质量信息的录入、存储、分类、统计、报告生成等。

另外，要注意的是：对于不同的制造企业，其质量目标不同、质量体系要素不同、质量活动的内容及其侧重点也不尽相同。适合于各类企业的万能的质量体系是不存在的，因而通用的计算机辅助质量系统也是不存在的。不同的企业一般均根据本企业的实际需求设计、开发和运行适合于本企业的计算机辅助质量系统。

通过归纳和总结国内外已有的计算机辅助质量系统，计算机辅助质量系统的功能设计可以参照如图 6-4 所示的功能参考模型。根据企业的生产经营过程可将计算机辅助质量系统划分成质量计划制订、制造过程质量管理、质量数据分析与评价、质量综合信息管理等几大功能子系统，把企业生产经营过程和计算机集成质量信息系统联结起来。

计算机辅助质量系统的循环周期，是从市场调查阶段开始到售后服务阶段结束的。图6-5 所示为集成质量系统的信息流程。

在市场调查阶段，了解用户的需求和竞争对手的情况，并以调查的结果作为设计阶段的输入信息。以此为基础，利用 CAD 技术设计出满足用户要求的产品，然后通过 CAPP 将设计信息转化为生产工艺计划。通过在线仿真系统对加工过程进行模拟，发现可能出现的问题并反馈给 CAD/CAPP 系统，进行修改设计，直到将所有设计及工艺等方面的问题全部解决，以保证按工艺计划生产的产品能满足设计要求。

　　系统根据设计及工艺信息制订工序质量及产品质量监测计划，对产品的加工过程及加工质量进行质量控制，保证产品的质量。

　　产品售出后，通过售后的技术服务收集用户对产品质量的反映，并进行分析和归纳，同时统计产品质量控制的成本。这些信息有助于确定产品实际使用中用户的意见和期望，以及所反映问题的性质和范围，可为改进设计和管理提供信息。

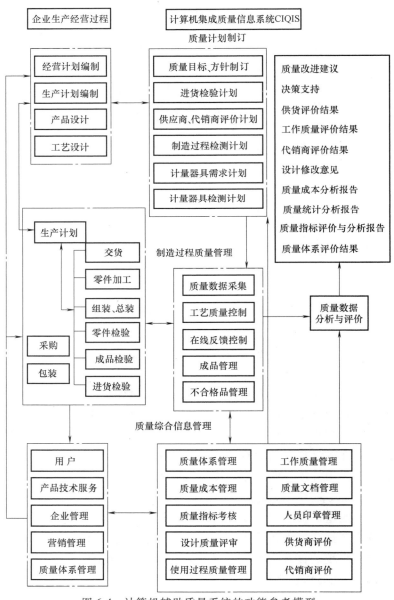

图 6-4　计算机辅助质量系统的功能参考模型

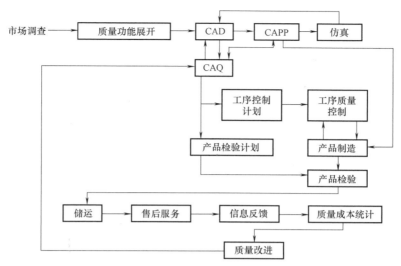

图 6-5　集成质量系统的信息流程

6.2　计算机辅助加工过程的监控

加工过程监控是加工系统正常运行、保质保量完成生产任务的重要保证，是计算机辅助质量系统中制造过程质量保证的重要内容，其基本原理是通过自动采集加工过程中的各种信息（如切削力、切削温度、振动等），由计算机进行系统的信号分析和处理，来识别加工过程是否正常及产生异常的原因，并进行相应的误差补偿控制，从而保证系统正常安全运行，生产出合格的产品。

计算机辅助加工过程监控的目标是对生产过程中产生的各种信息进行获取、传输、处理、分析和应用，确保生产高效、合格地进行，提高产品质量，实现少废品或无废品生产。

计算机辅助加工过程监控可以避免加工过程中事故的发生，避免废品产生和设备损坏，提高设备利用率和智能化水平，缩短生产辅助时间。据估计，采用计算机辅助加工过程监控技术，可将人为或技术因素引起的故障停机时间减少 75%，有效加工时间由无监控系统时的 10% 提高到 65%，机床利用率提高 50% 以上，加工费用降低 30% 以上。先进制造过程中主要靠生产设备自身所具有的完善的自监视、自诊断及自动控制、补偿功能、故障自动排除功能来保证不出废品，而不是事后检验剔除废品。

6.2.1　计算机辅助加工过程监测的内容

计算机辅助加工过程监测的主要内容包括加工设备状态监测、刀具状态监测、加工过程状态监测、工件质量状况监测、加工系统环境监测等五个方面。具体内容如图 6-6 所示。其中刀具状态监测和加工过程状态监测是技术难度最大、也是研究人员投入精力最多的加工过程监测内容。

6.2.2　计算机辅助加工过程监测系统的基本结构

在加工设备运行过程中，为了监测设备和生产过程的运行状况，要在设备及其辅助装置

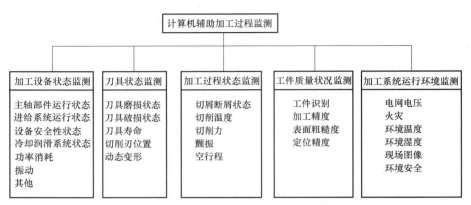

图 6-6 计算机辅助加工过程监测的主要内容

的选定部位安装上相应的传感器，来检测设备及生产过程的运行状况信息。由传感器输出的信号往往幅值很小，且带有许多噪声和干扰信号，需要对信号进行放大、滤波、整形等预处理。经预处理的信号输入计算机的数据采集接口，进行模-数转换、数据格式转换等，将信号转换为计算机接受的格式，由于输入计算机的信号是多种因素综合作用的结果，难以直接用于被监测对象的状态识别，计算机根据要求，采用相应的信号处理方法，从输入的信号中提取出能够表征被监测对象状态变化的特征值，状态判别模块根据相应的判别策略和方法，对输入的状态特征值进行处理（如果采用智能方法，则需要对相关算法进行学习训练），得出被监测项目的状态，最后交给推理机，推理机根据系统初始状态及相关的知识和数据，做出最后决策，如果需要对系统进行反馈控制和调整，则向执行机构发出控制命令和相关参数。计算机辅助加工过程监测的基本组成及工作过程如图 6-7 所示。

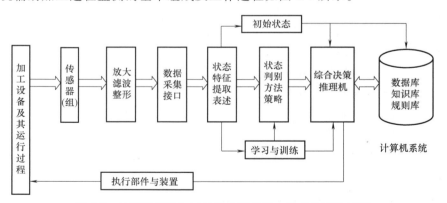

图 6-7 计算机辅助加工过程监测的基本组成及工作过程

6.2.3 计算机辅助加工过程监测中常用的传感器

计算机辅助加工过程监测中常用的传感器种类及其分布见表 6-1。

由表 6-1 可以看出，计算机辅助加工过程监测中常用的传感器有声发射传感器、切削力传感器、振动传感器、位移传感器、电动机功率（电流）传感器和图像光学传感器等。其中声发射传感器在振动冲击中的应用占 13%，在刀具破损中占 25%，在刀具磨损中占 18%，在切削过程异常中占 35%，在机床故障中占 30%。切削力传感器在振动冲击中的应用占

30%，在刀具破损中占 45%，在刀具磨损中占 44%，在切削过程异常中占 45%，在机床故障中占 15%。振动传感器在振动冲击中的应用占 36%，在刀具破损中占 10%，在刀具磨损中占 8%，在机床故障中占 35%。位移传感器在振动冲击中的应用占 7%，在刀具破损中占 4%，在刀具磨损中占 5%，在切削过程异常中占 10%，在机床故障中占 20%。电动机功率（电流）传感器在振动冲击中的应用占 7%，在刀具破损中占 6%，在刀具磨损中占 10%，在切削过程异常中占 10%，在机床故障中占 20%。图像光学传感器在振动冲击中的应用占 7%，在刀具破损中占 10%，在刀具磨损中占 15%，在切削过程异常中占 10%。

表 6-1　计算机辅助加工过程监测中常用的传感器种类及其分布

监测项目 / 传感器类型	振动冲击	刀具破损	刀具磨损	切削过程异常	机床故障
声发射	13%	25%	18%	35%	30%
切削力	30%	45%	44%	45%	15%
振动	36%	10%	8%	—	35%
位移	7%	4%	5%	10%	20%
电动机功率/电流	7%	6%	10%	10%	20%
图像光学	7%	10%	15%	10%	—

6.2.4　计算机辅助加工过程监测的一般方法

1. 计算机辅助加工过程监测中特征信号的获取方法

传感器所检测到的信号往往是系统与过程中众多现象的综合反映，要判别某一特定对象是否正常，必须经过复杂的信号处理，从传感器输出的信号中提出代表某项监测对象（如刀具破损）状态变化的特征。目前，发展了许多信号特征的提取方法。

信号处理方法有时域分析、频域分析、时频分析、统计分析、智能分析。其中时域分析有差分、滤波；频域分析有谱分析、功率谱分析、高频谱分析；时频分析有小波分析、维格尔分析；统计分析有方差、斜度、幅值、峭度、均值；智能分析有非线性理论、模糊分析、遗传算法、神经网络。

2. 计算机辅助加工过程监测的决策方法

由于加工过程中传感器所测得的是多种影响因素综合作用的结果，要通过这些信号准确地判别出某项监测目标的状态，难度是非常大的，即便是通过信号处理获得了状态变化的特征信号，这些特征信号也不能非常准确和可靠地反映状态的变化。为提高监测系统的准确性和可靠性，通常是将多个传感器输出的多个信号特征综合起来判别系统的工作状态，运用智能技术（如模式识别、专家系统、神经网络等）进行决策，最后判别所监控的对象是否正常。

力+振动传感器可以监控磨损（信号处理及决策方法有快速傅里叶变换、统计分析、神经网络、门限值、动态切削力建模）、冲击（信号处理及决策方法有快速傅里叶变换、统计分析、神经网络）、冲击+磨损（信号处理及决策方法有时序建模）、破损（信号处理及决策方法有门限值）。

力+AE 传感器（AE 传感器是一种声发射传感器，是一种适用于金属切削过程监视和设备在线自动诊断检测用的点接触式声发射传感器）可以监控磨损（信号处理及决策方法有门限值、神经网络磨损模型）、磨削过程（信号处理及决策方法有门限值、专家系统、时序模型）、破损（信号处理及决策方法有门限报警）。

其他组合。AE+电流可以监控磨损（信号处理及决策方法有模糊模式识别、神经网络），磨削过程（信号处理及决策方法有门限值）；力+电流可以监控磨损、破损冲击（信号处理及决策方法有门限值）；噪声+电流可以监控磨损、破损（信号处理及决策方法有模糊识别）；AE+振动可以监控磨损、破损（信号处理及决策方法有统计分析、神经网络）；AE+超声可以监控磨损（信号处理及决策方法有时序分析）；力+声音可以监控冲击（信号处理及决策方法有统计分析、门限值）；电流+力+振动可以监控破损（信号处理及决策方法有统计分析、门限值）。

6.2.5　计算机辅助加工过程监测应用实例

1. 加工尺寸在线监测

用加工尺寸变化作为判据的监控方法来判别生产过程是否正常，在大批量生产中应用最广。通常，在自动化机床上用三维测头、在柔性制造系统中配置坐标测量机或专门的检测工作站进行在线尺寸自动测量等，都是以尺寸为判据，同时用计算机进行数据处理，完成质量控制的预测工作。

图 6-8 所示为用三维测头在机床上测量工件尺寸。测头在计算机控制下，由参考位置进入测量点，计算机记录测量结果并进行处理，测头自动复位。图中的箭头为测头中心移动的方向。

2. 刀具状态的在线检测

用探针监测刀尖位置是一种非连续的直接检测刀具破损的方法。它是在加工间歇内，使用加工中心的尺寸检测系统来检测刀具的长度或切削刃的位置，如图 6-9 所示。当刀具一次走刀完成后，将装在工作台某个位置的探针或接触开关移到刀尖附近，当刀具（图中的钻头尖）碰到探针时，利用机床坐标系统记下刀尖的坐标，并计算出刀具长度 L，调用子程序比较 L 与存储在计算机中的刀具标准长度 L_s，如果 $L=L_s-\Delta l$，则说明刀具没有折断或破损，如果 $L<L_s-\Delta l$，则说明刀具已报废，需要换刀，Δl 为刀具的允许磨损量。

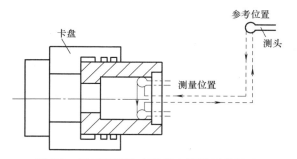

图 6-8　用三维测头在机床上测量工件尺寸

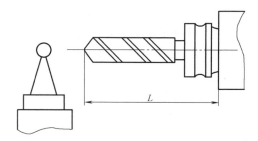

图 6-9　探针离线检测刀具破损的原理

利用三维探针和数控工作台的三维坐标系统，可以检测车刀、镗刀、铣刀等多刃刀具的刀尖及切削刃的位置。这种方法虽然不能对刀具进行实时监控，但可以有效地检测出破损或折断的刀具，避免破损或折断的刀具再次进入切削过程而报废工件。

3. 电动机功率和声发射信号进行刀具状态监测

监测系统的组成如图 6-10 所示，用电动机功率和声发射信号进行刀具状态监测。在该系统中，采用小波分析提取刀具磨损与破损的特征信号，采用模糊神经网络进行刀具磨损破损状态的识别。

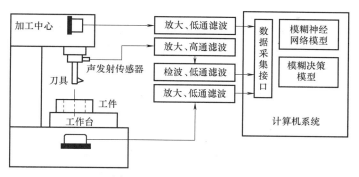

图 6-10　监测系统的组成

　　刀具磨损状态分类的隶属函数将刀具磨损破损状态分为初期磨损 A、正常磨损早期 B、正常磨损中期 C、正常磨损后期 D、急剧磨损 E 和刀具破损 F，如图 6-11 所示。

　　建立的刀具磨损破损检测的神经网络模型，由传感器检测的声发射信号和电动机功率信号经小波分析处理后，得到与刀具磨损密切相关的特征参数 x_1、x_2、x_3、x_4，将其输入模糊神经网络模型进行处理，得到刀具磨损破损状态；同时，

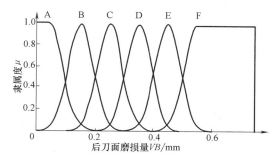

图 6-11　刀具磨损状态隶属函数

将切削参数、切削时间和刀具材料等参数输入刀具磨损预测模型（刀具寿命公式）进行分析计算，并对计算结果进行模糊分类，得到第二组刀具磨损破损状态 μ_{A2}、μ_{B2}、μ_{C2}、$\cdots$、μ_{F2}，将两个模型进行判别的刀具状态结论输入模糊神经网络模型进行最后决策处理，即得到刀具磨损破损状态识别的最后结果。刀具磨损破损识别的智能融合模型如图 6-12 所示。

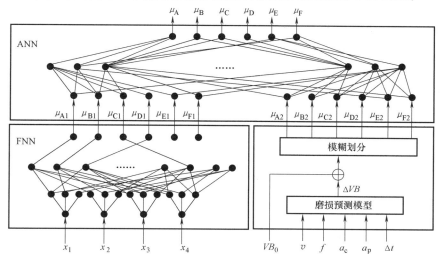

图 6-12　刀具磨损破损识别的智能融合模型

ANN—人工神经网格　FNN—模糊神经网络

6.2.6　误差补偿技术

1.误差补偿的基本原理

根据误差补偿的实时性,误差补偿可以分为非实时误差补偿和实时误差补偿。非实时误差补偿只能补偿加工过程中的系统误差,又称为静态误差补偿。实时误差补偿是指在加工过程中对误差进行实时检测,并随后紧接着进行误差补偿,也就是在线误差补偿,又称动态误差补偿。实时误差补偿不仅能补偿加工过程中的系统误差,而且能补偿随机误差。误差补偿系统的基本组成及工作原理如图 6-13 所示。

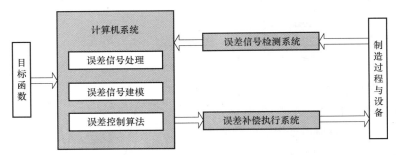

图 6-13　误差补偿系统的基本组成及工作原理

2.误差补偿应用实例

（1）应用数控程序进行误差补偿

例 6-1：在数控车床上加工细长轴。

在数控车床上加工如图 6-14 中所示的细长轴,毛坯棒料的尺寸为 $\phi27mm\times220mm$,材料为 45 钢,由于系统刚度低,在切削力作用下要产生变形。同时,由于机床导轨运动系统误差的共同作用,常常会产生较大的误差。

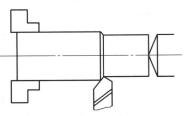

图 6-14　细长轴加工示意图

为减小加工误差,先对机床运动系统误差进行标定,建立起机床运动误差与机床坐标系统之间的关系,同时建立起切削力模型和加工系统刚度模型,由此可计算出各加工点由切削力产生的变形误差,将两个模型进行融合,建立综合误差模型。在加工前通过仿真,计算出刀具轨迹的误差,然后进行刀具轨迹修正,补偿加工误差。

（2）用专用补偿装置进行误差补偿

例 6-2：镗削加工误差预报补偿控制系统。

如图 6-15 所示,在该系统中,误差补偿控制信号驱动一个特制的压电陶瓷传感器微量进给镗杆来实现镗刀与工件相对位置的改变,从而完成误差补偿任务。该系统的工作原理为：在切削力 F_c 的作用下镗刀发生向上的微小偏转时,由贴在测试杆根部的应变片检测出来的偏转信号通过 A-D 转换后输入到计算机,经计算机处理后输出控制信号,控制信号通过 D-A 转换后传给压电陶瓷传感器驱动电源,使压电陶瓷两端的电压减小而缩短,控制杆将由于弹性恢复而绕柔性铰链支点逆时针方向旋转,从而补偿了镗刀向上的偏转。同样,当镗刀发生向下的微小偏转时,计算机输出的控制信号使压电陶瓷两端的电压增加而伸长,使控制杆绕柔性铰链支点顺时针方向旋转,从而补偿了镗刀向下的偏转。这样就可以对加工误差进行实时的在线补偿,从而提高加工精度。

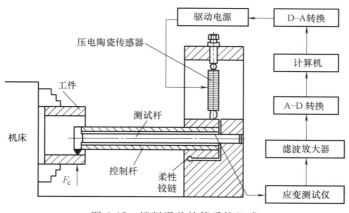

图 6-15　镗削误差补偿系统组成

6.3　计算机辅助质量检测

计算机辅助质量检测是指利用计算机来辅助进行复杂而大量测试工作的系统，它也可以作为计算机辅助质量系统的一部分。计算机辅助质量检测系统的关键是检测设备。

6.3.1　三坐标测量机

20 世纪 60 年代中期第一台三坐标测量机（Coordinate Measuring Machine，CMM）问世。三坐标测量机实际上可以看作是一台数控机床，只不过前者是用来测量尺寸、公差、误差对比等，而后者是用来加工的。与传统测量工具相比，三坐标测量机可以一次装夹后完成许多尺寸的测量，包括很多传统测量仪器无法进行的测量；并且能够输入 CAD 模型，在模型上采点进行自动测量。目前，三坐标测量机已广泛应用于对各类零件的自动检测。与投影仪、轮廓测量仪、圆度测量仪、激光测量仪等相比较，三坐标测量机具有适应性强、功能完善等特点。三坐标测量机的出现，不仅提高了检测设备的水平，而且在自动化检测中也是一个重要的突破。

图 6-16 所示为三坐标测量机结构示意图，它由安装工件的工作台、立柱、横梁、导轨、

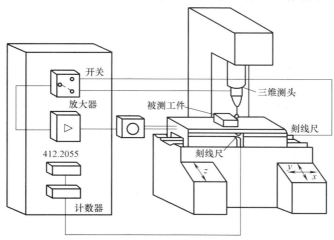

图 6-16　三坐标测量机结构示意图

三维测头、坐标位移测量装置和计算机数控装置组成。CMM 的工作台一般由花岗岩制成。花岗岩是经过长时间自然时效处理的岩石，内部应力小，用它做工作台具有吸振、稳定、耐久及便于保养等特点，从而为安装在其上的其他部件提供一个紧实稳固的基础。三维测头的头架与横梁之间采用低摩擦的空气轴承连接，采用空气轴承还有一个好处就是可以减小导轨表面机械缺陷对运动精度的影响。在数控程序或手动控制下测头沿被测表面移动，移动过程中测头将记录测量数据，计算机根据记录的测量结果，按给定的坐标系统计算被测尺寸。

　　按结构可将 CMM 分为以下几种形式：悬臂式、移动桥式、固定桥式、龙门式和水平悬臂式，如图 6-17 所示。在实际应用中可根据被测工件的技术规范、尺寸规格以及各种结构的具体特点选择不同的结构形式。桥式和龙门式具有较高的刚度，可有效地减小由于重力的作用使移动部件在不同位置时造成的 CMM 非均匀变形，从而在垂直方向上具有较高的精度。龙门式的设计结构主要是为了测量体积比较大的物体。由于本身结构的特点，桥式和龙

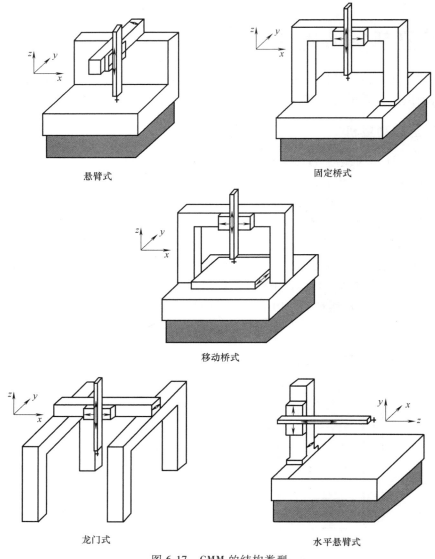

悬臂式　　　　　　　　　　　　　　　固定桥式

移动桥式

龙门式　　　　　　　　　　　　　　　水平悬臂式

图 6-17　CMM 的结构类型

门式的 CMM 具有较大的惯性，影响了其加减速性能，测量速度一般较低。当前，在人们追求测量时间尽可能短的情况下，测量速度低成为桥式和龙门式 CMM 的缺点之一。另外，敞开空间较小，限制了工件的自动装卸。悬臂式的 CMM 惯性小，因而加减速性能较高，有利于提高测量时的速度。但是，悬臂式的 CMM 缺少立柱的支撑，因而对工件在垂直方向上的检测精度有限制。悬臂式的 CMM 由于有较大的敞开空间，有利于工件的自动装卸。

三坐标测量机按测量方式可以分为接触测量、非接触测量、接触和非接触并用式测量，其中的接触测量常用于测量机械加工产品以及压制成型品、金属膜等。

三坐标测量机的精度受其结构、材料、驱动系统、光栅尺等各个环节影响。其光栅尺分辨率一般为 0.0005mm，测量时精度又受当时的温度、湿度、振动等很多环境因素的影响。

6.3.2　虚拟仪器

虚拟仪器（Virtual Instrument，VI）是充分利用计算机技术，并可由用户自己设计、定义的仪器。虚拟仪器通常由计算机、仪器模块和软件三部分组成。仪器模块的功能主要靠软件实现，通过编程在显示屏上构成波形发生器、示波器或数字万用表等传统仪器的软面板，而波形发生器发生的波形、频率、占空比、幅值、偏置等，或者示波器的测量通道、标尺比例、时基、极性、触发信号（沿口、电平、类型……）等都可用鼠标或按键进行设置，如同常规仪器一样使用。当然，虚拟仪器具有更强的分析处理能力。同一台虚拟仪器可以用在不同场合，如电量测量，振动、运动和图像等非电量测量，网络测控等。

软件技术是虚拟仪器的核心技术，常用的开发软件有 LabVIEW、LabWindows/CVI、VEE 等。

虚拟仪器系统的构成有多种方式，主要取决于系统所采用的硬件和接口方式，其基本构成如图 6-18 所示。

与传统仪器相比，虚拟仪器在智能化水平、处理能力、性价比和可操作性等方面都具有明显的技术优势，具体表现为：

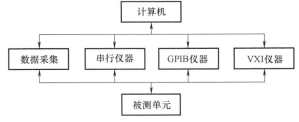

图 6-18　虚拟仪器系统的基本构成

（1）智能化程度高，处理能力强　用户可以根据实际应用需求，将先进的信号处理算法、人工智能技术和专家系统应用于仪器设计与集成，从而将智能仪器水平提高到一个新的层次。

（2）可重用性强，系统费用低　应用虚拟仪器，用相同的基本硬件可构造多种不同功能的测试分析仪器。通过与计算机网络连接，还可实现虚拟仪器的分布式共享，更好地发挥仪器的使用价值。

（3）可操作性强　虚拟仪器面板可由用户自行定义，利用计算机的多媒体处理能力可以使仪器操作变得更加直观、简便、易于理解。测量结果可以直接进入数据库系统或通过网络发送。测量结束后还可显示和打印所需的报表或曲线，大大提高了仪器的可操作性。

近年来虚拟仪器应用的增长非常迅速，已经开始应用于航空航天、智能交通、汽车、医疗、教育等领域。

思考题与习题

1. 简述计算机辅助质量系统的作用和意义。
2. 简要分析计算机辅助质量系统的功能。
3. 画图说明计算机辅助质量系统软件的基本结构及各部分的作用。
4. 简要分析比较 CAQ 中几种常用的质量数据采集方法。
5. 计算机辅助加工过程监测主要包括哪些内容？
6. 简要说明计算机辅助加工过程监测系统的基本组成和工作原理。
7. 举例说明如何进行刀具状态的监测。
8. 误差补偿方法有哪些？各有何特点？
9. 举例说明误差补偿系统的组成和工作过程。
10. 分析比较三坐标测量机和虚拟仪器检测方法的异同。

第7章

CAD/CAM 集成的数据交换标准

7.1 CAD/CAM 集成与数据交换

7.1.1 CAD/CAM 数据交换技术的发展

随着 CAD/CAM 技术的迅猛发展和推广应用，各企业都在积极采用 CAD/CAM 技术。因历史原因及不同的开发目的，各 CAD/CAM 软件的内部数据记录方式和处理方式不尽相同，开发软件的语言也不完全一致，因此 CAD/CAM 的数据交换与共享是目前面临的重要课题。CAD/CAM 集成技术中信息的共享是关键。20 世纪 80 年代初以来，国外对数据交换标准做了大量的研究、制定工作，也产生了许多标准。如美国的 DXF、IGES、ESP、PDES，法国的 SET，德国的 VDAIS、VDAFS、ISO 的 STEP 等。这些标准都为 CAD 及 CAM 技术在各国的推广应用起到了极大的促进作用。如 CAM-I（Computer Aided Manafacturing-International）国际组织在 1982 年制定了三维立体的边界文件格式试行标准 XBF-2（Experimental Boundary File）。西欧在产品数据标准方面也进行了大量的努力。法国宇航公司于 1984 年制定了目标与初始化图形交换规范（The Initial Graphics Exchange Specification，IGES）相当的数据交换传输标准 SET Rev.1.1，并已成为法国国家标准。SET 采用更紧凑的存储形式，运行效率高，灵活并易于扩展。联邦德国汽车工业协会于 1983 年 6 月公布了 VDAFS 1.0 标准，用以传递自由曲面的数据，并已成为德国国家标准 DIN 66301。

美国空军将 ICAM（Integrated Computer Aided Manufacturing）计划的一部分，开展了一个涉及产品全生命周期中的产品定义数据接口计划（Product Definition Data Interface，PDDI）项目研究，包括产品的几何模型、力学模型、分析、出图、工艺过程设计、工艺装备设计、数控加工、成组工艺、质量控制、生产管理中的材料明细表、进度计划、库存及生产控制、市场预测等。与此同时，欧洲的 ESPRIT 项目也于 1984 年开始实施，目的是开发一个功能完善的 CAD 数据口，以发展各种 CAD 系统之间的数据交换技术。

7.1.2 CAD/CAM 数据交换的方式

一般 CAD/CAPP/CAM 系统之间信息交换有以下三种方式：

第一种方式的特点是原理简单，转换接口程序易于实现，运行效率较高。但当子系统较多时，接口程序增多，编写接口要了解的数据结构也较多，并且当一个系统的数据结构发生变化时引起的修改也较多。这是 CAD/CAM 系统发展初期采用的方式。

第二种方式是进行 IGES 图形数据交换的思想基础，其目的是减少和简化各系统之间数据转换接口程序的编写，所以系统的数据传输针对标准的数据格式，所有的前、后置处理程序的编写都非常类似。由于以上两种方式都是通过数据交换接口，因此运行效率不高，也不便于集成。

第三种方式采用统一的产品数据模型，并采用统一的数据软件来管理产品数据，各系统之间可以直接进行产品信息交换，而不是将产品信息转换为数据，再通过文件来交换，这就大大提高了系统的集成性。这种方式是 STEP 进行产品信息交换的基础。

7.2　常用的数据交换格式

7.2.1　初始图形信息交换规范

初始图形信息交换规范（Initial Graphics Exchange Specification，IGES）是国际上产生最早、应用成熟广泛的图形数据交换标准。目前，几乎所有的有影响的 CAD/CAM 系统（如 I-DEAS、Pro/E、UGⅡ、SolidWorks、SolidEdge、MDT 等）均配有 IGES 接口，通过 IGES 接口能够输入输出有关图形的 IGES 文件。

IGES 由美国国家标准协会（ANSI）公布，它由一系列产品的几何、绘图、结构和其他信息组成。1980 年公布的 IGES 1.0 版仅限于描述工程图样的几何图形和注释实体。1982 年公布的 IGES 2.0 版对图形信息进行了扩充。1986 年公布的 IGES 3.0 版包含了工厂设计和建筑设计方面的内容。1988 年公布的 IGES 4.0 版增加了 CSG、装配模型及其有限元模型等内容。1990 年公布的 IGES 5.0 版包括了几何造型中的 B-Rep。

1. 初始图形信息交换规范的文件结构和格式

IGES 文件是以 ASCII 码表示，记录长度为 80 个字符的顺序文件。从 IGES 2.0 版本开始，增加了二进制文件格式的定义。ASCII 格式便于阅读，二进制格式则适于传送大容量文件。

IGES 文件包括图 7-1 所示的五个或六个段，即标志段、开始段、全局参数段、目录条目段、参数数据段、结束段。它们在 IGES 文件中必须依次出现。

从图 7-2 所示的 IGES 文件物理记录格式看，记录的第 1~72 列为该段的内容，73 列分别用 S、G、D、P、T 作为段的标识，其中"S"表示开始段；"G"表示全局参数段；"D"表示目录条目段；"P"表示参数数据段；"T"表示结束段；第 74~80 列则是每一节的顺序编号。

图 7-1　IGES 文件结构　　　　　　　图 7-2　IGES 文件物理记录格式

2. 初始图形信息交换规范模型的实体

IGES 模型指用于定义组成某产品的实体（Entity）的集合。定义 IGES 模型就是通过定义实体，对产品的形状、尺寸以及某些说明产品特性的信息进行描述。

IGES 中的基本单元是实体，它分为三类。第一类是几何实体，如点、直线、圆弧、样条曲线、曲面等；第二类是绘图实体，如尺寸标注、绘图说明等；第三类是结构实体，如结合项、图组、特性等。图 7-3 所示为 IGES 的主要实体。

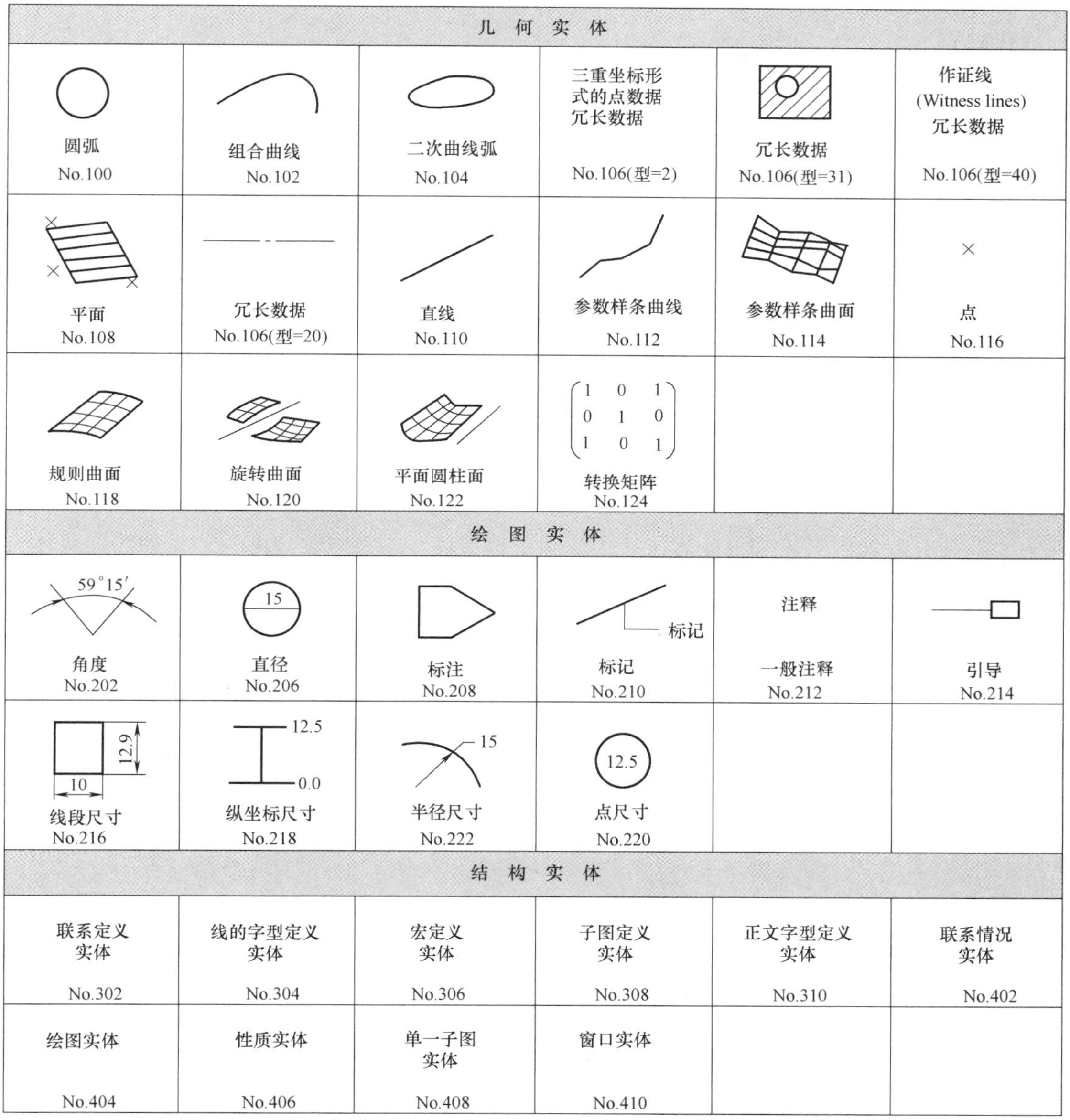
几 何 实 体
圆弧
No.100
组合曲线
No.102
二次曲线弧
No.104
三重坐标形式的点数据冗长数据
No.106(型=2)
冗长数据
No.106(型=31)
作证线
(Witness lines)
冗长数据
No.106(型=40)
平面
No.108
冗长数据
No.106(型=20)
直线
No.110
参数样条曲线
No.112
参数样条曲面
No.114
点
No.116
规则曲面
No.118
旋转曲面
No.120
平面圆柱面
No.122
1 0 1
0 1 0
1 0 1
转换矩阵
No.124
绘 图 实 体
59°15′
角度
No.202
15
直径
No.206
标注
No.208
标记
标记
No.210
注释
一般注释
No.212
引导
No.214
12.9
10
线段尺寸
No.216
12.5
0.0
纵坐标尺寸
No.218
15
半径尺寸
No.222
12.5
点尺寸
No.220
结 构 实 体
联系定义实体
No.302
线的字型定义实体
No.304
宏定义实体
No.306
子图定义实体
No.308
正文字型定义实体
No.310
联系情况实体
No.402
绘图实体
No.404
性质实体
No.406
单一子图实体
No.408
窗口实体
No.410

图 7-3　IGES 的主要实体

目前，国内外常用的商用 CAD/CAM 系统中，IGES 接口所采用的实体基本上是 IGES 所定义实体中的一个子集。

3. 初始图形信息交换规范文件的内容

IGES 文件各个段表述的内容如下：

（1）开始段　代码为 S。该段是为提供一个可读文件的序言，主要记录图形文件的最初来源及生成该 IGES 文件的相同名称。IGES 文件至少有一个开始记录。

（2）全局参数段　代码为 G。主要包含前处理器的描述信息及为处理该文件的后处理器所需要的信息。参数以自由格式输入，用逗号分隔参数，用分号结束一个参数。主要参数有：文件名、前处理器版本、单位、文件生成日期、作者姓名及单位、IGES 的版本、绘图标准代码等。

（3）目录条目段　代码为 D。该段主要为文件提供一个索引，并含有每个实体的属性信息，文件中的每个实体都有一个目录条目，大小一样，由 8 个字符组成一域，共 20 个域，每个条目占用两行。

（4）参数数据段　代码为 P。该段主要以自由格式记录与每个实体相连的参数数据，第一个域总是实体类型号。参数行结束于第 64 列，第 65 列为空格，第 66～72 列为含有本参数数据所属实体的目录条目第一行的序号。

（5）结束段　代码为 T。该段只有一个记录，并且是文件的最后一行，它被分成 10 个域，每域 8 列，第 1～4 域及第 10 域为上述各段所使用的表示段类型的代码及最后的序号（即总行数）。

在 IGES 文件中，信息的基本单位是实体，通过实体描述产品的形状、尺寸以及产品的特性。实体的表示方法对所有当前的 CAD/CAM 系统都是通用的，实体可分为几何实体和非几何实体，每一类型实体都有相应的实体类型号，几何实体为 100～199，如圆弧为 100，直线为 110 等；非几何实体又可分为注释实体和结构实体，类型号为 200～499，如注释实体有直径尺寸标注实体（206）、线性尺寸标注实体（216）等，结构实体有颜色定义（314）、字型定义（310）、线型定义（304）等。

几何实体和非几何实体通过一定的逻辑关系和几何关系构成产品图形的各类信息，实体的属性信息记录在目录条目段，而参数数据记录在参数数据段。

IGES 文件中实体是有界的，每一点为起点 P1，第二点为终点 P2，参数数据为起点和终点的坐标 P1（X1，Y1，Z1），P2（X2，Y2，Z2）。直线实体的类型号为 110，其定义如下：

110 1432 1 1 0 9 0 000020001D 2747

110 0 0 1 0 0D 2748

参数定义字段：

110, 442.01251, -338.64197, 0., 440.41876, -338.64197, 0.; 2747P 1432

上式中，起点坐标为（442.01251，-338.64197，0.），终点坐标为（440.41876，-338.64197，0.），2747 表示该直线实体在目录条目段中的第一行序号，1432 表示该直线实体在参数数据段中的序号。

IGES 中圆弧由两个端点及弧的一个中心确定，该圆弧始点在先，终点随后，并以逆时针方向画出圆弧。参数数据为 ZT，X1，Y1，X2，Y2，X3，Y3。ZT 为 XT、YT 平面上的圆弧平行于 ZT 的位移量，（X1，Y1）为圆弧中心坐标，（X2，Y2）为圆弧起点坐标，（X3，Y3）为圆弧终点坐标。如果起点与终点坐标重合，则为一个整圆。圆弧的实体类型号为 100，其定义为

100 6020 1 1 0 7841 8253 000010001D 8255

100 0 0 2 0 0D 8256

参数定义字段：

100，−1003.02643，−758.02863，−5144.16797，−758.02863，−5144.16797，8255P 6020

−758.03094，−5146.36768；8255P 6021

即位移为−1003.02643

圆心坐标为（−758.02863，−5144.16797）

起点坐标为（−758.02863，−5144.16797）

终点坐标为（−758.03094，−5146.36768）

4. 基于初始图形信息交换规范文件的数据交换

通常在不同的 CAD/CAM 系统中，可以采用 IGES 文件实现数据交换。其数据交换是通过前置和后置处理来进行的。

IGES 的前置处理程序，即把系统生成的图形文件转换成 IGES 格式的文件，后置处理则是将 IGES 文件转换成系统内部的图形文件格式。目前的很多 CAD 系统中，都具有 IGES 的前、后处理程序，但为了满足具体应用系统数据要求，后置处理程序有时需自行设计前后处理程序的工作过程。

后置处理程序主要完成如下工作：

1）打开 IGES 文件。

2）找到该文件的最后一个记录，即 IGES 文件的结束段。由结束段记录中读取整个 IGES 文件的各段总记录数。

3）根据开始段、全局段、目录条目段、参数数据段的记录数对各段进行定位。

4）在全局段的记录中可以读出有关这一图形文件的参数。

5）根据目录条目段地址，逐个记录读出每个实体元素类型和有关信息（层号、线型、颜色、子图名称等）以及参数数据，然后按实体类型号分别处理各类图形实体和其他元素记录，如直线、圆或圆弧、二次曲线、折线、尺寸标注线和各类标注等，并把它们处理成自己系统所需的存储格式。

6）对子图（或块）还做单独处理，找出各子图的相关图形元素，按自己的 CAD 系统子图的存储格式重新组织。

IGES 的图形元素种类繁多，存储信息量大，结构复杂。各个 CAD 系统又有自己的数据模式和存储结构，而且各不相同。所以怎样设计好 IGES 文件的前置和后置处理程序，并不是一件容易的事，一般容易漏掉信息。因此，往往需要进行大量的测试工作后，才能使 IGES 的前、后处理程序逐步完善起来。

首先可在自己的 CAD 系统内进行数据交换的测试，这样容易实现；然后在不同的 CAD 系统之间进行数据交换测试，进一步查找问题；还可以用 IGES 文件建立的各种图形库与 CAD 系统间进行数据文件交换来测试。这种手工测试方法费工费时，而且不容易把前后处理程序中的所有错误找出来。

IGES 虽然应用广泛，但是 IGES 在数据交换中存在的问题也不少，主要表现在以下几个方面：

1）IGES 中定义的实体主要是几何图形方面的信息，而不是产品定义的全面信息。它的目的是在屏幕上显示图表或用绘图机绘出图样、绘出尺寸标准和文字注释。所有这些输出形式都是供人使用理解的，不是面向计算机的，所以不能满足集成的要求。

2）数据传输不可靠，往往一个 CAD 系统只有一部分数据能转换成 IGES 数据，在读入

IGES 数据时也经常有部分数据被忽略。此外 IGES 的一些语法结构有二义性，不同的系统会对同一个 IGES 文件给出不同的解释，这可能导致数据交换的失败。

3）它的交换文件所占的存储空间太大，虽然后来提出了压缩的 ASCII 码格式，但多数 IGES 处理器都不支持。由于这个缺点也影响了数据文件的处理速度，使得传输效率不高。

7.2.2　产品数据交换标准 STEP

随着工业自动化和计算机技术的不断发展，工业界迫切需要综合性的可靠的信息交换机制来实现计算机辅助（CAX）系统之间的有效集成。国际标准化组织（ISO）工业自动化与集成技术委员会（TC184）下属的第四分委会（SC4）开发了 STEP（Standard for the Exchange of Product Model Data）来适应这种要求。标准编号为 ISO 10303。

STEP 提供了一种独立于任何一个 CAX 系统的中性机制来描述经历整个产品生命周期的产品数据。它是一个关于产品数据计算机可理解的表示和交换的国际标准。开发和推广这一标准的首要目的，是实现不同的 CAX 系统通过标准的中性文件来进行数据交换。

随着工业化的发展，企业之间的专业分工趋向越来越明显。一个汽车总装厂往往有好几百个零部件供应商，这些企业可能采用不同的 CAD 系统，数据交换的工作量非常大。采用 CAD 系统之间点对点的交换方式是不可取的，只有通过一种统一的方式来表达数据，统一的文件格式来输入和输出数据才有可能实现大规模的数据交换。

1. 产品模型数据交换标准的发展历史和结构

开发 STEP 的另一个目的是实现数据共享和长期存档。由于使用、维护和系列化设计产品的需要，产品数据的生命周期不但长于计算机硬件，往往也长于计算机软件系统。怎样使这些宝贵的数据能保存下来，加以利用，也同样需要一种独立的中性机制。

ISO 10303 是计算机可以解释的有关产品数据的表达与交换的国际标准。其宗旨是提供一种能够描述产品整个生命周期中的所有数据的机制，并且独立于任何具体系统。这种描述方法的实质不仅仅使其适合于中性文件交换，同时也是实施和共享产品数据库和产品数据存档的基础。

STEP 标准具有以下主要特点：①它能完整地表示产品数据并支持广泛的应用领域，包括产品生存期内各个环节，这是与其他标准最大的区别；② 它是一种中性机制，即独立于任何具体的 CAX 软件系统；③它具有多种实现形式，即不仅适用于中性文件交换，并且支持应用程序内的产品数据交换，同时也是实现和共享产品数据库的基础。

该系列国际标准的编号分类如下：

Parts 11 to 13 描述方法；

Parts 21 to 26 实施方法；

Parts 31 to 35 一致性测试方法和框架；

Parts 41 to 49 通用集成资源；

Parts 101 to 106 应用集成资源；

Parts 201 to 232 应用协议；

Parts 301 to 332 抽象测试套件；

Parts 501 to 518 应用解释结构。

STEP 标准包括以下五方面的内容：①标准的描述方法；②资源模型的定义；③应用协议；

④实现形式；⑤一致性测试。这五类加上STEP 标准的"概况与基本原理"组成 ISO 10303 系列国际标准。类的划分根据内容相似组合，又要使类与类之间的交叉引用最少。每类中有若干了标准，称为分部或分（Part）。

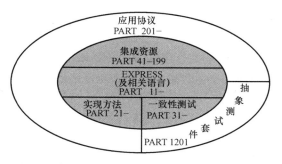

图 7-4　产品模型数据交换标准 STEP 的结构体系

STEP 的结构体系如图 7-4 所示，STEP 标准的核心部分是中间圆所包围的部分，它由描述产品数据的形式化建模语言 EXPRESS 语言规范、STEP 实现方法、集成资源和一致性测试标准这四大部分组成。外圈表示 STEP 标准的各个应用协议及 STEP 标准规定的用来测试某一应用是否与 STEP 标准一致的抽象测试套件。EXPRESS 语言是 STEP 标准中正式规定的产品数据描述工具，STEP 的集成资源和应用协议都是采用 EXPRESS 语言定义的。

STEP 实现方法部分规定了基于 STEP 的应用的实施途径。STEP 集成资源是 STEP 推荐使用的概念模型，它独立于数据的任何特定应用，其内容通过 EXPRESS 语言严格定义。集成资源由通用资源和应用资源组成。应用协议（AP）包括应用的范围、相关内容、信息需求的定义、应用解释模型（AIM）、规定的实现方式、一致性要求和测试意图。当今，机械工程设计和制造领域使用了大量的 CAD/CAM、CAE 和 CIM 系统，随之而来的是多种不同的 CAD 数据模型的运用。如果能够不依赖于具体系统而以某个核心标准为依据，建立一整套数据交换机制，那么必然可以大大提高不同系统之间数据交换的效率。这便是编写应用协议的主要目的。

EXPRESS 是一种信息建模语言，用于说明某一论域中的对象（object），对象所具有的信息单元以及对对象的限制与许可的操作。EXPRESS 语言参考 Ada、C、C++、Modula2 、Pascal 、PL/I SQL 等多种语言的功能，有强大的描述信息模型的能力，但它又不同于一般的编程语言。由于 STEP 标准庞大而复杂，因此设计 EXPRESS 时的目标是使所描述的模型既要能为计算机所处理，也要能被人读懂。

EXPRESS 语言的基础是模式（schema），每种模型由若干模式组成。模式内又分类型说明（type）、实体（entity）、规则（rule）、函数（function）与过程（procedure）。重点是实体，实体由数据（data）与行为（behavior）定义。数据说明要处理的实体的性质，行为表示限制与操作。

2. 产品模型数据交换标准的实现形式

目前数据交换系统为用户提供进行数据交换的界面一般有以下三种：交换文件、数据存取软件和查询语言。根据这三种界面功能的完善程度，STEP 规定了 11 项评价标准。根据这个标准，可以将标准的实施大致划分为以下四级：

第一级　文件交换；

第二级　工作格式（Working form）交换；

第三级　数据库（DB）交换；

第四级　知识库（Knowledge base）交换。

文件交换是最低一级。STEP 文件有专门的格式规定，其是 ASCII 码顺序文件，采用 WSN（With Syntax Notation）的形式化语法。这是一个无二义的文法，易于计算机处理。

STEP 文件含有两个节（section）：首部节（Header）和数据节（Data）。

首部节的记录内容为文件名、文件生成日期、作者姓名、单位、文件描述、前后置处理程序名等。数据节为文件的主体，记录内容主要是实体的实例（instance）及其属性值。实例用标识号和实体名称表示，属性值为简单或聚合数据类型的值或引用其他实例的标识号。

STEP 文件的前、后置处理程序与 IGES 的类似。但在 STEP 的应用中，由于有统一的产品数据模型，由模型到文件只是一种映射关系，比较起来更为简单。如果某个应用系统没有采用统一的产品模型，而是采用各自特定的数据结构（如现有的 CAD 系统），当然也可以按 STEP 标准的要求，将输出数据转换成 STEP 格式的文件。

数据库交换一级适应数据共享的要求。在信息集成的环境下，经常需要在 CAD、CAPP、CAM、CAE 以及其他系统之间传递信息。由于所传递的信息量大，数据复杂，采用文件交换的方式很难满足要求，加上并行工程（Concurrent Engineering）的发展，更加强了对数据共享的要求。因此要求采用数据库技术，这样就有选用或开发有源的数据库和数据库管理系统的问题。例如，如何使用户描述的源模式与 DDL（数据库的数据描述语言）发生联系，进行相应的处理后产生相应的数据字典与数据库框架（实体表、聚合类型属性表和聚合定义类型表）。在源模式中如有方法描述，还要生成相应的用户定义方法库。数据库的数据操作语言 DML 应提供对数据库数据进行操作的一些系统函数，如查询、修改、插入等，还包括约束检查、用户定义方法的执行等。

知识库交换一级与数据库交换一级的内容基本相同，相对数据要进行约束检查。这一级主要是考虑到发展的需要而设立的。

工作格式交换一级是一种特殊形式。工作格式是产品模型数据结构在内存的表现形式，它的目的主要有两点：

1）由于 CAD/CAM 系统对数据的操作频繁，并且要求尽量快的处理速度，追求一种近乎"实量"的处理效果。但目前大部分数据库系统的数据都是常驻外存，在速度上很难满足要求，这是目前数据库技术在 CAD/CAM 系统中不能得到很好运用的最大障碍，解决这一问题的方法之一就是使要处理的数据常驻内存，对它进行集中处理，以保证运行速度。当然这就要求有一套内存数据管理系统。

2）减轻 CAD/CAM 系统设计人员设计数据结构与管理数据的负担。目前国内外绝大部分的 CAD/CAM 系统的数据管理工作仍是由系统设计人员管理，他们耗费大量的精力去考虑数据的存储方式、指针、链表的维护。系统的功能越完善，数据管理的任务越重，只有使用数据库技术对数据库进行管理，才能把设计人员从繁重的劳动中解放出来。STEP 标准提供了统一的产品数据结构，因此开发内存的数据管理系统就为应用程序使用这些数据结构提供了支持。

ISO 10303-22（实现形式：标准数据存取接口）规定以 EXPRESS 定义其数据结构的数据存储区（文件、工作格式和数据库的统称）的接口实现方法。该接口便称为标准数据存取接口 SDAI（Standard Data Access Interface），应用程序可以用此接口来获取与操作这些数据。SDAI 独立于编程语言，目前 SDAI 的应用范围限于：存取、操作以 EXPRESS 描述的数据实体，并可以在一个应用程序中同时从多种存储区中存取数据。暂时还不能由多个应用程序从一个存储区中并行存取，也不能操作远程数据。

Past 22 的内容有以 EXPRESS 表示的 SDAI 环境、SDAI 操作、一致性测试、语言联编等，SDAI 环境中有以下三种模型：

一是字典模型，定义 SDAI 数据字典的模型。所谓字典是 SDAI 所能操作的模式的有关信息，如模式、类型、实体等是如何定义的。

二是任务模型，描述支持 SDAI 环境的任务的实体，如任务的记录、实施的状况、实体实例集、出错记录等。应用程序要启动一次任务来活化 SDAI 的实施。

三是 SDAI 抽象数据模型，为 SDAI 操作数据提供抽象的描述。

一个数据集是根据其字典模型导出的。例如：

SDAI dictionary Model→SDAI Data_Set

即由 EXPRESS 表示的 Express 定义，如 Part 203 应用协议：

（ENTITY Entity Definition；	（ENTITY Point；
……	……
END__ENTITY；）	END__ENTITY；
Part 203 应用协议	Step. 文件
（ENTITY Point；	（#1 = point（0. , 0. , 1. ；））
……	
END___ENTITY；）	

上例说明操作一个点的数据时，不仅要根据 AP—203 中点的实体是如何定义的，还要检查该 point 的实体定义是否符合字典模型中 Entity__definition 的规定。

SDAI 操作包括打开与关闭任务，打开存储区，生成模型，取实体定义，生成、复制与删除实体实例，存取属性等。

属于实现形式的已有标准有：ISO 10303-21　交换结构的可读正文编码（Clear Text Encoding of the Exchange Structure）和 ISO 10303-22 标准数据访问接口（Standard Data Access interface）。

3. STEP 标准的描述方法 EXPRESS 语言

对于 ISO 10303 内的集成资源单元与应用协议，EXPRESS 语言提供规范化描述产品数据的机制，并可以附加支持性的文字。EXPRESS 语言可以定义由数据元素、约束与其他性质组成的实体，并由它们定义产品数据表示的正确格式。EXPRESS 语言能够通过对现有单元增加约束与属性，使其易于开发应用协议。ISO 10303 中每种定义形式均表示为 EXPRESS 语言。

EXPRESS 的数据类型包括简单数据类型（Simple data type）、聚合数据类型（Aggregate data type）、命名数据类型、构造数据类型和广义数据类型。

1）简单数据类型是 EXPRESS 的基本数据类型，包括数值数据类型（Number data type, NUMBER）（不分整型、实型）、整数据类型（Integer data type, INTEGER）、实数据类型（Real data type, REAL）、逻辑数据类型（Logical data type, LOGICAL）（真、假未知）、布尔数据类型（Boolean data type, BOOLEAN）（真、假）、二进制数据类型（Binary data type, BINARY）与字符串数据类型（String data type, STRING）。

2）聚合数据类型（Aggregation data type）是基类数据的组合。基类数据可以是聚合数据类型的元素，包括数组数据类型（Array data type, ARRAY）、链表数据类型（List data type, LIST）、包数据类型（Bag data type, BAG）和集合数据类型（Set data type, SET）。

3）命名数据类型（Named data type）是由用户说明的数据类型，包括实体数据类型

（entity data type）和定义数据类型（defined data type）两种。这两种类型分别用 ENTITTY 和 TYPE 关键字说明。例如：

    ENTITTY car；

    name：STRING；

    serial_number：STRING；

    year：STRING

    END_ENTITY；

定义了一个汽车的 ENTITY，该实体 ENTITY 包括名称、序列号和年份。

    TYPE months＝ENUMERATION OF

    （January，February，March，April，May，June，July，

    August，September，October，November，December）；

    END_TYPE；

定义月份为枚举类型，包括 1 到 12 月。

4）构造数据类型（Constructed data type）包括枚举数据类型（Enumerated data type，ENUMERATION）和选择数据类型（Select data type，SELECT）。

5）广义数据类型由关键字 GENERAL、AGGREGATE 说明，只用于函数或过程的参数类型。

EXPRESS 通过说明来描述，这些说明包括类型、实体、模式、常数、函数、过程和规则说明。

类型说明是建立一个定义数据类型，定义数据类型的值域和隐含数据类型的值域是一致的，可以用 WHERE 语句进行约束。例如：

    TYPE positive＝INTEGER；

    WHERE

      Nonnegative：SELF＞0；

    END_TYPE；

实体说明是建立一个实体数据类型。EXPRESS 定义、描述对象，主要靠众多的实体说明来实现。实体是一组对象的共同性质的描述，一个实体说明定义了一种对象数据类型和一个类型表示符。一个实体说明的结构如下：

    ENTITY entity-id［sub or super］；

            ｛explicit-asttribute｝

            ｛derive-clause ｝

            ｛inverse-clause｝

            ｛unique-clause｝

            ｛where-clause｝

    END_ENTITY；

其中，entity-id 是实体类型标识符；sub/super 是实体子类/超类说明；explicit-asttribute 是显式属性说明；derive-clause 是导出属性说明；inverse-clause 是逆向属性说明；unique-clause 是唯一性规则；where-clause 是值域规则。除了显式属性是必需的，其他都是可选的。

显式属性是实体的基本属性，也就是说对于实体的一个实例（），即实际的对象，必须

有值。

逆向属性的类型必须是另一个实体类型，其值就是另一个实体类型的实例，其作用就是指明本身实体在所指实体定义中所起的作用。例如：

```
ENTITY mother;
    Name:STRING;
    Age:positive;
    children:SET[1..?]of child;
END_ENTITY;
ENTITY child;
    Name:STRING;
    Age:positive;
    Sex:sextype;
INVERSE
MYMOTHER：mother FOR children;
END_ENTITY;
```

实体中的唯一性规则（unique-clause）指明对于实体的某些属性必须保持唯一性的约束条件。值域规则（where-clause）与类型说明中相同，给出对实体值域的约束。函数和过程说明用来描述算法。常量说明的意义与一般语言相同。规则说明给出对模式的全局规则，定义模式内在一个或几个实体上的约束。

实体内的属性（Attribute）、局部规则（唯一规则 unique 与条件规则 wherer）、超类与子类的说明（supertype 与 subtype）等，如：

```
ENTIRY unit vector.
a, b, c:REAL;
WHERE
a**2+b**2+c**2=1.0
END_ENTITY;
```

其中，a、b、c 为属性，即说明单位矢量的分量，WHERE 后面是局部规则，即三分量的平方和必须等于 1.0。

对唯一性规则规定的属性，其实例只能是唯一的。例如，姓名的实例可以重复（同名同姓），但身份证的编码与姓名的属性组合则应该用 unique 声明，因为这种实例必须唯一。

超类与子类表明实体的关系，子类可以继承超类的属性。

EXPRESS 语言的表达式也很多，除了一般的算术、逻辑、字符表达与运算外，还增加了实体的实例运算，如实例相同（：=：）、实例不同（：<>：）。表达式中还有一种 Query 表达式，可以用来查询 ENTITY 中的内容。如查询圆实体中有无圆心在坐标原点的实例。

在标准函数方面，标准函数有近 30 种，除了具有一般的 ABS、SIN、COS、TAN、ASIN、ACOS、ATAN、SQRT、LOG 等外，还有适用于建模的函数，如：

Used in（实体实例中用过的属性）

Type of（变量的类型）

Size of（集合变量的元素总数）

Hiindex、Hibound、Loindex、Lobound（均为求集合变量的上下界限值。对于 ARRAY 来说，Index 与 bound 没有区别，返回的均是声明的上下标。但对于 BAG、LIST、SET、Hibound of 返回的是其声明的上界，Hiindex 则是其实际的元素值。Lobound 时返回的是 1，而 Loindex 则是声明的下界）

Roles of（查询某个实例曾被某处引用过，返回引用的模式名、实体名与属性中名）

在执行语句方面，也有与一般编程语言类似的赋值语句、Case 语句、If……then……else 语句、Repeat 语句等。此外有 EXPRESS 语言特设的接口性语句。利用 Use from、Reference from 语句可以将别处的模式或模式内的实体引用过来而不必重复编写。Use 句中被引用的实体如同在本模式中的局部中声明一样，而 Reference 句所引用的实体声明仍留在原模式中，只是本模式引用时可以进入。

模式说明是 EXPRESS 描述的最外层框架。模式内可以包含以上各种定义说明。模式的一般结构为：

SCHEMA schema_id;

{interface_specification}

[constant_declaration]

{entity_declaration|function_declaration|procedure_declaration|

type_declaration|rule_declaration}

END_SCHEMA;

属于这类的标准有 ISO 10303-11EXPRESS 语言参考手册（The EXPRESS Language Reference Manual）。

4. 基于产品模型数据交换标准的文件交换的实现形式

STEP 标准提供了不同的产品数据交换实现形式，用于产品数据的可供选择的实现形式有：交换文件、数据库、数据存取、知识库。

交换文件实现形式定义了一套清晰的文本编码，可用于不同系统间交换全套或部分产品数据表达，其文件为 ISO 10303-21，是最常用的一种实现形式。

文件交换方式利用显式正文二进制编码（目前定义的交换结构实现为显式正文编码文件结构）提供对应用协议中产品数据描述的读和写，即交换文件交换方式。

交换结构由一无二义性的、上下文无关的，又便于软件解释的语法来描述，这种语法用 WSN（Wirth Syntax Notation）来表达，用交换结构描述的产品数据形式是通过 EXPRESS 语言变换而来的，可以独立于专门的应用。

交换结构实现方式包括三部分内容：用 WSN 描述的交换结构语法、EXPRESS 语言结构到交换结构的映射规划、交换结构实现方式的数据交换模型。

CAD 系统对 STEP 交换文件的方式如下：STEP 前处理器把某一 CAD 系统 A 内的数据转换成符合 STEP 交换结构语法的文件（交换文件），STEP 后处理器读入 STEP 文件，把交换结构描述的数据转换成接收系统（另一 CAD 系统 B）内的数据。

交换结构是用易懂的正文编码书写的顺序文件，由头部段（HEADER）和数据段（DATA）组成，整个文件以"ISO-10303-21"开始，随后是头部段和数据段，数据段后紧接交换结构的结束标志"END-ISO-10303-21"。头部段提供了有关整个交换文件的信息，记录内容为文件名、文件生成日期、作者姓名、单位、文件描述、前后置处理程序等；数据段包含了需交换的产品数据，为文件的主体，记录内容为实体的实例及其属性值，实例用标识符和实体名称表示，属性值为简单或聚合数据类型的值或引用其他实例的标识符。头部段和数据段在交换文件中均只能出现一次，而且头部段必须是交换文件的第一段，形式如下：

ISO-10303-21；

HEADER；

……

ENDSEC；

DATA；

……

ENDSEC；

END-ISO-10303-21；

头部段内一些实体的语法与数据段中交换数据的实体相同。头部段中有一个实体必须以下列次序出现：FILE-DESCRIPTION、FILE-NAME、FILE-SCHEMA。

1）FILE-DESCRIPTION包含一些有关交换文件内容的非正式描述和该文件要求的后处理器层次，其EXPRESS语言描述为：

ENTITY file-description；

　　Description：LIST［1：?］OF STRING（256）；

　　Implementation-level：STRING（256）；

END-ENTITY；

2）FILE-NAME包含一些与交换文件有关的信息，如文件名、时间标记、作者、组织、实施的STEP版本等。这些信息主要用于相互之间的交流。

ENTITY file-name；

　　name：STRING（256）；

　　time_stamp：STRING（256）；

　　author：LIST［1：?］OF STRING（256）；

　　organization：LIST［1：?］OF STRING（256）；

　　step_version：STRING（256）；

　　preprocessor_version：STRING（256）；

　　originating_system：STRING（256）；

　　authorisation：STRING（256）；

END-ENTITY；

3）File-SCHEMA给出数据段中的实体从哪些模式中来，列出这些模式名。

ENTITY file-schema；

　　schema LIST［1：?］OF schema_mame；

　　END-ENTITY；

　　TYPE schema-name＝STRING（256）；

　　END-TYEP；

数据段包括由交换结构传输的产品数据。数据段包含的元素实例与头部段中EXPRESS模式一致，数据段以"DATA"开始，以"ENDSEC"结束。实体的实例可以由对应实体属性的参数表构成，交换文件结构提供了数据域方式构成实体的实例。

域结构的简单标记由等号"="和关键词组成。域结构定义由"&SCOPE"开始，以"ENDSCOPE"标记结束。

某交换文件中定义的实体实例还可被另一交换文件引用，即外部引用。外部引用通过标准定义的实体 EXPORT、LIBRARY 和 EXTERNAL 说明。数据段中可以有用户自定义实体，其语法和头部段中的用户自定义实体相同。自定义关键词前加惊叹号"!"，用以区别标准关键词。

5. 产品模型数据交换标准交换结构的实例

采用计算机辅助设计软件建立如图 7-5 所示的某轴套零件的 PRO/E 数字模型，并将该零件的数字模型分别存为线架型的 IGES 文件格式和实体型的 STEP 文件格式。

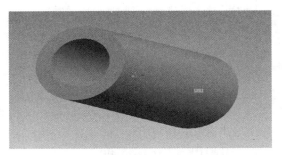

图 7-5　某轴套零件的 PRO/E 数字模型

1）该零件的线架型 IGES 文件格式如下：

文件表头信息：

PTC IGES file：zhouguan1. igs　　　　　　　　　　　　　　　　　　　　　　　S　　1
1H，，1H；，9HZHOUGUAN1，13Hzhouguan1. igs，　　　　　　　　　　　　　　G　　1
49HPro/ENGINEER by Parametric Technology Corporation，7H2004110，32，38，7，　G　　2
38，15，9HZHOUGUAN1，1.，2，2HMM，32768，0.5，13H060323.111909，0.0110223，　G　　3
110.227，1Ha，7HUnknown，10，0，13H060323.111909；　　　　　　　　　　　　G　　4

该零件的颜色等设置：

314	1	1	1	0	0	0	001000200D	1
314	0	4	1	0			COLOR	1D	2
314	0	8	1	0			COLOR	8D	16
124	9	1	1	0	0	0	001000000D	17
124	0	0	1	0			XFORM	1D	18
100	10	1	1	0	0	17	001010000D	19
100	0	0	1	0			ARC	1D	20

几何特征：

110	17	1	1	0	0	0	001010000D	33
110	0	0	1	0			LINE	1D	34
128	0	0	4	0			SPLSRF	1D	58
102	33	1	1	0	0	0	001010000D	59
102	0	0	1	0			CCURVE	1D	60

126	34	1	1	0	0	0		001010500D	61
126	0	0	25	0			B_SPLINE	1D	62
126	59	1	1	0	0	0		001010500D	63
126	0	0	25	0			B_SPLINE	2D	64
102	84	1	1	0	0	0		001010500D	65
102	0	0	1	0			CCURVE	2D	66
142	85	1	1	0	0	0		001010500D	67
142	0	0	1	0			UV_BND	1D	68
102	86	1	1	0	0	0		001010000D	69

坐标点的位置：

```
314, 1.1D0, 1.2D0, 1D2;                                                1P      1
124, 1D0, 0D0, 0D0, 0D0, 0D0, 1D0, 0D0, 0D0, 0D0, 0D0, 1D0, 0D0;       17P     9
100, 0D0, 0D0, 0D0, 2.25D1, 0D0, -2.25D1, 0D0;                         39P     20
124, -1D0, 0D0, 0D0, 0D0, 0D0, -1D0, 0D0, 0D0, 0D0, 0D0, 1D0, 9D1;     41P     21
100, 0D0, 0D0, 0D0, 2.25D1, 0D0, -2.25D1, 0D0;                         43P     22
110, 9.807692307692D-1, 3.141592653590D0, 0D0, 9.807692307692D-1,      207P    298
6.283185307180D0, 0D0;                                                 207P    299
110, 9.807692307692D-1, 6.283185307180D0, 0D0, 1.923076923077D-2,      209P    300
6.283185307180D0, 0D0;                                                 209P    301
102, 4, 203, 205, 207, 209;                                            211P    302
142, 0, 197, 211, 201, 1;                                              213P    303
144, 197, 1, 0, 213;                                                   215P    304
S       1G      4D      216P    304                                    T       1
```

2）该零件的实体型 STEP 文件格式如下：

头文件

```
ISO-10303-21;
HEADER;
FILE_DESCRIPTION((''),'2;1');
FILE_NAME('ZHOUGUAN1','2006-03-23T',('a'),(''),
'PRO/ENGINEER BY PARAMETRIC TECHNOLOGY CORPORATION, 2004110',
'PRO/ENGINEER BY PARAMETRIC TECHNOLOGY CORPORATION, 2004110','');
FILE_SCHEMA(('CONFIG_CONTROL_DESIGN'));
ENDSEC;
```

数据

```
DATA;
#1＝CARTESIAN_POINT('',(0.E0,0.E0,0.E0));
#2＝DIRECTION('',(0.E0,0.E0,1.E0));
#3＝DIRECTION('',(1.E0,0.E0,0.E0));
#210＝PERSON_AND_ORGANIZATION_ROLE('design_owner');
```

#211 = CC _ DESIGN _ PERSON _ AND _ ORGANIZATION _ ASSIGNMENT (#201 , #210 , (# 176)) ;

#5 = CIRCLE (' ' , #4 , 2. 25E1) ;

#10 = CIRCLE (' ' , #9 , 2. 25E1) ;

#15 = CIRCLE (' ' , #14 , 1. 5E1) ;

#20 = CIRCLE (' ' , #19 , 1. 5E1) ;

#33 = CIRCLE (' ' , #32 , 2. 25E1) ;

#38 = CIRCLE (' ' , #37 , 2. 25E1) ;

#43 = CIRCLE (' ' , #42 , 1. 5E1) ;

#48 = CIRCLE (' ' , #47 , 1. 5E1) ;

#78 = EDGE_CURVE (' ' , #59 , #60 , #5 , . T.) ;

#80 = EDGE_CURVE (' ' , #60 , #59 , #10 , . T.) ;

#84 = EDGE_CURVE (' ' , #67 , #68 , #15 , . T.) ;

#86 = EDGE_CURVE (' ' , #68 , #67 , #20 , . T.) ;

#97 = EDGE_CURVE (' ' , #59 , #63 , #24 , . T.) ;

#99 = EDGE_CURVE (' ' , #63 , #64 , #33 , . T.) ;

#101 = EDGE_CURVE (' ' , #60 , #64 , #28 , . T.) ;

#113 = EDGE_CURVE (' ' , #64 , #63 , #38 , . T.) ;

#128 = EDGE_CURVE (' ' , #71 , #72 , #43 , . T.) ;

#130 = EDGE_CURVE (' ' , #72 , #71 , #48 , . T.) ;

#141 = EDGE_CURVE (' ' , #72 , #68 , #56 , . T.) ;

#144 = EDGE_CURVE (' ' , #71 , #67 , #52 , . T.) ;

#171 = ADVANCED_BREP_SHAPE_REPRESENTATION (' ' , (#162) , #170) ;

#178 = PRODUCT_DEFINITION ('design' , ' ' , #177 , #174) ;

#179 = PRODUCT_DEFINITION_SHAPE (' ' , 'SHAPE FOR ZHOUGUAN1. ' , #178) ;

#180 = SHAPE_DEFINITION_REPRESENTATION (#179 , #171) ;

ENDSEC ;

END-ISO-10303-21 ;

在工程实际中，采用产品数据交换标准可以实现产品数据的无缝集成，便于提高劳动生产率，实现生产过程的信息集成和共享。

例如，在某型游乐设施的设计中，为了确保产品的安全和可靠，设计完成后需要对产品进行性能分析。首先在设计中采用数字化建模技术实现产品的虚拟装配，进行产品的装配干涉检查。在此基础上对产品的关键部件进行性能分析。如桥壳在某型游乐设施的整个设备中，起连接小车轮架的作用。小车施加压力在底梁上，底梁通过桥壳，将压力传递到轨道。某桥壳的数字模型如图 7-6 所示，将其数字模型转换为 IGES 格式，为后续的分析提供产品模型。

图 7-6　某桥壳的数字模型

在工程分析软件 ANSYS 中采用已经建立的产品数字模型进行性能分析，某桥壳的有限元分析模型如图 7-7 所示。桥壳使用的主要材料是 A3 钢，材料的最大许用应力是 350MPa，通过对桥壳的静力学分析得出结论，桥壳受到的最大应力值为 18.3MPa，远远小于许用应力值。

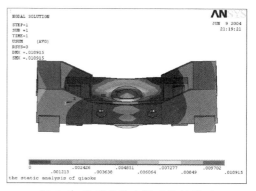

图 7-7　某桥壳的有限元分析模型

同样对桥壳和轮架连接的重要构件桥壳连接轴进行分析，该连接轴将车身和底梁的重量传递给轮架至轨道。每一个桥壳有两根连接轴，在两端呈对称分布，连接轴与轮架连接的一端有螺纹，与轮架内部的螺纹孔配合，固定在轮架上，另一端与桥壳上的连接柱连接，可以有一定角度的转动，在车转弯和侧倾时，根据弹簧的受力大小调节转动。图 7-8 所示为连接轴的数字模型，图 7-9 所示为连接轴的有限元静力学分析模型，图 7-10 所示为连接轴的模态分析模型。

图 7-8　连接轴的数字模型

图 7-9　连接轴的有限元静力学分析模型

图 7-10　连接轴的模态分析模型

桥壳的连接轴使用的材料是 40CrNiMoA，最大许用应力值高达 835MPa，连接轴受到的应力较为集中，实际应力值达到了 169MPa，符合安全要求。通过使用 IGES 格式，使得产品的数字模型可以通用，大大节约了时间，节省了成本，避免了差错。

6. 产品模型数据交换标准应用的实施

STEP 标准提供了全套机制支持各种基于标准的应用开发。它使软件开发者能够在更高层次上设计软件，使软件在一个较高平台上开发，增加软件的可靠性和通用性。基于 STEP 应用的实施，概括起来可分为以下几个步骤：

1）建立 STEP 应用的概念模型。具体来讲，就是确定实施所要遵循的 STEP 应用协议或引用 STEP 集成资源，用 EXPRESS 语言定义 STEP 实施所覆盖的范畴。

2）将用 EXPRESS 语言定义的概念模型映射到具体实施所确定的实现方法。若采用C++语言，则需将 EXPRESS 语言定义的模式映射到 C++语言的定义中；若采用 SDAI 实施具体应用，则需将 EXPRESS 语言定义的模式映射到 SDAI 所规定的数据字典模式中；若采用数据共享方式实现 STEP 应用，则需将 EXPRESS 语言定义的模式映射到具体数据库的数据字典中。

3）确定数据交换结构。如 STEP 标准的 Part21 规定的物理文件结构或特定的二进制文件格式。产品数据交换的实现方式有中性文件交换、应用程序接口（SDAI）和数据库共享三种方式。中性文件交换方式就是利用显式正文或二进制编码，提供对应用协议中产品数据描述的读和写，它包括交换结构的语法、EXPRESS 语言结构到交换结构的映射规则和交换结构实现方式的数据交换模型。

国际上大多数 CAD/CAM 软件都不同程度地支持 STEP 标准，提供 STEP 的物理文件前后处理器。围绕着 STEP 标准的实施，国际上开发了许多支持 STEP 标准的软件工具集，如专门支持 STEP 标准的产品建模和产品数据交换的 STEP 集成工具，ProSTEP 公司的 PSStep_CaseLib，STEP-tools 公司的 ST-Developer，挪威 Market EPM Technology 公司的 EDM 软件（EXPRESS DATA MANAGER）。这些工具通过 STEP 标准来管理数据。在这些软件工具基础上开发应用软件，大大地加快了开发速度和改进了软件性能。

随着 STEP 标准在工业应用中的日益普及和推广，它已引起国内外制造业的高度重视。发达国家都在花大力量把 STEP 标准推向工业应用，典型的成功范例如下：

（1）CSATR 项目　CSATR 项目成功地采用 STEP 标准的 AP203 协议作为中性交换机制，在麦道公司的 Long Beach 分部和 ST. Louis 分部之间交换了 C-17 机型设备的设计数据，所交换数据的设计信息约 525 张图样、2200 个零件，总共超过 75MB 的数据信息，经过该中性机制实现了转换，AP203（三维设计数据的配置控制协议）被用于实现零件明细表（BOM）数据的交换。STEP 允许在一个数据共享或交换的环境中，主要制造部门和次要制造部门所使用的配置管理数据自动同步。

（2）AeroSTEP/PowerSTEP 项目　该项目实现了波音（Boeing）公司和波音公司指定机型的各发动机供应商之间的数字化装配，以便理解、验证和协商存在于发动机和发动机组件及构件之间的连接、配合和公差。由于设计是并行、开放的，因此需要保证设计模型的及时更新。数字化预装配的几何特性非常复杂，建议设计更改的解决方案可能导致难以解决的三维几何问题。STEP 标准的应用协议 AP203 在该项目中被用来作为数据化预装配数据的描述和交换协议。

（3）美国 GM 公司的 STC-STEP 转换中心　该中心正式用于美国 GM 公司的生产过程数据交换，目前已在其三个分公司和其他供应商之间进行了数据交换，这是美国汽车工业把 STEP 标准用于生产的首次报道。

（4）德国的 KWS 公司　KWS 公司是一家现代化的、著名的德国以及国际汽车制造公司的合作伙伴，其业务范围包括规划、设计和制造所有类型的车身钣金成型模具设备，并且提供有关的技术咨询和服务。

这一工程领域的前提是公司内部的工艺过程与客户的生产环节灵活、紧密的集成，同时，还要求在所有层次上进行大量的数据交换，特别是与客户以及自己的零配件厂商之间技术产品数据交换。技术产品数据交换的质量、灵活性和经济效益都越来越证明是企业基本的竞争因素。

KWS 公司认为，数据交换问题能够通过不断应用全面标准化的 STEP 数据格式来更有效地解决。因此，KWS 公司很早就把 STEP 确立为计算机辅助系统领域中战略规划的一个重要的组成部分，从而与众多的著名汽车制造公司在这一方面保持步调一致。1997 年 4 月在德国慕尼黑举办的 STEP 学术会议上，BMW（宝马）公司开发、采买和技术负责人 Wolfgang Reizle 博士认为 STEP 标准是 BMW 产品数据模型的基础，是跨企业之间工艺管理的一个先决条件，STEP 是根本无法取代的。VW（大众）公司信息系统和产品技术负责人 Trac Tang 博士完全同意 Reizle 博士的观点。Daimler-Benz（奔驰）公司轿车开发部负责人 Helmut Petri

先生说："我们还不能找到某种更简单的方式来取代 STEP，我们需要这一变革，我们需要这一转换，因此，我们支持它，把它作为面向未来的技术。"Opel（欧宝）公司技术数据处理负责人 Heinz-Geld Lehnhoff 博士说："我们还期待着通过使用现有的和正在制定的、改进的 STEP 标准把产品数据转换为我们的数据格式和数据组织结构。对此，我们有兴趣开发基于 STEP 的数据高速公路"。

（5）德国的 ProSTEP 公司　德国的 ProSTEP 公司是 STEP 技术的积极开发者和促进者，它和 KWS 公司合作进行"STEP-示范企业"项目，该项目的目的是实现全部产品描述数据的数字化建模，在保持自己高效率生产的前提下，把自己集成到客户的不同的开发环境中去而在实践中应用 STEP 技术，从而掌握必要的技术知识，积累经验，奠定优化计算机辅助技术环节的基础。

为了尽快地获得可行的解决问题的方案，在 KWS 公司的计算机辅助技术环节中的所有主要系统的开发商都参加了该项目：

由 Debis 系统工程公司（Daimler-Benz 公司的子公司）提供对 CAD 系统 CATIA 的技术支持；

由 Eigner+Partner 公司提供对 PDM 系统 CADIM/EDB 的技术支持；

由 Matra Datavision 公司提供对 CAD 系统 EUCLID Quantum 和 EUCLID3 的技术支持；

由 Tebis 公司提供对 CAM 系统 TEBIS 的技术支持；

由 ProSTEP 公司提供应用 STEP 标准的技术支持和项目的组织与协调。

该项目的重点是：首先在 KWS 公司内所应用的三个 CAD/CAM 系统之间进行几何产品数据的交换；在通用 PDM 系统中建立与 STEP 兼容的数据模型；基于 STEP 实现 CAD/CAM 系统和 PDM 系统之间的数据交换；以 STEP 文件格式在该公司的 PDM 系统和客户 PDM 系统之间进行管理的产品数据交换。

KWS 公司的典型生产环节实例以及已实现的解决方案如下：

（1）数据输入和预处理　在 KWS 公司，几何数据将首先读入 CATIA 系统并且进行预处理，然后，把这些数据以 STEP 格式传送到 EUCLID 系统中去进行模具设计。为了数控编程，再把几何数据以 STEP 格式传送到 TEBIS 系统中去。整个数据交换的过程均可以通过 PDM 系统来进行管理和协调，从而保证几何的和管理的产品数据在任何时刻的一致性。

客户的数据在 CATIA 系统中要经过预处理之后，EUCLID 系统才可以对其进一步加工。在数据交换时，采用 Debis 系统工程公司的 CATIA STEP 转换器。

所有的 CAD 数据都在 Eigner+Partner 公司的 PDM 系统 CADIM/EDB 中进行管理，它与在 KWS 公司中应用的三个 CAD/CAM 系统的接口是统一基于 STEP 标准的，只有这样才能保证通用的信息流。

除了几何的产品数据以外，还有大量的有关管理的产品数据也必须要进行交换。

（2）方法规划和设计　为此，所有收到的数据都要经过检验后存储起来。然后，EUCLID 系统读入 STEP 文件对数据进行加工处理。根据钣金零件的加工过程可以在 EUCLID 系统上设计各种冲压模具，包括冲头、冲模、底座、标准组装件以及上盖。方法规划和设计过程的中间状态和结果均存入 PDM 系统进行管理。只有通过 PDM 系统的控制才能够保证描述各种版本以及不同发放状态的数据的一致性。

（3）数据输出　设计过程的中间和最终设计结果将提交给定货厂商或者零配件厂商。

ProSTEP 公司的数据交换管理器 DXM（Data Exchange Manager）已经集成到了 Eigner + Partner 公司的 PDM 系统 CADIM/EDB 之中去。从生成文件输出任务书到发出文件的所有必要的数据全部能够通过 PDM 来管理，其中包括：文件接收公司；该公司的数据通信设备；用于转换 CAD 数据的方法。在此基础上，生成文件输出任务书，其中的文件接收公司可以从现有的数据库中选取。接着，选取要发送的文件并置入输出表中，为了便于检查，被选取文件的所有参数将显示在屏幕上，如果它们完全正确，文件就自动地被发送出去。

（4）数控编程和加工　在模具设计数据的基础上，开始准备切削加工的数据。为此，实体模型、曲面模型以 STEP 格式输入到 TEBIS 公司的 CAD/CAM 系统中，这样，在 KWS 公司的所有设计系统之间几何的产品数据都是以 STEP 格式进行交换的。EBIS 系统也具有与 PDM 系统 CADIM/EDB 之间的接口，它能够从 PDM 系统中读出数据，也能够向 PDM 系统存入数据。

数控程序生成之后，接着就可以直接在 KWS 公司的机械加工车间生产大部分零件。为此，准备完毕的 CAD 模型将被送交到 TEBIS 公司的 WOP 工作站。最后，进行装配、试车等工序，直到模具机床的制造完毕。模具生产的技术工艺环节到此结束。

因此，STEP 技术使得一些重要的合理化资源得到充分利用，从这些企业的成功应用经验可知，STEP 可以应用到大部分的生产领域。当然，目前 STEP 并不能解决数据交换中的全部问题。但是，STEP 仍在不断地发展，相信在所有参与者的努力推动下，其中的大部分问题可以很快地得到解决。

我国的 STEP 技术研究开始于 1990 年，其中包括北京航空航天大学、浙江大学、哈尔滨工程大学、清华大学等。1994 年，由国家技术监督局、航空 625 所、一汽和二汽创办了 STEP 产品数据技术中心（C-STEP）。该中心从事国外 STEP 工具的推广、产品数据技术的咨询、航空工业 CAE 数据交换技术的研究。国内的 STEP 应用集中在基于 AP203、AP214、AP214 的数据交换技术研究。国内的浙江大学于 2000 年开发了 GS-STEP2000，北京航空航天大学开发了基于 STEP 标准的金银花系统。

STEP 标准提供一种不依赖于任何具体系统的中性机制，能够描述产品整个生命周期内的产品数据。它使用了形式化的数据规范语言 EXPRESS 来描述产品数据的表示，形式化语言的使用提高了数据表达的精确性和一致性，有利于在计算机上的实现。STEP 中性文件实现包括三部分内容：中性文件格式、EXPRESS 模式到中性文件格式的映射规则和中性文件数据交换模型。STEP 中性文件的格式，一部分是与要交换的数据模式无关的，另一部分则依赖于数据模式，有关的部分通过映射规则确立下来，所以根据中性文件格式编制前后置处理器也是模式相关的。不同系统之间要交换数据，必须有一个共同的数据模式。发送方通过中性文件前置处理器产生需传递的产品数据的 STEP 文件，其他系统通过各自的处理器接口，可以读入这些中性文件，并转换为该系统的本地格式，STEP 后置处理器读入 STEP 文件，并把交换结构描述的数据转换成接收系统内的数据。于是，产品数据的交换在各系统之间就能方便地实现。图 7-11 描述了如何基于 STEP 文件进行数据交换。

从图 7-11 中可以看到，STEP 文本文件作为数据交换的核心，可以通过 SDAI 的各种操作编制用户的应用开发接口；可以通过到 CAD 系统的格式转换器双向地读入或写出这些系统的文件，来支持 CAD 系统的应用，而这些文件到 STEP 文件的转换是基于某一特定的应用协议完成的；也可以将 STEP 数据装入 ORACLE 关系数据库和面向对象的数据库中；还可

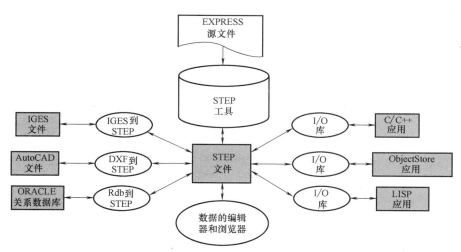

图 7-11　利用 STEP 文件进行数据交换

以通过编辑器和浏览器交互地创建、查看、修改 STEP 文件，达到数据交换的目的。而这一切的实现都离不开底层的 STEP 软件工具。

在设计、制造过程中，各个阶段的 CAD 模型应该能够相互转换，从而也就必然导致了不同设计、规划和制造部门间的数据交换。有了 STEP 开发工具及由 EXPRESS 语言描述的信息模型，就可以利用 CaseLib 建立用户自己的数据库，实现基于 STEP 标准的应用系统的接口开发，同时可以通过接口使不同的 CAD 系统进行数据交换。图 7-12 所示为产品模型数据交换标准 STEP 工具与 CAD 系统之间的接口示意图。

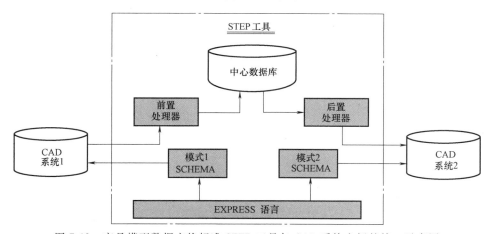

图 7-12　产品模型数据交换标准 STEP 工具与 CAD 系统之间的接口示意图

将基于 STEP 标准的软件迅速应用于实际领域，无疑将有力地支持并行设计、加快产品上市时间、降低数据交换的开销。目前，一些软件开发商都在积极准备采用 STEP 标准。例如：德国 ERP 公司的工程数据库管理系统 CADIM/EDB v2.1 就提供了 STEP 标准的接口；美国 EDS 公司的 UG、v11.1 分别提供了 STEP 应用协议 AP203、AP214 的接口；值得一提的是 SDRC 公司的 I-DEAS 2.1 版新增了 STEP 双向接口，通过该接口 I-DEAS 系统可以读写 STEP 格式的数据，该接口支持用于特定行业转换数据的两种应用协议。

　　如果产品的特征造型系统是以 Pro/E 的特征造型功能为支撑开发的，利用 Pro/E 的特征造型构造零件，形成零件模型。但由于 Pro/E 生成的零件模型是面向几何模型组织的，与下游 CAPP 系统的特征需求存在很大的差异，因而需对 Pro/E 生成的零件模型进行特征识别和提取，经信息匹配生成基于 CAPP 加工特征的零件模型，便于与 STEP/Developer 接口。

思考题与习题

1. 解释初始图形信息交换规范数据结构的组成。

2. 论述 STEP 标准的主要特点。

3. EXPRESS 语言的特点是什么？其数据类型主要包括哪些？

4. 请使用 CAD 软件创建一个直径为 50mm，长度为 60mm 的轴，材料为 45 钢的数字模型，并将其分别存储为 IGES 文件格式和 STEP 文件格式，试分析两者的区别，并在工程分析软件中调用两个文件。

第8章

工业 4.0 与智能制造

8.1　工业 4.0

"工业 4.0"是德国联邦教研部与联邦经济技术部在 2013 年汉诺威工业博览会上提出的概念，其初衷是通过应用物联网等新技术提高德国制造业水平。它描绘了以生产高度数字化、网络化、机器自组织为标志的第四次工业革命。

"工业 4.0"是从嵌入式系统向信息物理融合系统（Cyber-Physics Systems, CPS）发展的技术进化，其不断向实现物体、数据以及服务等无缝连接的互联网（物联网、数据网和服务互联网）的方向发展。它体现了在未来的十年，产品全生命周期和全制造流程的数字化以及基于信息通信技术的模块集成，将形成一个高度灵活、个性化、数字化的产品与服务的生产模式。

"工业 4.0"战略的要点可以概括为：建设一个网络，即信息物理系统网络；研究两大主题，即智能工厂和智能生产；实现三项集成，即横向集成、纵向集成与端对端的集成。

1. CPS（信息物理系统）

信息物理系统是实现工业 4.0 的基础，它就是将物理设备连接到互联网上，让物理设备具有计算、通信、精确控制、远程协调和自治等五大功能，从而实现虚拟网络世界与现实物理世界的融合。CPS 可以将资源、信息、物体以及人紧密联系在一起，提供全面、快捷、安全可靠的服务和应用业务流程，支持移动终端设备和业务网络中的协同制造、服务、分析和预测流程等，从而创造物联网及相关服务，并将生产工厂转变为一个智能环境信息物理系统平台如图 8-1 所示。

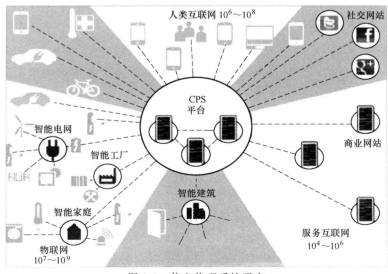

图 8-1　信息物理系统平台

在全新的信息物理系统平台上，无处不在的传感器、嵌入式终端系统、智能控制系统、通信设施将形成一个智能网络，使人与人、人与机器、机器与机器以及服务与服务之间能够互联，从而实现横向、纵向和端对端的高度集成。"横向集成"是企业之间通过价值链以及信息网络所实现的一种资源整合，是为了实现各企业间的无缝合作，提供实时产品与服务；"纵向集成"是基于未来智能工厂中网络化的制造体系，实现个性化定制生产，替代传统的固定式生产流程（如生产流水线）；"端对端集成"是指贯穿整个价值链的工程化数字集成，是在所有终端数字化的前提下实现的基于价值链与不同公司之间的一种整合，这将最大限度地实现个性化定制。

2. 物联网

在国际电信联盟（ITU）发布的 ITU 互联网报告中，将物联网定义为通过二维码识读设备、射频识别（RFID）装置、红外感应器、全球定位系统和激光扫描器等信息传感设备，按约定的协议，把任何物品与互联网相连接，进行信息交换和通信，以实现智能化识别、定位、跟踪、监控和管理的一种网络。根据国际电信联盟（ITU）的定义，物联网主要解决物品与物品（Thing to Thing，T2T）、人与物品（Human to Thing，H2T）、人与人（Human to Human，H2H）之间的互联。

物联网作为一种新型网络，美国已将物联网上升为国家创新战略的重点之一；欧盟制订了促进物联网发展的 14 点行动计划；日本的 U-Japan 计划将物联网作为四项重点战略领域之一；韩国的 IT839 战略将物联网作为三大基础建设重点之一。发达国家一方面加大力度发展传感器节点核心芯片、嵌入式操作系统、智能计算等核心技术，另一方面加快标准制定和产业化进程，谋求在未来物联网的大规模发展及国际竞争中占据有利位置。

（1）传感网　传感网是指集成有传感器、数据处理单元和通信单元的节点，通过自组织的方式构成的无线网络。随着在 MEMS 等技术支持下的传感技术的发展，无线传感器网络将进入加工现场。现有有线网络集中控制的组网方式，限制了无线传感器网络的组网规模只能达到百点左右，传感器节点依赖电池供电，寿命有限，网络性能受工厂环境变化的影响很大。随着分布式的智能自组织技术、认知无线电技术和环境能量获取技术的发展，未来工厂无线传感器网络的组网规模将达到万点，传感器节点可在环境中获取能量，网络能够根据环境的变化自主调节，保持性能稳定。

（2）射频识别技术　采用射频识别技术（RFID）可以通过无线电信号识别特定目标并读写相关数据，人们开始综合利用无线传感网提供的在时间上连续的物理信息和 RFID 提供的定位标识信息构建新型的信息服务系统。如 INTEL 的 WISP，Bisa technologies 的温度传感器标签为温度敏感的食品加工与运输提供了有效的解决方案。

（3）无线定位技术　在基于低成本无线技术的定位和跟踪技术方面，GPS 系统虽然定位精度较高，但是其成本和功耗较高，而且扩展性较差，在室内和一些特殊环境下无法使用。因此，手机定位成为新兴的定位手段。Wi-Fi、蓝牙、超宽带 UWB、Zigbee 和 RFID 技术的实时定位和跟踪服务即将用于工厂网络。从定位技术的角度来看，基于测距的三角定位和多点定位技术，以及非测距的质心定位技术都将推动工厂位置服务系统的发展。

（4）M2M　在诸多物联网的讨论中，经常会引入一个 M2M 的概念，广义上它可以解释为人到人（Man to Man）、人到机器（Man to Machine）、机器到机器之间的连接与通信，它涵盖了所有实现在人、机器、系统之间建立通信连接的技术和手段。狭义上，M2M 是机器对机器（Machine to Machine）通信的简称。但它不是简单的数据在机器和机器之间的传输，而是机器和机器之间的一种智能化、交互式的通信。

3. 智能工厂和智能生产

工业 4.0 提出基于 CPS 的智能化，将使人类步入以智能制造为主题的第四次工业革命。"智能工厂"作为未来智能基础设施的关键组成部分，重点研究智能化生产系统及过程以及网络化分布生产设施的实现。"智能生产"的侧重点在于将人机互动、智能物流管理、3D 打印等先进技术应用于整个工业生产过程，从而形成高度灵活、个性化、网络化的产业链。

（1）智能管理（Intelligent Management System，IMS）　IMS 是在管理信息系统、办公自动化系统、决策支持系统的功能和技术集成基础上，引入人工智能专家系统、知识工程、模式识别、人工神经网络等现代科学方法和技术，进行集成化、协调化、智能化，设计和实现的新一代计算机管理系统。其在计算机网络的支持下，针对产品设计、物资采购、生产制造、销售和使用等产品全生命周期的业务活动，通过模拟人类的智能活动，监测并调整、优化制造系统的运行状态，将多个单元系统、企业功能和过程集成为具有自组织、自学习、自校正、自适应等能力的有机整体，实现生产过程各个环节的智能管理与控制。

智能管理系统采用多库软件协同，如典型的四库（数据库、知识库、模型库和方法库）协同，进行调度与通信。IMS 采用广义模型，根据需求调度适用的模型（如知识模型、数学模型和网络模型等），构造面向实际问题的集成模型，以适应各种管理活动的具体需求。IMS 采用多媒体人机智能接口，协同多种输入与输出设备，使声、图、文多媒体信息时序同步、情景匹配。

（2）人机交互　人与制造设备的交互是决定制造水平的关键问题之一。随着传感技术、传感器网络、工业无线网以及新型材料的诞生，人们不仅可以通过屏幕处理信息，而且未来能够通过视觉、听觉、嗅觉和触觉以及形体、手势或口令等行为，更自然地进行人机交互，通过笔试或语音形成人机对话，逐步进入基于信息化制造的人机交互时代。

（3）泛在感知网络　"泛在感知信息化制造"是未来先进制造的发展方向，数字化制造与网络化制造等制造模式将不足以代表未来制造的全部热点和主要特征。面向制造的泛在网络包含工业现场级的传感器网络、面向物流管理的 RFID 网络、工厂控制网络和企业信息 Internet 网络的集成与融合，是未来制造环境中实现广义 M2M 信息交互的主要手段。

8.2　中国制造 2025

经李克强总理签批，国务院 2015 年印发《中国制造 2025》，部署全面推进实施制造强国战略，这是我国实施制造强国战略第一个十年的行动纲领。它是着眼于整个国际国内的经济社会发展、产业变革大趋势所制订的一个长期战略性规划，不仅要推动传统制造业的转型升级和健康稳定发展，还要在应对新技术革命的发展当中，实现高端化的跨越发展。《中国制造 2025》提出了五项重大工程，包括国家制造业创新中心建设、智能制造、工业强基、绿色制造、高端装备创新。《中国制造 2025》提出通过"三步走"实现制造强国的战略目标：第一步，到 2025 年迈入制造强国行列；第二步，到 2035 年我国制造业整体达到世界制造强国阵营中等水平；第三步，到新中国成立一百年时，我制造业大国地位更加巩固，综合实力进入世界制造强国前列。

1. 制造业创新中心建设工程

建设国家制造业创新中心主要是指，围绕新一代信息技术产业、高档数控机床和机器人、航空航天装备、海洋工程装备及高技术船舶、先进轨道交通装备、节能与新能源汽车、电力装备、农机装备、新材料、生物医药及高性能医疗器械等十大重点领域的转型升级和新一代信息技术、智能制造、增材制造、新材料、生物医药等领域创新发展的重大共性需求，形成一批制造业创新中心（工业技术研究基地），重点开展行业基础和共性关键技术研发、成果产业化、人才培训等工作。制定完善制造业创新中心遴选、考核、管理的标准和程序。

国家制造业创新体系的完善，需要加强顶层设计，加快建立以创新中心为核心载体、以公共服务平台和工程数据中心为重要支撑的制造业创新网络，建立市场化的创新方向选择机制和鼓励创新的风险分担、利益共享机制。充分利用现有科技资源，围绕制造业重大共性需求，采取政府与社会合作、政产学研用产业创新战略联盟等新机制新模式，形成一批制造业创新中心（工业技术研究基地），开展关键共性重大技术研究和产业化应用示范。建设一批促进制造业协同创新的公共服务平台，规范服务标准，开展技术研发、检验检测、技术评价、技术交易、质量认证、人才培训等专业化服务，促进科技成果转化和推广应用。建设重点领域制造业工程数据中心，为企业提供创新知识和工程数据的开放共享服务。面向制造业关键共性技术，建设一批重大科学研究和实验设施，提高核心企业系统集成能力，促进向价值链高端延伸。

2. 智能制造工程

智能制造是新一轮工业革命的核心，只有通过智能制造，才能带动各个产业的数字化水平和智能化水平的提升。

紧密围绕重点制造领域关键环节，开展新一代信息技术与制造装备融合的集成创新和工程应用。支持政产学研用联合攻关，开发智能产品和自主可控的智能装置并实现产业化。依托优势企业，紧扣关键工序智能化、关键岗位机器人替代、生产过程智能优化控制、供应链优化，建设重点领域智能工厂/数字化车间。在基础条件好、需求迫切的重点地区、行业和企业中，分类实施流程制造、离散制造、智能装备和产品、新业态新模式、智能化管理、智能化服务等试点示范及应用推广。建立智能制造标准体系和信息安全保障系统，搭建智能制造网络系统平台。

到 2020 年，制造业重点领域智能化水平显著提升，试点示范项目运营成本降低 30%，产品生产周期缩短 30%，不良品率降低 30%。到 2025 年，制造业重点领域全面实现智能化，试点示范项目运营成本降低 50%，产品生产周期缩短 50%，不良品率降低 50%。

3. 工业强基工程

核心基础零部件（元器件）、先进基础工艺、关键基础材料和产业技术基础（以下统称"四基"）等工业基础能力薄弱，是制约我国制造业创新发展和质量提升的症结所在。实施工业强基则是为了解决基础零部件、基础工艺、基础材料落后问题。

开展示范应用，建立奖励和风险补偿机制，支持核心基础零部件（元器件）、先进基础工艺、关键基础材料的首批次或跨领域应用。组织重点突破，针对重大工程和重点装备的关键技术和产品急需，支持优势企业开展政产学研用联合攻关，突破关键基础材料、核心基础零部件的工程化、产业化瓶颈。强化平台支撑，布局和组建一批"四基"研究中心，创建一批公共服务平台，完善重点产业技术基础体系。

到 2020 年，40% 的核心基础零部件、关键基础材料实现自主保障，受制于人的局面逐步缓解，航天装备、通信装备、发电与输变电设备、工程机械、轨道交通装备、家用电器等产业急需的核心基础零部件（元器件）和关键基础材料的先进制造工艺得到推广应用。到 2025 年，70% 的核心基础零部件、关键基础材料实现自主保障，80 种标志性先进工艺得到推广应用，部分达到国际领先水平，建成较为完善的产业技术基础服务体系，逐步形成整机牵引和基础支撑协调互动的产业创新发展格局。

4. 绿色制造工程

全面推行绿色制造工程则是要努力解决我国经济发展的环境和资源的制约问题。通过加大先进节能环保技术、工艺和装备的研发力度，加快制造业绿色改造升级；积极推行低碳化、循环化和集约化，提高制造业资源利用效率；强化产品全生命周期绿色管理，努力构建高效、清洁、低碳、循环的绿色制造体系。

组织实施传统制造业能效提升、清洁生产、节水治污、循环利用等专项技术改造。开展重大节能环保、资源综合利用、再制造、低碳技术产业化示范。实施重点区域、流域、行业清洁生产水平提升计划，扎实推进大气、水、土壤污染源头防治专项。制定绿色产品、绿色工厂、绿色园区、绿色企业标准体系，开展绿色评价。

到 2020 年，建成千家绿色示范工厂和百家绿色示范园区，部分重化工行业能源资源消耗出现拐点，重点行业主要污染物排放强度下降 20%。到 2025 年，制造业绿色发展和主要产品单耗达到世界先进水平，绿色制造体系基本建立。

5. 高端装备创新工程

高端装备创新工程是在实施互联网、数控机床、大型飞机等专项的基础上，推进新的高端装备创新专项。

组织实施大型飞机、航空发动机及燃气轮机、民用航天、智能绿色列车、节能与新能源汽车、海洋工程装备及高技术船舶、智能电网成套装备、高档数控机床、核电装备、高端诊疗设备等一批创新和产业化专项、重大工程。开发一批标志性、带动性强的重点产品和重大装备，提升自主设计水平和系统集成能力，突破共性关键技术与工程化、产业化瓶颈，组织开展应用试点和示范，提高创新发展能力和国际竞争力，抢占竞争制高点。

到 2020 年，上述领域实现自主研制及应用。到 2025 年，自主知识产权高端装备市场占有率大幅提升，核心技术对外依存度明显下降，基础配套能力显著增强，重要领域装备达到国际领先水平。

8.3　智能制造

智能制造是面向产品全生命周期，实现泛在感知条件下的信息化制造。智能制造技术是在现代传感技术、网络技术、自动化技术、拟人化智能技术等先进技术的基础上，通过智能化的感知、人机交互、决策和执行技术，实现设计过程、制造过程和制造装备智能化，是信息技术和智能技术与装备制造过程技术的深度融合与集成。

8.3.1　国内外发展趋势

随着信息技术和互联网技术的飞速发展，以及新型感知技术和自动化技术的应用，制造业正发生着巨大转变，先进制造技术正在向信息化、自动化和智能化的方向发展，智能制造已经成为下一代制造业发展的重要内容。

1. 信息化

制造业信息化将信息技术、网络技术、现代管理与制造技术相结合，带动了技术研发过程创新和产品设计方法与工具的创新、管理模式的创新、制造模式的创新，实现产品的数字化设计、网络化制造和敏捷制造，快速响应市场变化和客户需求，全面提升制造业发展水平。

2. 自动化

将完备的感知系统、执行系统和控制系统与相关机械装备完美结合，构成了高效、高可靠的自动化装备和柔性生产线，将实现自动、柔性和敏捷制造。

3. 智能化

在信息化和自动化的基础上，将专家的知识不断融入制造过程以实现设计过程智能化、制造过程智能化和制造装备智能化，将实现拟人化制造。使制造过程具有更完善的判断与适应能力，提高产品质量、劳动生产率，也将会显著减少制造过程物耗、能耗和排放。

8.3.2 智能制造核心信息设备

智能制造核心信息设备是制造过程各个环节实现信息获取、实时通信和动态交互及决策分析和控制的关键基础设备。智能制造核心信息设备主要包括智能制造基础通信设备、智能制造控制系统、新型工业传感器、制造物联设备、仪器仪表和检测设备、制造信息安全保障产品。

1. 重点设备

（1）智能制造基础通信设备　开发适应恶劣工业环境的高可靠、高容量、高速度、高质量的支持 IPv6 的高速工业交换机、高速工业无线路由器/中继器、工业级低功耗远距/近场通信设备、快速自组网工业无线通信设备、工业协议转换器/网关、工业通信一致性检测设备等工业通信网络基础设备，构建面向智能制造的高速、安全可靠的工业通信网络，为实现制造信息的互联互通奠定基础。

（2）智能制造控制系统　开发支持具有现场总线通信功能的分布式控制系统（DCS）、可编程控制系统（PLC）、工控机系统（PAC）、嵌入式控制系统以及数据采集与监视控制系统（SCADA），提高智能制造自主安全可控的能力和水平。

（3）新型工业传感器　开发具有数据存储和处理、自动补偿、通信功能的低功耗、高精度、高可靠的智能型光电传感器、智能型接近传感器、高分辨率视觉传感器、高精度流量传感器、车用惯性导航传感器（INS）、车用 DOMAIN 域控制器等新型工业传感器，以及分析仪器用高精度检测器，满足典型行业和领域的泛在信息采集的需求。

（4）制造物联设备　大力发展 RFID 芯片和读写设备、工业便携/手持智能终端、工业物联网关、工业可穿戴设备，实现人、设备、环境与物料之间的互联互通和综合管理。

（5）仪器仪表和检测设备　发展在线成分分析仪、在线无损检测装置、在线高精度三维数字超声波检测仪、在线高精度非接触几何精度检测设备，实现智能制造过程中的质量信息采集和质量追溯。

（6）制造信息安全保障产品　着力发展工业控制系统防火墙/网闸、容灾备份系统、主动防御系统、漏洞扫描工具、无线安全探测工具、入侵检测设备，提高智能制造信息安全保障能力。

2. 关键技术

（1）制造信息互联互通标准与接口技术　制定制造信息互联互通的技术标准，重点研究制定智能装备、数字化车间/工厂的技术标准和规范。研究制造信息互联互通的接口技术，提供设备与设备之间、设备与系统之间协议互操作整体框架、协议互操作服务接口定义，支持异构协议设备的互联互通与协同工作。

（2）工业传感器核心技术　研究传感器无线通信技术、传感器信号处理技术、传感器可靠性设计与试验技术、传感器精密制造与检测技术。

（3）人工智能技术　研究知识工程、情景感知、模式识别、自决策、自执行、可视化等关键技术，提高智能制造核心信息设备的智能化水平。

（4）增强现实技术　研究三维空间 RFID 注册定位技术、工业物联网信息三维空间建模、搜索、显示与交互技术。

8.3.3　我国智能制造的发展规划

智能制造技术是未来先进制造技术发展的必然趋势和制造业发展的必然需求，是抢占产业发展的制高点，是实现我国从制造大国向强国转变的重要保障。围绕实现制造强国的战略目标，《中国制造 2025》提出了加快推动新一代信息技术与制造技术融合发展，把智能制造作为两化深度融合的主攻方向；着力发展智能装备和智能产品，推进生产过程智能化，培育新型生产方式，全面提升企业研发、生产、管理和服务的智能化水平。

1. 研究制定智能制造发展战略

编制智能制造发展规划，明确发展目标、重点任务和重大布局。加快制定智能制造技术标准，建立完善智能制造和两化融合管理标准体系。强化应用牵引，建立智能制造产业联盟，协同推动智能装备和产品研发、系统集成创新与产业化。促进工业互联网、云计算、大数据在企业研发设计、生产制造、经营管理、销售服务等全流程和全产业链的综合集成应用。加强智能制造工业控制系统网络安全保障能力建设，健全综合保障体系。

2. 加快发展智能制造装备和产品

组织研发具有深度感知、智慧决策、自动执行功能的高档数控机床、工业机器人、增材制造装备等智能制造装备以及智能化生产线，突破新型传感器、智能测量仪表、工业控制系统、伺服电动机及驱动器和减速器等智能核心装置，推进工程化和产业化。加快机械、航空、船舶、汽车、轻工、纺织、食品、电子等行业生产设备的智能化改造，提高精准制造、敏捷制造能力。统筹布局和推动智能交通工具、智能工程机械、服务机器人、智能家电、智能照明电器、可穿戴设备等产品研发和产业化。

3. 推进制造过程智能化

在重点领域试点建设智能工厂/数字化车间，加快人机智能交互、工业机器人、智能物流管理、增材制造等技术和装备在生产过程中的应用，促进制造工艺的仿真优化、数字化控制、状态信息实时监测和自适应控制。加快产品全生命周期管理、客户关系管理、供应链管理系统的推广应用，促进集团管控、设计与制造、产供销一体、业务和财务衔接等关键环节集成，实现智能管控。加快民用爆炸物品、危险化学品、食品、印染、稀土、农药等重点行业智能检测监管体系建设，提高智能化水平。

4. 深化互联网在制造领域的应用

制定互联网与制造业融合发展的路线图，明确发展方向、目标和路径。发展基于互联网的个性化定制、众包设计、云制造等新型制造模式，推动形成基于消费需求动态感知的研发、制造和产业组织方式。建立优势互补、合作共赢的开放型产业生态体系。加快开展物联网技术研发和应用示范，培育智能监测、远程诊断管理、全产业链追溯等工业互联网新应用。实施工业云及工业大数据创新应用试点，建设一批高质量的工业云服务和工业大数据平台，推动软件与服务、设计与制造资源、关键技术与标准的开放共享。

5. 加强互联网基础设施建设

加强工业互联网基础设施建设规划与布局，建设低时延、高可靠、广覆盖的工业互联网。加快制造业集聚区光纤网、移动通信网和无线局域网的部署和建设，实现信息网络宽带升级，提高企业宽带接入能力。针对信息物理系统网络研发及应用需求，组织开发智能控制系统、工业应用软件、故障诊断软件和相关工具、传感和通信系统协议，实现人、设备与产品的实时联通、精确识别、有效交互与智能控制。

思考题与习题

1. 简述 CPS 的定义。
2. 简述物联网的定义。
3. 简述传感网的概念。
4. 简述 M2M 的概念。
5. 简述 IMS 的概念。
6. 简述泛在感知网络的概念。
7. 简述《中国制造 2025》的五大工程。

参 考 文 献

[1] 叶符明，王松. SQL Server 2012 数据库基础及应用 [M]. 北京：北京理工大学出版社，2013.
[2] 万常选，廖国琼，吴京慧. 数据库系统原理与设计 [M]. 2 版. 北京：清华大学出版社，2012.
[3] 贾代平，吴占鳌，吴丽娟. ORACLE 网络数据库管理与应用 [M]. 北京：石油工业出版社，2010.
[4] 赵正文. 现代数据库技术 [M]. 成都：电子科技大学出版社，2013.
[5] 刘增杰，张少军. MySQL 5.5 从零开始学 [M]. 北京：清华大学出版社，2012.
[6] 何宁，滕冲. Access 数据库应用基础 [M]. 武汉：武汉大学出版社，2010.
[7] 胡超. 轻松学 C++编程 [M]. 北京：化学工业出版社，2012.
[8] Pollak W. 成组技术的理论与实践 [M]. 田振海，姜文炳，译. 北京：国防工业出版社，1987.
[9] Burbidge J L. 成组技术导论 [M]. 蔡建国，译. 上海：上海科学技术出版社，1986.
[10] C C Gallagher, W A Knight. 成组工艺 [M]. 潘启杞，译. 北京：机械工业出版社，1981.
[11] 郝静如. 计算机辅助工程 [M]. 北京：航空工业出版社，2000.
[12] 杨海成. 计算机辅助制造工程 [M]. 西安：西北工业大学出版社，2001.
[13] 王春玲，邹新军，孟谢琦. 运载火箭机加零件成组编码系统研究 [J]. 航天制造技术，2009（1）：
      33-35.
[14] 龚毅光，王宁生，李鑫. 一种零件分组方法的研究 [J]，哈尔滨工业大学学报，2009（3）：
      113-116.
[15] 贾安年. 总线型柔性生产方式 [M]. 北京：企业管理出版社，2013.
[16] 张胜文，赵良才. 计算机辅助工艺设计——CAPP 系统设计 [M]. 2 版. 北京：机械工业出版
      社，2005.
[17] 秦营. CAPP 系统工艺数据库的研究与开发 [D]. 大连：大连交通大学，2007.
[18] 闪四清. ERP 系统原理和实施 [M]. 4 版. 北京：清华大学出版社，2013.
[19] 罗学科. 计算机辅助制造 [M]. 北京：化学工业出版社，2001.
[20] 刘文剑. CAD/CAM 集成技术 [M]. 哈尔滨：哈尔滨工业大学出版社，2001.
[21] 孙香云，刘增进，郑朔昉. 信息分类与编码及其标准化 [M]. 北京：机械工业出版社，2012.
[22] 叶文华，陈蔚芳，马万太. 机械制造工艺与装备 [M]. 哈尔滨：哈尔滨工业大学出版社，2011.
[23] 王尊策，任永良. 机械制造自动化技术 [M]. 北京：石油工业出版社，2013.
[24] 马名驰，蔡兰，唐明. 成组技术 [M]. 南京：东南大学出版社，1992.
[25] 孙成志. 企业生产管理 [M]. 大连：东北财经大学出版社，2012.
[26] 朱晓春. 数控技术. 北京：机械工业出版社，2011.
[27] 罗军，杨国安. CAXA 制造工程师项目教程 [M]. 北京：机械工业出版社，2010.
[28] 范文利，姜洪奎，张蔚波. CAXA 制造工程师 2008 行业应用实践 [M]. 北京：机械工业出版社，2010.
[29] 王红军. 生产过程信息技术 [M]. 北京：机械工业出版社，2006.
[30] 王隆太，朱灯林，戴国洪，等. 机械 CAD/CAM 技术 [M]. 北京：机械工业出版社，2012.
[31] 殷国富，刁燕，蔡长韬. 机械 CAD/CAM 技术基础 [M]. 武汉：华中科技大学出版社，2010.
[32] 张曦煌，杜俊俐. 计算机图形学 [M]. 北京：北京邮电大学出版社，2000.
[33] 陈传波，陆枫. 计算机图形学基础 [M]. 北京：电子工业出版社，2002.
[34] 焦永和. 计算机图形学教程 [M]. 北京：北京理工大学出版社，2001.
[35] 王飞. 计算机图形学基础 [M]. 北京：北京邮电大学出版社，2000.
[36] 余伟炜，高炳军. ANSYS 在机械与化工装备中的应用 [M]. 2 版. 北京：中国水利水电出版
      社，2007.
[37] 殷国富，徐雷. SolidWorks 2007 二次开发技术实例精解：机床夹具标准件三维图库 [M]. 北京：机

械工业出版社，2007.

[38] 宁汝新，赵汝嘉. CAD/CAM 技术 [M]. 北京：机械工业出版社，2002.

[39] 袁红兵. 计算机辅助设计与制造教程 [M]. 北京：国防工业出版社，2007.

[40] 王贤昆. 机械 CAD/CAM 技术应用与开发 [M]. 北京：机械工业出版社，2002.

[41] 陈剑鹤，宋志国. 设计与制造的集成 [J]. 机械制造与自动化，2003（6）：17-19.

[42] 杜娟，田锡天，朱名铨，等. 基于 STEP 和 STEP-NC 的 CAD/CAPP/CAM/CNC 系统集成技术研究 [J]. 计算机集成制造系统，2005，11（4）：487-491.

[43] 姚英学. 蔡颖. 计算机辅助设计与制造 [M]. 北京：高等教育出版社，2002.

[44] 陈立平，张云清，任卫群，等. 机械系统动力学分析及 ADAMS 应用教程 [M]. 北京：清华大学出版社，2005.

[45] 谭建荣，刘振字. 数字样机：关键技术与产品应用 [M]. 北京：机械工业出版社，2007.

[46] 邵新宇，蔡力钢. 现代 CAPP 技术与应用 [M]. 北京：机械工业出版社，2004.

[47] 江平宇. 网络化计算机辅助设计与制造技术 [M]. 北京：机械工业出版社，2004.